普通高等教育"十二五"规划教材

水利工程招投标
与合同管理概论

主　编　许　健
副主编　宋永嘉

中国水利水电出版社
www.waterpub.com.cn

内 容 提 要

本书是根据高等学校水利学科教学指导委员会"十二五"教材建设规划进行编写的。

本书为水利水电工程、农业水利工程本科专业教材，也可使用于土木工程专业本科教学。在编写中贯彻了现行《中华人民共和国建筑法》、《中华人民共和国合同法》、《中华人民共和国招投标法》、《水利工程建设项目招标投标管理规定》等建设法规的精神，故也可作为从事水利工程管理技术人员的工具参考书。各院校在使用本教材时，可根据课程性质与要求以及授课学时数对书中内容有所取舍。

本书可作为高等院校水利工程类专业的教材或教学参考书，也可作为水利工程管理人员培训或工作的参考书。

图书在版编目（CIP）数据

水利工程招投标与合同管理概论/许健主编．—北京：中国水利水电出版社，2011.9（2016.7 重印）
普通高等教育"十二五"规划教材
ISBN 978 - 7 - 5084 - 9013 - 7

Ⅰ．①水…　Ⅱ．①许…　Ⅲ．①水利工程-招标-高等学校-教材②水利工程-投标-高等学校-教材③水利工程-合同-管理-高等学校-教材　Ⅳ．①TV512

中国版本图书馆 CIP 数据核字（2011）第 191139 号

书　　　名	普通高等教育"十二五"规划教材 **水利工程招投标与合同管理概论**
作　　　者	主编　许健　　副主编　宋永嘉
出 版 发 行	中国水利水电出版社 （北京市海淀区玉渊潭南路 1 号 D 座　100038） 网址：www.waterpub.com.cn E-mail：sales@waterpub.com.cn 电话：（010）68367658（发行部）
经　　　售	北京科水图书销售中心（零售） 电话：（010）88383994、63202643、68545874 全国各地新华书店和相关出版物销售网点
排　　　版	北京时代澄宇科技有限公司
印　　　刷	北京瑞斯通印务发展有限公司
规　　　格	184mm×260mm　16 开本　15.25 印张　362 千字
版　　　次	2011 年 9 月第 1 版　2016 年 7 月第 2 次印刷
印　　　数	3001—4500 册
定　　　价	**31.00** 元

凡购买我社图书，如有缺页、倒页、脱页的，本社发行部负责调换

前　言

　　随着我国市场经济的不断完善和工程建设领域改革的不断深入，工程招投标制、合同管理制已经成为我国工程建设管理中的两项重要制度，这也是我国加入世界贸易组织（WTO）之后，工程建设管理与国际接轨的必然趋势。水利水电工程建设投资大、工期长、边界条件复杂，在其建设管理中推行招投标制、合同管理制有利于维护建筑市场秩序、提高投资效益和工程质量，对保证工程建设顺利实施具有积极的意义。具备水利工程招投标和合同管理的基本知识，也是当前社会对从事水利工程建设人才的基本要求，因此，《水利工程招投标与合同管理概论》是相关专业大学生在掌握了水利工程专业课程后，应该学习的一门现代工程管理科学。

　　本书首先介绍了建筑市场的概念、特征、运行机制，其次系统阐述了我国水利工程招标与投标的理论、法律知识、操作方法和国际工程招投标的基础知识，最后讲述了建设工程合同管理法律基础、合同法律制度，并从施工、勘察设计、委托监理、材料与设备采购等方面分别论述了建设工程合同管理。编写中力求内容符合现行国家法律和行业规定，语言通俗易懂，文字简明扼要，尤其是结合了工程建设招投标和合同管理案例，突出理论联系实际的特点，以便学生对知识的理解和掌握。

　　本书共八章，绪论、第一章、第二章、第六章由甘肃农业大学许健编写，第四章、第五章、第七章由华北水利水电学院宋永嘉编写，第三章、第六章、第八章由甘肃农业大学张金霞编写。全书由甘肃农业大学许健担任主编，华北水利水电学院宋永嘉担任副主编。

　　由于编者水平有限，对于书中的疏漏与不妥之处，恳请读者批评指正。

编　者

2011 年 7 月

目　录

前言

绪论 ………………………………………………………………………………………… 1

第一章　建筑市场 …………………………………………………………………………… 7

　第一节　市场与建筑市场 ………………………………………………………………… 7

　第二节　建筑市场的主体 ………………………………………………………………… 13

　思考题 ……………………………………………………………………………………… 15

第二章　水利工程建设项目招投标概述 ………………………………………………… 16

　第一节　水利工程招标范围和规模以及招投标活动遵循原则 ……………………… 16

　第二节　水利工程招投标的行政监督与管理 ………………………………………… 18

　第三节　招标 ……………………………………………………………………………… 19

　第四节　招标投标程序 …………………………………………………………………… 23

　第五节　工程勘察、设计招标与投标概述 …………………………………………… 30

　第六节　工程监理招标与投标概述 …………………………………………………… 35

　第七节　施工招标与投标概述 ………………………………………………………… 38

　第八节　投标报价策略与决策 ………………………………………………………… 46

　第九节　材料、设备采购招标投标概述 ……………………………………………… 55

　思考题 ……………………………………………………………………………………… 65

第三章　国际工程项目施工招标与投标 ………………………………………………… 66

　第一节　国际工程施工招标方式 ……………………………………………………… 66

　第二节　我国境内国际工程施工招标概述 …………………………………………… 68

　第三节　境内国际工程项目两阶段招标法 …………………………………………… 72

　第四节　境内国际工程项目招标文件的明晰度要求 ………………………………… 81

　第五节　国际工程招标货币换算及评标优惠 ………………………………………… 84

　思考题 ……………………………………………………………………………………… 89

第四章　建设工程合同管理法律基础 …………………………………………………… 90

　第一节　合同法律关系 ………………………………………………………………… 90

　第二节　合同担保 ……………………………………………………………………… 95

第三节　工程保险 ··· 99

第四节　合同的公证和鉴证法律制度 ································ 104

思考题 ··· 106

第五章　合同法律制度 ··· 107

第一节　合同法概述 ·· 107

第二节　合同的订立 ·· 110

第三节　合同的效力 ·· 117

第四节　合同的履行、变更和转让 ··································· 123

第五节　合同的终止 ·· 127

第六节　违约责任 ·· 129

第七节　合同争议的解决 ··· 132

思考题 ··· 137

第六章　建设工程合同管理 ··· 138

第一节　施工合同管理 ·· 138

第二节　施工准备阶段的合同管理 ··································· 146

第三节　施工过程的合同管理 ·· 148

第四节　竣工阶段的合同管理 ·· 157

第五节　建设工程勘察设计合同管理 ································ 160

第六节　建设工程委托监理合同 ······································ 167

第七节　建设工程物资采购合同管理 ································ 176

思考题 ··· 189

第七章　建设工程施工索赔 ··· 190

第一节　建设工程施工索赔概述 ······································ 190

第二节　索赔程序 ·· 193

第三节　工程师的索赔管理 ·· 197

思考题 ··· 204

第八章　FIDIC 合同条件下的施工管理 ······················ 205

第一节　施工合同条件的管理 ·· 205

第二节　交钥匙工程合同条件的管理 ································ 227

第三节　分包合同条件的管理 ·· 233

思考题 ··· 237

参考文献 ··· 238

绪　　论

一、我国建设工程管理发展概述

1840 年鸦片战争后，随着帝国主义及其经济势力的侵入，通商口岸出现了外商经营的营造公司，带来了资本主义建筑业的组织形式和经营方式。一些与外商接触较早的包工头逐步变成建筑业的厂商。上海出现最早的建筑承包商是 1880 年前后创办的"杨瑞记"营造厂，此后国人自营或与外资合营的营造厂在各大城市相继成立，逐渐形成了沿袭资本主义国家管理模式的建筑承包业。第一次世界大战爆发后，我国民族工业有所发展，建筑业也渐渐兴盛起来，并有能力承包高层建筑（如上海的 17 层中国银行大楼工程）。但总的说来，中国建筑业还很薄弱，1934 年是抗日战争前中国建筑业发展水平最高的一年，据估算，其净产值在国民收入中也仅占 1.4%。日本帝国主义的侵华战争和国民党发动的内战更使建筑业日趋凋敝。

中华人民共和国建立后，为满足经济恢复和建设的需要，我国逐步组建全民所有制和集体所有制的施工单位。1956 年，我国建成全国的重点和试点工程——第一汽车制造厂（长春汽车制造厂）；1956 年 6 月，国务院批准将新安江水电站列入第一个五年规划和1956 年计划项目，周恩来总理专程视察新安江水电站，并题词："为我国第一座自行设计和自制设备的大型水力发电站的胜利建设而欢呼！"1956 年 5 月国务院通过《关于加强和发展建筑工业的决定》和《关于加强设计工作的决定》后，建筑设计和施工在技术上得到发展，组织上得到加强，建立了各类专业设计与施工机构，工厂化和机械化施工也取得了进展。此间，建筑业的经营管理方式主要是推行承发包制，即由基本建设主管部门按照国家计划，把建设单位的工程任务以行政指令的方式分配给建筑业企业承包。

国家第二个五年规划后期至 1976 年，我国建筑业在大干快上、急于求成、盲目提高生产指标的思想影响下，出现了大上大下、先上后下、计划多变等违反基本建设程序和规律、不搞经济核算而搞平均主义的现象，大大削弱了建筑业的经营管理，经济效果每况愈下，企业亏损严重，国家经济深受损失。1977 年后，建筑业形式开始好转，特别是十一届三中全会确定了改革开放的基本方针之后，我国建筑业认真总结经验，加强经济立法，推行与社会主义市场经济相适应的招投标与合同管理制，使建筑业逐步步入正规，建筑市场规模不断扩大，已成为拉动国民经济快速增长的重要力量。至 2001 年，我国在建筑领域逐步建立、推行和完善了四项工程建设基本制度：

（1）颁布和实施了《中华人民共和国建筑法》等法律规章，为建筑业的发展提供了法制基础。

（2）制定和完善建设工程合同示范文本，贯彻合同管理制。

（3）推行招投标制，把竞争机制引入建筑市场。

（4）创建建设监理制，改革工程建设管理体制。

在新的建设工程管理体制下，我国建筑业迅猛发展，建成了长江三峡、青藏铁路、上海环球金融中心、国家体育场（鸟巢）等举世瞩目的宏伟工程。2010 年，全社会建筑业实现增加值 26451 亿元，比 2009 年增长 12.6％，建筑业增加值占 GDP 比重高达 6.6％。

二、我国建筑市场竞争机制的引入

随着经济的发展，我国建筑企业开始走向世界，进入国际工程承包市场，在激烈的国际招投标竞争中取得了不少经验和教训。1982 年开工建设的国家重点建设项目鲁布革水电站，位于南盘江支流黄泥河上，距昆明市 320km，为引水式水电站，主坝为堆石坝，最大坝高 103.8m，电站装机容量 600MW，保证出力 85MW，多年平均年发电量 28.49 亿 kW·h。鲁布革水电站的引水工程作为中华人民共和国水利电力部第一个对外开放、利用世界银行贷款的工程，按世界银行规定，实行新中国成立以来第一次的国际公开（竞争性）招标。该工程由一条长 8.8km、内径 8m 的引水隧道和一调压井等组成。招标范围包括其引水隧洞、调压井和通往电站的压力钢管等。招标工作由中华人民共和国水利电力部委托中国进出口公司进行。

1982 年 9 月，刊登招标公告及编制招标文件。

1982 年 9～12 月，进行第一阶段资格预审。从 13 个国家 32 家公司中选定 20 家合格投标人。

1983 年 2～6 月，进行第二阶段资格预审。与世界银行磋商第一阶段预审结果，同时中外公司为组成联合投标公司进行谈判。

1983 年 6 月 15 日，发售招标文件。15 家外商及 3 家国内公司购买了招标文件。

1983 年 11 月 8 日，当众开标。日本大成公司、日本前田公司、意美联合体英波吉洛公司、中国贵华与前西德霍尔兹曼联合公司、中国闽昆与挪威 FHS 联合公司、前南斯拉夫能源公司、法国 SBTP 联合公司和前西德某公司共 8 家公司投标，其中前西德某公司被确认为废标。

1983 年 11 月～1984 年 4 月，评标。通过初步评审确定日本大成公司、日本前田公司和意美联合体英波吉洛公司三家投标人为评标对象，最后确定日本大成公司中标，并签订合同，工程合同价为 8463 万元，比标底 12958 万元低 34.7％，合同工期为 1597 天。

1984 年 11 月，引水工程正式开工，澳大利亚雪山工程公司（SMEC）担任咨询机构。大成公司派到中国来的仅是一支 30 人的管理队伍，从中国水电十四局雇佣了 424 名劳动工人。他们隧洞开挖 23 个月，单月平均进尺 222.5m，相当于当时我国同类工程的 2～2.5 倍，在开挖直径 8.8m 的圆形发电隧洞中创造了新奥法施工单头月进尺 373.7m 的国际记录。

1988 年 8 月 13 日，工程竣工，工程师签署了工程竣工移交证书，工程初步结算价为9100 万元，仅为标底的 70.2％，但比合同价增加了 7.53％，实际工期为 1475 天，比合同工期提前 122 天。

鲁布革水电站发电隧洞施工中，以精干的组织、科学的管理、先进的技术，达到了工程质量好、用工用料省、施工进度快、工程造价低的显著效果，创造了当时隧洞施工国际一流水平，成为我国第一个国际性承包工程的"窗口"，引起了社会各界的关注和思考，在我国建筑业形成了强大的"鲁布革冲击"。鲁布革工程项目的管理经验主要有以下几点：

（1）最核心的经验是把竞争机制引入工程建设领域，实行铁面无私的招标投标制，评标工作认真细致。

（2）实行国际评标低价中标惯例，评标时标底只起参考作用，不考虑投标报价金额高于或低于标底的百分率超过规定幅度时即作为废标的国内评标规定。

（3）工程施工采用全过程承包方式和科学的项目管理。

（4）严格的合同管理和工程监理制，实施费用调整、工程变更及索赔，谋求综合经济效益。根据世界银行规定，当时采用了国际咨询工程师联合会（FIDIC）的《土木工程施工国际通用合同条件》（1977年第三版）。从京津塘高速公路项目开始，世界银行贷款项目采用FIDIC《土木工程施工合同条件》（1987年第四版）。

鲁布革工程的管理经验不但得到了世界银行的充分肯定，也受到我国政府的重视，号召建筑施工企业进行学习。建设部和国家计委等五单位于1987年7月发布《关于第一批推广鲁布革工程管理经验企业有关问题的通知》后，于1988年8月确定了15个试点企业共66个项目。1991年将试点企业调整为50家。1991年9月，建设部提出了《关于加强分类指导、专题突破、分步实施、全面深化施工管理体制综合改革工作的指导意见》，将试点工作转变为全行业的综合改革。至此，我国建筑业开始逐步推行招标投标制和合同管理制，把竞争机制真正引入建筑市场。

三、建设工程合同相关法律体系

在市场经济中，财产的流转主要依靠合同。特别是工程项目，标的大、履行时间长、协调关系多，合同尤为重要。因此，建筑市场中的各方主体，包括建设单位、勘察设计单位、施工单位、咨询单位、监理单位、材料设备供应单位等都要依靠合同确立相互之间的关系。在市场经济条件下，工程建设的管理应当严格按照法律和合同进行。推行建设领域的合同管理制，有关部门做了大量的工作，从立法到实际操作都在不断地完善之中。特别是1999年10月1日实施《中华人民共和国合同法》（以下简称《合同法》）后，建设部与国家工商行政管理局及时联合颁布了《建设工程施工合同（示范文本）》、《建设工程勘察合同（示范文本）》、《建设工程设计合同（示范文本）》、《建设工程委托监理合同（示范文本）》，虽然合同的示范文本不属于法律法规，是推荐使用的文本，但由于合同示范文本考虑到了建设工程合同在订立和履行中有可能涉及的各种问题，并给出了较为公正的解决方法，能够有效减少合同的争议，因此对完善建设工程合同管理制度起到了极大的推动作用。

规范建设工程合同，不但需要规范合同本身的法律法规的完善，也需要相关法律体系的完善。目前，我国这方面的立法体系也已基本完善。与建设工程合同有直接关系的是《中华人民共和国民法通则》（以下简称《民法通则》）、《合同法》、《中华人民共和国招标投标法》（以下简称《招标投标法》）和《中华人民共和国建筑法》（以下简称《建筑法》）。《民法通则》是调整平等主体的公民之间、法人之间、公民与法人之间的财产关系和人身关系的基本法律。合同关系也是一种财产（债）关系，因此，《民法通则》对规范合同关系作出了原则性的规定。《合同法》是规范我国市场经济财产流转关系的基本法，建设工程合同的订立和履行也要遵守其基本规定，在建设工程合同的履行过程中，由于会涉及大量的其他合同，如买卖合同等，也要遵守《合同法》的规定。招标投标是通过竞争择优确定承包人的主要方式，《招标投标法》是规范建筑市场竞争的主要法律，能够有效地实现建筑市场的公开、公平、公正的竞争。有些建设项目必须通过招标投标确定承包人，其他项目国家鼓励通过招标投标确定承包人。《建筑法》是规范建筑活动的基本法律，建设工程合同的订立和履行也是一种建筑活动，合同的内容也必须遵守《建筑法》的规定。另外，建设工程合同的订立和履行还涉及其他一些法律关系，则需要遵守相应的法律规定。在建设工程合同的订立和履行中需要提供担保的，则应当遵守《中华人民共和国担保法》（以下简称《担保法》）的规定。在建设工程合同的订立和履行中需要投保的，则应当遵守《中华人民共和国保险法》（以下简称《保险法》）的规定。在建设工程合同的订立和履行中需要建立劳动关系的，则应当遵守《中华人民共和国劳动法》（以下简称《劳动法》）的规定。在合同的订立和履行过程中如果要涉及合同的公证、鉴证等活动，则应当遵守国家对公证、鉴证等的规定。如果合同在履行过程中发生了争议，双方订有仲裁协议（或者争议发生后双方达成仲裁协议的），则应按照《中华人民共和国仲裁法》（以下简称《仲裁法》）的规定进行仲裁；如果双方没有仲裁协议（争议发生后双方也没有达成仲裁协议的），则应按照《中华人民共和国民事诉讼法》（以下简称《民事诉讼法》）作为争议的最终解决方式。

四、建设工程合同管理的任务

（一）发展和完善建筑市场

作为社会主义市场经济的重要组成部分，建筑市场需要不断发展和完善。市场经济与计划经济的最主要区别在于：市场经济主要是依靠合同来规范当事人的交易行为，而计划经济主要是依靠行政手段来规范财产流转关系，因此，发展和完善建筑市场，必须有严格的建设工程合同管理制度。

在市场经济条件下，由于主要是依靠合同来规范当事人的交易行为，合同的内容将成为开展建筑活动的主要依据。依法加强建设工程合同管理，可以保障建筑市场的资金、材料、技术、信息、劳动力的管理，发展和完善建筑市场。

（二）推进建筑领域的改革

我国在建设领域推行项目法人责任制、招标投标制、工程监理制和合同管理制。在这些改革制度中，核心内容是合同管理制度。因为项目法人责任制是要建立能够独立承担民事责任的主体制度，而市场经济中的民事责任主要是基于合同义务的合同责任。招标投标制实际上是要确立一种公平、公正、公开的合同订立制度。工程监理法律关系也是依靠合同来规范业主、承包人、监理单位相互之间的关系，因此，建设领域的各项改革实际上是互相推进的，建设工程合同管理的健全完善无疑有助于推进建筑领域的其他各项改革。

（三）提高工程建设的管理水平

工程建设管理水平的提高体现在工程质量、进度和投资的三大控制目标上，这三大控制目标的水平主要是体现在合同中。在合同中规定三大控制目标后，要求合同当事人在工程管理中细化这些内容，在工程建设过程中严格执行这些规定。同时，如果能够严格按照合同的要求进行管理，工程的质量能够有效地得到保障，进度和投资的控制目标也能够实现。因此，建设工程合同管理能够有效地提高工程建设的管理水平。

（四）避免和克服建筑领域的经济违法和犯罪

建筑领域是我国经济犯罪的高发领域。出现这样的情况主要是由于工程建设中的公开、公正、公平做得不够好。而加强建设工程合同管理能够有效地做到公开、公正、公平。特别是健全重要的建设工程合同的订立方式——招标与投标，能够将建筑市场的交易行为置于公开的环境之中，约束权力滥用行为，有效地避免和克服建筑领域的受贿行贿行为。加强建设工程合同履行的管理也有助于政府行政管理部门对合同的监督，避免和克服建筑领域的经济违法和犯罪。

五、建设工程合同管理的方法

（一）严格执行建设工程合同管理法律法规

应当说，随着《民法通则》、《合同法》、《招标投标法》、《建筑法》的颁布，建设工程合同管理法律已基本健全。但是，在实践中，这些法律的执行还存在着很大的问题，其中既有勘察、设计、施工单位转包、违法分包、不认真执行工程建设强制性标准、偷工减料、忽视工程质量的问题，也有监理单位监理不到位的问题，还有建设单位不认真履行合同、特别是拖欠工程款的问题。市场经济条件下，要求我们在管理建设工程合同时要严格依法进行管理。这样，我们的管理行为才能有效，也才能提高我们的建设工程合同管理的水平，也才能解决建设领域存在的诸多问题。

（二）普及相关法律知识，培训合同管理人才

在市场经济条件下，工程建设领域的从业人员应当增强合同观念和合同意识，这就要求我们普及相关法律知识，培训合同管理人才。不论是施工合同中的工程师，还是建设工程合同的当事人，以及涉及有关合同的各类人员，都应当熟悉合同的相关法律知识，增强合同观念和合同意识，努力做好建设工程合同管理工作。

（三）设立合同管理机构，配备合同管理人员

加强建设工程合同管理，应当设立合同管理机构，配备合同管理人员。一方面，建设工程合同管理工作，应当作为建设行政管理部门的管理内容之一；另一方面，建设工程合同当事人内部也要建立合同管理机构，不但应当建立合同管理机构，还应当配备合同管理人员，建立合同台账、统计、检查和报告制度，提高建设工程合同管理的水平。

（四）建立合同管理目标制度

合同管理目标，是指合同管理活动应当达到的预期结果和最终目的。建设工程合同管理需要设立管理目标，并且可以分解为管理的各个阶段的目标。合同的管理目标应当落到实处。为此，还应当建立建设工程合同管理的评估制度。这样，才能有效地督促合同管理人员提高合同管理的水平。

（五）推行合同示范文本制度

推行合同示范文本制度，一方面有助于当事人了解、掌握有关法律、法规，使具体实施项目的建设工程合同符合法律法规的要求，避免缺款少项，防止出现显失公平的条款，也有助于当事人熟悉合同的运行；另一方面，有利于行政管理机关对合同的监督，有助于仲裁机构或者人民法院及时裁判纠纷，维护当事人的利益。使用标准化的范本签订合同，对完善建设工程合同管理制度起到了极大的推动作用。

六、本书的编写宗旨及主要内容

本书共八章，其内容包括三部分：第一部分共一章，讲述建筑市场的概念、特点和运行机制；第二部分共两章，以《中华人民共和国招投标法》和《水利工程招投标管理规定》为主线，讲述工程招投标的基本知识和理论；第三部分共五章，以《中华人民共和国合同法》为主线，讲述我国建设工程合同管理制。

通过本课程学习，旨在培养学生工程建设管理的法制观念和合同意识，增强学生对建筑市场的适应能力，以实现造就既懂工程专业技术、又掌握工程项目管理理论的复合型人才的培养目标。

第一章 建 筑 市 场

第一节 市 场 与 建 筑 市 场

一、市场

（一）市场的概念

市场是社会分工和商品经济发展的必然产物。由于社会分工，不同的生产者分别从事不同产品的生产，并为满足自身及他人的需要而交换各自的产品。在人类社会早期，生产水平很低。能进行交换的产品极少，交换关系也十分简单，生产者的产品有剩余时，需要寻找一个适当的地点来进行交换，这样就逐渐形成了市场。因此，最初的市场主要是指商品交换的场所。而随着社会生产力的发展，社会分工越来越细，商品交换日益频繁，交换关系越来越复杂，交换的领域及范围也逐渐扩大。

在市场经济条件下，市场得到了空前的发展，它已成为社会资源的主要配置者和社会经济活动的主要调节者。市场的含义也有了更为深刻的变化，美国市场营销协会（American Marketing Association，AMA）认为"市场是指一种货物或劳务的潜在购买者的综合要求"。它是商品交换的场所，是商品交换关系的总和，同时它表现为对某种或某类商品的消费需求。

（二）市场的构成

市场是由各种基本要素组成的有机整体，这些要素之间互相联系、相互作用，从而推动市场运动。从市场总体来看，构成市场的基本要素有：市场主体，市场客体以及具备买卖双方都能接受的价格和交易条件。

1. 市场主体

市场主体是指从事交换活动的当事人，通常包括商品的生产者、购买者和商业中介人。商品生产者是拥有商品的出卖者，属于供给一方，只有生产者生产了商品，才有可能进行商品的交换，因此他为市场活动提供了物质基础。购买者是持有货币的采购人，属于需求一方，只有购买者购买商品，才能使生产者的商品实现交换，因此，购买者是商品交换的实现条件。商品中介人即是购买者又是出卖者，其活动的特点是在市场中处于生产者和购买者之间的中介地位，起着商品交换的媒介作用，同时解决生产者和购买者的时态差异，从而使商品的交换能够顺利进行，使分布于各地的市场能够联系和统一。

2. 市场客体

市场客体是指一定量可供交换的商品，这样的商品既包括有形的物质产品，也包括无形的服务和各种商品化了的资源要素，如资金、技术、信息和劳动力等。市场活动的基本内容是商品交换，如果没有交换的客体，市场也就不存在了。因此，具备一定量可供交换的商品，是市场存在的物质基础。

3. 具备买卖双方都能接受的价格和交易条件

由于买卖双方是两个不同的商品、货币所有者，只有自愿互利，价格和交易的条件双方都能接受，商品交换才能完成，这就是通常所谓的"自愿让渡"的规则。此外还应具备场所、设备等物质条件及制度和规则等非物质条件。

（三）市场的特征

在市场活动过程中，交换或买卖双方之间存在着实物和价值的经济联系，这种经济联系体现着市场具有平等性、自主性、完整性、开放性和竞争性等方面的特征。

1. 平等性

平等性是指参与市场活动的市场主体拥有平等的市场地位。表现为：

（1）市场主体能机会均等地按照统一的市场价格取得生产要素。

（2）市场主体能机会均等地进入市场，并进行自主决策和经营。

（3）市场主体能平等地承担税收和其他方面的负担。

（4）市场主体在法律和经济往来中处于平等地位。

因此，在市场活动中，市场主体不因生产资料所有权而不同、企业经营范围的不同、企业本身规模大小的不同等而有所差异。商品所有者之间交易是平等自由的交易，它所普遍遵循的是等价交换原则，一方只有符合另一方的意志才能让渡自己的商品，占有他人的商品。当然，这种交易的平等和自由必经由政府通过法律加以保护，才能保证平等交换的契约关系，保证市场活动的正常进行。

2. 自主性

企业是市场交换的主体，作为独立的商品生产者和经营者，企业必须自主经营、自负盈亏，独立地对市场供求、竞争和价格变化作出灵活的反应。企业的自主性表现为拥有相对独立的生产经营自主权，主要包括生产经营决策权、企业投资决策权、资金支配决策权、产品物资购销权和劳动人事调动权等。正因为具备了这些权利，企业才能成为真正的市场经营主体，并由此决定了市场活动具备交换的自主性。

3. 完整性

市场要有效的发挥配置资源的功能，就必须有一个比较完善的市场体系，这是供求、竞争和价格发挥调节作用的前提。完善的市场体系应包括：

（1）齐全的商品市场和生产要素市场。商品交换是市场交换的基本内容，由资本、劳动力等组成的生产要素市场是实现资源充分流动的必然结果。因此，市场活动必须建立在完备齐全的市场体系基础之上。

（2）众多的买者和卖者。如果缺乏足够的买者和卖者以及它们之间的竞争，就会产生垄断，导致市场秩序混乱，降低市场配置资源的效率，使市场不能正常运转。

（3）各类市场在国内区域是一个整体，形成全国范围内的统一市场，并与国际市场建立密切联系，打破对市场的分割和垄断。

（4）在价格形式中，要减少人为管制和扭曲，使它能真实地反映资源稀缺情况，这是市场有效运行的基本条件。

4. 开放性

市场经济体制下的市场是完全开放的，即向所有商品生产者、经营者和购买者开放，向各种产权形式的企业开放，向全社会资源要素开放，向各个行业、地区和国家开放。任何性质、规模和形式的企业都可以自由参与市场活动。开放的市场是实现资源流动的必要条件，也是市场有效发挥作用的前提之一。

5. 竞争性

竞争是市场运行的突出特点。在市场活动中，竞争表现在许多方面，有买者之间的竞争、卖者之间的竞争和买卖双方之间的竞争。所有市场参与者平等进入市场，从事交易活动，并在此基础上各个企业凭借自身的经济实力全方位的开展竞争，通过公平竞争，实现优胜劣汰。因此，真正意义的市场是充满竞争的市场。

二、建筑市场

（一）建筑产品的特点

建筑产品是指建筑业向社会提供的具有一定功能、可供人类使用的最终产品，它是经过勘察设计、建筑施工、构配件制作和设备安装等一系列劳动而最终形成的。

建筑产品同其他工业产品一样具有价值和使用价值，并且是为他人使用而生产的，具有商品的性质，这是建筑产品同其他产品的共性。另一方面建筑产品与其他普通商品相比有以下技术经济特点。

1. 建筑产品的唯一性

在一般的工业部门中，成千上万的产品是完全相同的。它们可以按照同一种/统一的设计图纸、同一种工艺方法、同一种生产过程进行加工、制作，因而产品表现为单一性。建筑产品是根据投资者对具体的功能、结构和外形的不同要求而生产的，所以建筑产品具有一次性的特点，不可能重复生产。特别是水利工程，每一个项目都具有其鲜明的个性，每一个项目都是唯一的。

2. 建筑产品的固定性

在一般的工业部门中，生产者和生产设备是固定不动的，而产品在生产线上流动，工业产品的流动性还表现在使用过程中。与此相反，建筑产品（建筑物或构筑物）是固定于土地上的，所有建筑产品无论其规模大小，坐落何处，用途如何，它与大地是不可分离的，甚至对于较多工程（如涵洞、隧道等），大地本身还是其建筑的构成部分。所以建筑产品在生产过程和使用过程中都是固定的。

3. 建筑产品的体积大、价值高，用途具有局限性

对普通产品而言，机械工业产品是庞然大物，但与建筑产品相比却是"小巫见大巫"。建筑产品体积庞大，所消耗的材料用量也十分惊人，建筑产品的价值巨大，普通的小型建筑物，价值即达十几万、几十万，大型建筑产品的价值可达几千万元、几十亿元，甚至高达几百亿元，尤其水利工程，其价值普遍巨大。如举世瞩目的长江三峡工程坝体总混凝土量为 1486 万 m^3，建筑物基础土石方开挖 10283 万 m^3，混凝土基础 2794 万 m^3，土石方填筑 3198 万 m^3，金属结构安装 25.65 万 t，工程总投资约 2200 亿元。这样巨大的价值，意味着建筑产品要占用和消耗巨大的社会资源，同时意味着建筑产品与国民经济，人民的工作和生活息息相关，尤其是重要的建筑产品，可直接影响国计民生。

建筑产品是按照某一特定的使用者要求，在特定的地点进行建造的，而建成之后，通常它只能为这个特定的使用者、在这个特定的地点，按照原来特定的用途而使用。所以建筑产品的用途具有局限性。

4. 建筑产品的生产过程具有需求在先、供给在后的特点

由于产品的一次性，建筑产品不可能像工业产品成批量生产后，再在市场上等待需求。只能是先有投资需求，以后再由投资者在市场寻找供给者（如施工单位）。建筑产品的这一特点，使建筑业生产带有一定的被动性，建筑市场也容易形成买方市场。

5. 建筑产品的社会性

一般的工业产品主要受当时当地的技术发展水平和经济条件的影响，而建筑产品则还要受到当时当地的社会、政治、经济、文化、风俗以及历史、传统等因素的综合影响。这些因素决定着建筑产品的造型、结构、装饰和设计标准。一些重要的有特征的建筑产品还是珍贵的艺术品。

建筑产品的社会性首先表现为它对自然环境的影响，如对于自然风景的价值，建筑产品可能破坏它导致其价值降低，也可能补偿或改变它使价值增加；其次表现在它的综合经济效益，如城市的产生就是建筑产品综合效益的结果。另外表现为它具有很强的排他性，某一空间一旦被某一建筑产品取代，就不能再建筑其他的建筑产品。

（二）建筑市场的特点

建筑市场是整个国民经济市场的有机组成部分。由市场的一般概念可知，建筑市场可以从狭义和广义两个方面来理解。狭义的建筑市场是指以建筑产品为交换内容的场所。广义的建筑市场是指与建筑产品有关的一切供求关系的总和。具体来说它是一个市场体系，包括勘察设计市场、建筑产品市场、生产资料市场、劳动力市场、资金市场、技术市场等。与一般的市场相比较，建筑市场具有以下特征。

1. 建筑市场交易的直接性

这一特点是由建筑产品的特点决定的。在一般的工业产品的市场中，由于交换的产品具有间接性、可替换性和可移动性，供给者可以预先进行生产然后通过批发、零售环节进入市场。建筑产品则不同，只能按照客户的具体要求，在指定的地点为其建造某种特定的建筑物，比如修建一座土石坝、厂房等，都只能在坝址或厂址处完成并最终交易，因此，建筑市场上的交易只能是由需求者和供给者直接见面，进行预先订货的交易，而且先成交后生产，无法经过中间环节。

2. 建筑产品的交易过程持续时间长

众所周知，一般商品的交易基本上是"一手交钱一手交货"，除去建立交易的条件和时间外，实现交易过程则很短。建筑产品的交易则不然，由于不是以具有实物形态的建筑产品作为交易对象，无法进行"一手交钱一手交货"式交易，而且建筑产品的周期长，价值巨大，供给者也无法以足够的资金投入生产，大多采用分阶段按实施进度付款，待交货后再付清全部款项的交易方式。因此，双方在确定交易条件时，重要的是关于分期付款与分期交货的条件。从这点来看，建筑产品的交易就表现为一个很长的过程。

3. 建筑市场有着显著的地区性

这一特点是由建筑产品的地域特性所决定的。无论建筑产品是作为生产资料，还是作

为消费性资料，建在哪里，就只能在哪里发挥功能。对于建筑产品的供给者来说，他无权选择特定建筑产品的具体生产地点，但他可以选择自己的经营在地理上的范围。由于大规模的流动势必造成生产成本增加，因而建筑产品的经营通常是集中于一个相对稳定的地理区域。这使得供给者与需求者之间的选择存在一定的局限性，通常只能在一定的范围内确定相互之间的交易关系。

但是，建筑市场的区域性特征并不是不可改变的。当建筑产品的规模增大，所需技术复杂时，对施工组织、设备等方面的要求很高，因而只能由能力较强的大企业来承建，从而出现生产者大范围流动现象。通常小型建筑企业受建筑市场区域特征影响更为明显，而大企业受其影响较弱。

4. 建筑市场的风险较大

建筑市场中的供给者和需求者都有较大风险，从建筑产品的供给者方面来看，建筑产品的市场风险主要表现在以下几个方面：

（1）定价风险。由于建筑市场中的供给方的可替代性很大，故市场的竞争主要表现为价格的竞争，定价过高就意味着竞争的失败，招揽不到生产任务；定价低则会导致企业亏损，甚至破产。

（2）建筑产品是先定价，后生产，生产周期长，不确定因素多，如气候、地质、环境的变化，需求者的支付能力，以及国家的宏观经济形势等，都可能对建筑产品的生产产生不利的影响，甚至是严重的不利影响。

（3）需求者支付能力的风险。建筑产品的价值巨大，其生产过程中的干扰因素可能使生产成本和价格升高，从而超过需求者的支付能力；或者因贷款条件而使需求者筹措资金发生困难，甚至需求者一开始就不具备足够的支付能力。凡此种种，都有可能出现需求者对生产者已完成的阶段或部分产品拖延支付，甚至中断支付情况。

从建筑产品需求者来看，建筑市场的风险主要表现在：

（1）投资风险。投资风险是指未来投资收益（如防洪、发电、灌溉、航运、旅游以及社会效益等）的不确定性，在投资中可能会遭受收益损失甚至本金损失的风险，是为获得不确定的预期效益而承担的风险，是一种经营风险。建筑产品的生产周期和使用周期都很长，期间国内外经济波动、相关政策变化、生产者的经营状况以及不可抗力都是不确定性的风险因素，因此建筑产品的需求者作为投资主体，其投资风险高，防范投资风险的难度大。

（2）履约风险。建筑产品需求者的履约风险主要来自生产者的履约能力和不可抗力两个方面，主要表现为三种形式：

价格与质量的矛盾。如上所述，建筑产品的需求者往往希望在产品功能和质量一定的条件下价格尽可能低。但是，这种"一定"的质量要求和标准是模糊的，难以严格界定。从而又可能使需求者和供给者对最终产品的质量标准产生理解上的分歧，而像大型水利水电工程这种内容复杂的建筑产品，分歧的概率更大。

价格与交货时间的矛盾。建筑产品的需求者往往对建筑产品生产周期中的不确定因素估计不足，提出的交货日期有时并不现实。而供给方为达成交易，当然也接受这一不公平条件，但却会有相应的对策，如抓住发包人未能完全履行合同义务的漏洞，从而竭力将合同条件变得有利于自己。

预付工程款的风险。由于建筑产品的价值巨大，且多为转移价值部分，供给者一般无力垫付巨额生产资金。需求者向供给者预付一笔工程款已形成一种行业惯例和制度，这可能给那些既无信誉又无经营实力的企业带来可乘的机会，甚至卷款而逃，给需求者带来严重的经济损失。

5. 建筑市场竞争激烈

由于建筑生产要素的集中程度低于资金技术密集型产业，使其不可能采取生产要素高度集中的生产方式，而是采用相对分散的生产方式，致使大型企业的市场占有率较低。因此，在建筑市场中建筑产品生产者之间的竞争较为激烈。而且，由于建筑产品的不可替代性，生产者基本上是被动地去适应需求者的要求，需求者相对而言处于主导地位，甚至处于垄断地位，这自然加剧了建筑市场竞争的激烈程度。建筑产品生产者之间的竞争首先表现为价格上的竞争。由于不同生产者在专业特长、管理和科技水平、生产组织的具体方式、对建筑产品所在地各方面情况了解和市场熟练程度以及竞争策略等方面有较大差异，因而它们之间的生产价格会有较大差异，从而使价格竞争更加剧烈。

6. 建筑市场的供给特点

（1）供给弹性大。由于建筑业属劳动密集型产业，技术装备系数低，通过增加劳动力数量来扩大生产能力是很敏捷的，尤其是在不需要高技术和复杂设备的中小工程项目市场中，市场的进入很容易，几乎不需要有多大的进入成本。历史上我国历次的经济高涨阶段，因对建筑产品的需求旺盛，都带来建筑队伍的大发展。这从弹性上看，表现为弹性系数大于 1。并且，建筑产品的规模越小，技术越简单，使得弹性也越大。建筑产品供给弹性大，表明企业的进入成本低，市场竞争激烈，可替代性强。

（2）供给被动地适应需求。在一般消费品市场中，从生产的角度出发，可以认为是供给决定需求。在建筑市场中，供给者不能像一般市场那样，通过对市场的分析与预测，自主决定生产什么产品来满足需求，而只能被动地由需求者来选择决定。供给者只能接受订货生产，按照需求者的要求（如交货地点、形式、功能、质量、价格和供货时间等）进行生产。

（3）建筑供给方式多样。设计、咨询、监理、施工可以分别承包，也可以总承包后再进行分包，还可以进行施工联合承包。具体的供给提供形式要视建筑市场的具体情况而灵活采用，以求在竞争中得到发展。

（4）建筑供给中的相关关系复杂。建筑产品的生产过程有着广泛的内外联系，这些对企业的生产效率、生产成本都有着直接的影响。如发包人能精确地提出要求，做好施工前的准备工作，并能按时支付工程款；设计者能够提供经济、使用、安全、美观的设计方案和具体操作方案；材料、设备、构配件的供给质量、价格与时间；施工者的施工组织设计；经济和社会环境通过对设计、施工、材料和设备的供给提供便利来影响效率；社会安全、政府的法律及工作效率；监理的独立与公正等。

（三）建筑市场的运行机制和运行模式

1. 建筑市场的运行机制

建筑市场的运行机制是建筑市场中经济活动关系的总和，包括建筑企业与市场、建筑企业与政府、建筑企业与用户、建筑企业与生产要素供应企业、建筑企业之间、建筑企业与内部职工之间的关系等，它是上述经济关系在经济活动中共同构成的有机体，且各组成部分之间相互联系、相互制约、自我控制、自我平衡，使得建筑市场的经济活动不断运转发展。

2. 建筑市场的运行模式

实施市场经济后，建筑市场的运行模式已由政府为主体转向以企业和个人为主体的格局，企业和个人应成为决策执行主体和利益主体；决策风险也由政府和社会承担转向由企业和个人承担；企业由依附政府型转向自主自我型发展；价格由行政性定价向市场定价转变，建立起以市场形成价格的价格机制。归纳起来，建筑市场的运行模式可概括为：

运行主体——建筑企业；

运行基地——建筑市场；

调节主体——国家；

调节对象——市场活动。

这一运行模式即为"国家调控市场，市场引导企业"的体现，是以企业为本，以市场为基础，以国家为指导，实行国家—市场—企业双向调节的社会主义市场机制。在此市场中，建筑企业成为真正独立的具有自负盈亏、自主经营、自我约束、自我发展能力的商品生产者，成为市场主体。同时建筑市场体系完善，市场组织健全，市场发育程度高。国家实行有效的宏观调控，市场法制化体系完成。

第二节　建筑市场的主体

建筑市场中的主体是从事建筑产品交换活动的当事人，通常包括发包人、承包人以及中介服务机构等。

一、发包人

发包人是既有进行某项工程建设的需求，又具有该项工程建设相应的建设资金和各种准建手续，在建筑市场中发包工程建设的咨询、设计、施工及监理任务，并最终得到建筑产品所有权的政府部门、企事业单位和个人。在我国的工程建设中，项目发包人又叫项目法人、建设单位或业主，他们在组织工程建设时进入建筑市场，成为建筑市场的主体。

项目发包人是由投资方代表组成，从建设项目的筹划、筹资、设计、建设实施直到生产经营、归还贷款及债券本息等全面负责并承担风险直到项目管理到位。这就是说，发包人必须承担建设项目的全部责任和风险，对建设过程中的各个环节进行统筹安排，实现责、权、利的统一。发包人是投资行为的主体，应形成企业法人。

为了加强和规范发包人的建设行为，1996年国家计委发布了《关于实行项目法人责任制的暂行规定》，要求"由项目法人对项目的策划、资金筹措、建设实施、生产经营、债务偿还和资产保值增值，实行全过程负责"。规定在项目建设书被批准后，及时组建项目法人筹备组，具体负责项目法人的筹建工作；可行性研究报告被批准后，正式成立项目法人；项目法人按《公司法》的规定设立有限责任公司（包括国有独资公司和股份有限公司），并对项目董事会的职权、项目总经理的职权作了具体的规定。

二、承包人

承包人是指有一定生产能力、机械装备、流动资金，具有承包工程建设任务的营业资格，在建筑市场中能够按照发包人的要求，提供不同形态的建筑产品，并最终得到相应工程价款的建筑业企业。按照生产的主要方式，它们主要分为勘察、设计单位、建筑安装企业、混凝土构配件及非标准预制件等生产厂家、商品混凝土供应站、建筑机械租赁单位，以及专门提供建筑劳务的企业等。它们的生产经营活动在建筑市场中进行，它们是建筑市场主体的主要成分。

三、建筑市场中的中介服务组织

中介服务组织是指具有相应的专业服务能力，在建筑市场中受承包方、发包方或政府管理机构的委托，对工程建设进行估算测量、咨询代理、建设监理等高智能服务，并取得服务费的咨询服务机构和其他建设专业中介服务组织。在市场经济活动中，中介组织作为政府、市场、企业之间联系的纽带，具有政府行政管理不可替代的作用。而发达的市场中介组织又是市场体系成熟和市场经济发达的重要表现。

从市场中介组织工作内容和作用来看，建筑市场的中介组织主要可以分为以下五种类型。

（一）协调和约束市场主体行为的自律性组织

如建筑业协会及其下属的设备安装、机械施工、装饰、产品厂商等专业分会，建设监理协会等。他们在政府和企业之间发挥桥梁纽带作用，协助政府进行行业管理。其具体任务包括：调查收集行业发展中存在的问题及情况，企业的愿望和要求，并及时向政府反映，作为政府制定政策和法规的依据，保护行业的合法权益；贯彻传达国家政策和方针，加强对企业的引导，实现政府的管理意图；制定行规，规范约束企业行为，协调企业间的关系，调解处理企业的争议和纠纷，维护市场正常秩序；收集发布行业动态及市场信息，促进交流；积极开展教育培训，促进企业人员素质的提高，并推广先进管理办法和高新技术。

（二）为保证公平交易、公平竞争的公证机构

如为工程建设服务的专业会计师事务所、审计师事务所、律师事务所、资产和资信评估机构、公证机构、合同纠纷的调解仲裁机构等。由于这些机构独立于承发包双方之外，其人员都受过较高的教育，有长期从事专业工作的经历，行为受到行业纪律和法规的约束，从而保证了他们行为的科学性、权威性和相对的公正性。因此，计划经济体制下政府部门承担的一些微观管理职能，可以由他们以有偿服务的形式承担，有利于政府职能的转换。中介机构通过技术服务，使企业了解自己的权力，帮助企业落实和使用好这些权力，帮助企业追究侵权者的责任，保障企业合法权益不受侵害。通过技术服务，还可以帮助企业提高法律意识和法制观念，避免违纪违规。受政府管理机构委托，承担一些监督、审查、审计等工作。受双方委托，对争议和纠纷进行调解和仲裁。这些工作对于维护建筑市场的正常秩序，都将发挥着重要的作用。

（三）为促进市场发展，降低交易成本和提高效益服务的各种咨询、代理机构

如工程技术咨询公司、招标投标、编制标的和预算、审查工程造价的代理机构、监理公司、信息服务机构等。随着生产力的发展和经济管理的进步，社会分工的不断细化是必

然的结果，改革的深化和社会主义市场经济体制的建立强化了企业对利益和效率的追求，也对工程建设管理提出了更高的要求，咨询服务正在逐步成为企业经常性的需求，成为工程建设的必要程序。法制的逐步健全加强了对招标发包、标底编制、工程建设的组织管理等工作的资质要求和管理，使各种代理机构和监理公司迅速发展起来。

（四）为监督市场活动，维护市场正常秩序的检查认证机构

如质量检查、监督认证机构，计量检查、检测机构，以及其他建筑产品检测鉴定机构。随着经济的发展和市场机制的健全，发包方为了得到建筑物完美的使用功能，保证投资效益，承包方为了保证自己的信誉，提高企业的竞争力，各方都更加重视产品的质量、更加需要一个监督检查机构的帮助。由于承发包利益的相对对立，双方对建筑产品质量认定标准的不同和争议在所难免，因此需要一个中立、公正的机构来检测认定。由于发包方选择的是生产建筑产品的建筑企业，通过中介机构确认建筑企业的质量管理的等级，事先了解确认建筑企业的质量管理能力和管理水平的工程质量认证方式，已被越来越多的国家所采用，有的国家和地区规定，不经过认证合格的企业，不能承包工程。

（五）为保证社会公平、建立公正的市场竞争秩序的各种公益机构

如各种以社会福利为目的基金会、各种保险机构、行业劳保统筹等管理机构。发挥这些机构社会福利服务机构的作用，可以防止因收入差别过于悬殊造成社会分配的不公。

思　考　题

1. 什么是市场？市场的构成要素有哪些？
2. 简述市场的特征。
3. 简述建筑市场的特点。
4. 简述建筑市场的运行机制和运行模式。

第二章　水利工程建设项目招投标概述

建设工程实施招标投标制度，使工程项目建设任务的委托纳入市场机制，通过竞争择优选定项目的工程承包单位、勘测设计单位、施工单位、监理单位、设备制造供应单位等，达到保证工程质量、缩短建设周期、控制工程造价、提高投资效益的目的。我国工程建设领域推行招投标制度最早的行业是水利工程，早在 1995 年 4 月 21 日，水利部就颁发《水利工程建设项目施工招标投标管理规定》〔1995〕130 号。这也是我国关于工程建设招投标的最早法规，2001 年 1 月 1 日水利部又根据 2000 年 1 月 1 日颁布实施的《中华人民共和国招投标法》，并结合行业特点，颁发新的规定，旧规定同时废止。

招标与投标是招标人与投标人之间，通过招标投标签订工程建设承包合同进行公开交易的一种活动。"招标"是指发包人以拟建工程项目作为标的，邀请潜在投标人按照招标文件要求参加投标，选定承包人的活动。"投标"是经资格审查合格的投标人取得招标文件，并按投标文件要求，编制投标文件，进行获得标的的竞争活动。"开标"是指招标人召开会议当众公布各投标人提出的报价及有关事项。"授标"是指招标人经过评选，选定承包人，并书面通知接受其投标文件，即投标人中标。经过上述活动之后，签订正式合同。

第一节　水利工程招标范围和规模以及招投标活动遵循原则

一、水利工程招标范围和规模

（一）范围

依据《中华人民共和国招投标法》有关规定，《水利工程建设项目施工招标投标管理规定》进一步明确要求属于下列范围的水利工程建设项目，如果达到规模标准必须招标：

（1）关系社会公共利益，公共安全的防洪、排涝、灌溉、水力发电、引（给）水滩涂治理、水土保持、水资源保护等水利工程建设项目。

强制招标的具体范围与《招标投标法》第三条以及国家计委令第 3 号一致。水利工程是根据《水利工程建设项目管理规定》并结合当前水利工程实际，增列了水土保持和水资源保护工程。

（2）使用国有资金或者国家融资的水利工程建设项目。国有资金是指国家财政性资金（包括预算内资金和预算外资金），国家机关、国有企事业单位和社会团体的自由资金及借贷资金。国家融资指国家通过对内发行政府债券或向外国政府及国际金融机构举借主权外债所筹资金。

（3）使用国际组织或者外国政府贷款、援助资金的水利工程建设项目。

（二）规模标准

水利工程建设项目的规模达到以下标准，必须进行招标：

（1）施工单位合同估算价在 200 万元人民币以上的。

（2）重点设备、材料等货物的采购，单项合同价在 100 万元人民币以上的。

（3）勘察设计、监理等服务的采购，单项合同估算价在 50 万元人民币以上的。

（4）项目总投资在 3000 万元人民币以上，但分标单位合同估算价低于（1）、（2）、（3）规定的项目原则上都必须招标。

合同估算价通常指招标内容相对应的概算；有关的重要设备、材料一般是闸门、启闭机、发电机、水轮机、水泵、电机、配变变电设备，材料指钢材、木材、水泥及构成工程主体的加工材料等，重要性是相对而言；施工是指按照设计的规格和要求建造建筑物的活动；监理是指项目法人聘请监理单位，依据国家有关工程建设的法律、法规和批准的项目建设文件，建设合同以及监理合同对工程建设实行管理的活动。

二、水利工程招标投标活动遵循的原则

《建筑法》第十六条指出"建筑工程发包与承包的招标投标"活动，应当遵循公开、公平、公正等竞争的原则，择优选择承包单位。水利工程招投标活动遵循公开、公平、公正和诚实信用的原则。在招标活动中，任何单位和个人不得以任何方式干涉招标投标工作。

（一）公开、公平、公正原则

公开是指招标投标活动的全过程应有较高的透明度，具体表现在水利工程招标投标的信息公开、条件公开、程序公开和结果公开。招标的信息公开和条件广泛传播，有利于在较大范围内选择最优中标人，程序和结果公开有利于社会和当事人对投标活动进行监督。

招标投标属于民事法律行为，公平是指民事主体的平等，有两层含义：一是要给予所有投标人平等的机会，使其享有同等的权利，履行同等的义务，招标人不得以任何理由排斥或者歧视任何投标人，如限制或排斥本地区、本系统以外的投标人参加投标就是有悖公平原则的；二是招标人和投标人之间的平等，要杜绝一方把自己的意志强加于对方，如招标文件或签订合同前招标人无理压价，或投标人恶意串通，提高标价损坏对方利益等是违反平等原则的行为。

公正是指公平正直，招标人在招标活动中要根据文件中规定的统一标准衡量每一个投标人的优劣，实事求是的进行评标和决定，不偏袒任何一方。评标委员会应当客观公正地履行职责，遵守职业道德。

（二）诚实信用原则

诚实信用原则是我国民事活动所应当遵循的一项重要的基本原则，招投标活动，作为订立合同的一种特殊方式，同样应当遵循诚实信用原则。具体来讲，招标投标当事人应以诚实、守信的态度行使权利，履行义务，以维护双方的利益平衡，以及自身利益与社会利益的平衡。在当事人的利益关系中，要尊重他人事务，保证彼此都能得到自己应得的利益，并互相保守商业秘密。在当事人与社会的利益关系中，不得通过自己活动损害第三人和社会的利益，必须在法律范围内以符合其社会经济目的的方式行使自己的权利。例如，在招标过程中，招标人不得发布虚假的招标信息，不得擅自终止招标；在投标过程中投标人不得以他人名义投标，不得与招标人或其他投标人串通投标；中标通知书发出后，招标人不得擅自改变中标结果，中标人不得擅自放弃中标项目等。

第二节　水利工程招投标的行政监督与管理

水利工程招投标行政监督是指行政监督部门依法对招标投标活动实施监督，依法查处招标投标活动中的违法行为。据《关于国务院有关部门实施招标投标活动行政监督的职责分工的意见》（国办发［2000］34号），行政监督由行政主管部门负责，水利工程招投标监督由水利行政主管部门负责，并按照招标项目的规模、性质管理水利工程招投标，即由水利部、各流域管理委员会以及省、自治区、直辖市水利厅对水利工程招投标活动进行行政监督与管理。

一、水利工程招投标的行政监督部门

（一）水利部

水利部是全国水利工程建设项目招标投标活动的行政监督与管理部门，其主要职责如下：

（1）负责组织、指导、监督全国水利行业贯彻执行国家有关招标投标的法律、法规、规章和政策。

（2）根据国家有关招标投标法律、法规和政策，制定水利工程建设项目招标投标的管理规定和办法。

（3）受理有关水利工程建设项目招标投标活动的投诉，依法查处招标投标活动中的违法违规行为。

（4）对水利工程建设项目招标代理活动进行监督。

（5）对水利工程建设项目评标专家资格进行监督与管理。

（6）负责国家重点水利项目和水利部所属流域管理机构（简称流域管理机构）主要负责人兼任项目法人代表的中央项目的招标投标活动的行政监督。

（二）各流域管理委员会

流域管理机构（长江水利委员会、黄河水利委员会、松辽水利委员会、淮河水利委员会、海河水利委员会、珠江水利委员会、太湖流域管理局）是水利部派出机构，受水利部委托，对除上述第六项规定以外的中央项目的招标投标活动进行行政监督，即对于中央项目，若不是流域管理机构主要负责人兼任项目法人，则该项目招标投标活动由所在流域管理机构负责监督与管理。

（三）省、自治区、直辖市人民政府水行政主管部门

各省、自治区、直辖市人民政府水行政主管部门是本行政区域内地方水利工程建设项目招标投标活动的行政监督与管理部门，其主要职责包括：

（1）贯彻执行有关招标投标的法律、法规、规章和政策。

（2）依照有关法律、法规和规章，制定地方水利工程建设项目招标投标的管理办法。

（3）受理管理权限范围内的水利工程建设项目招标投标活动的投诉，依法查处招标投

标活动中的违法违规行为。

（4）对本行政区域内地方水利工程建设项目招标代理活动进行监督。

（5）组建并管理省级水利工程建设项目评标专家库。

（6）负责本行政区域内除水利部行政监督与管理职责中第⑥条规定以外的地方项目的招标投标活动的行政监督。

需要说明的是，各省、自治区、直辖市人民政府水行政主管部门制定的有关管理规定不得设定歧视性资质要求、评标标准或者另行指定招标信息发布方式等，不得存在限制或者排斥外地企业或其他经济组织参加本地区的招标投标活动的地区封锁规定。不得缩小国家确定的必须招标范围，同时要防止规模标准过低，影响招标活动效率和效益。

二、水行政主管部门行政监督的内容

水行政主管部门依法通过招标报告的备案，派员监督开标、评标、定标活动（也可不派员），以及招标投标情况总结报告的备案和受理有关投诉等方式对水利工程建设项目的招标投标活动、开展行政监督。具体监督内容包括：

（1）接受招标人招标前提交备案的招标报告。

（2）可派员监督开标、评标、定标等活动。对发现的招标投标活动的违法违规行为，应当立即责令改正，必要时可做出包括暂停开标或评标及宣布开标、评标结果无效的决定，对违法的中标结果予以否决。

（3）接受招标人提交备案的招标投标情况书面总结报告。必须招标项目是否进行了招标。

其中重点监督：招标方式是否有利于竞争；开标、评标、定标的程序、规则是否体现公开、公平、公正和诚实信用的原则；评标委员会构成以及回避制度的执行等。

第三节 招 标

招标是指招标人（或招标单位）在购买大批物资、发包工程、招揽某一有竞争性的项目前，按照公布的招标条件，公开或书面邀请投标人（或投标单位），在接受招标文件要求的前提下前来投标，以便招标人从中择优选定的一种交易行为（方式）。本节主要介绍招标方式、招标方式选择程序、特殊项目如何招标、项目招标应具备的条件、招标工作一般程序、招标信息发布以及招标有关问题处理等。

一、招标方式

水利工程项目招标方式以公开招标为主，辅以邀请招标，很少采用议标。

（一）公开招标

1. 概念

公开招标，是指招标人在指定的媒体上发布招标公告，让所有具有能力的投标者，只要符合投标资格条件，均可投标。它体现机会均等，增加竞争的透明度。公开招标首先是一种无限竞争性招标方式，即凡是对招标工程感兴趣，符合条件的潜在投标人都允许参加投标，相对于其他招标方式，公开招标竞争最为激烈；其次采用公开招标方式，可以广泛吸引投标人，从而使招标人有较大的选择范围，可以在众多的投标人之间选择报价合理、技术先进、工期较短、信誉良好的承包人。公开招标的缺点首先是招标的成本大，时间长；其次是招标人与投标人只能通过文字相互了解，往往难以深入了解，因此会使履约风险增大。

水利工程依法必须招标的项目中，国家重点水利项目、地方重点水利项目及全部使用国有资金投资或者国有资金投资控股或者占主导地位的项目应当首选公开招标。当情况特殊时部分招标项目需经过批准，方可改为邀请招标，这也符合水利工程实际情况需要。

2. 招标公告

招标人采用公开招标方式应当发布招标公告。招标公告是指采用公开招标方式的招标人向所有潜在的投标人发出的一种广泛的通告。其目的是使所有潜在的投标人都具有公平的投标机会。所谓潜在投标人，是指知悉招标人公布的招标项目的有关条件和要求，有可能愿意参加投标竞争的供应商或承包商。

招标公告中应当载明：招标人的名称和地址；招标项目的名称、性质、规模、实施地点和时间；建设要求；获取招标文件的办法。采用公开招标方式的水利工程项目，招标人应当在国家发展与改革委员会指定的媒介发布招标公告，其中大型水利工程建设项目以及国家重点项目、中央项目、地方重点项目同时还应当在《中国水利报》发布招标公告，公告正式媒介发布至发售资格预审文件（或招标文件）的时间间隔一般不少于10日。招标人应当对招标公告的真实性负责，而且公告不得限制潜在投标人的数量。

（二）邀请招标

1. 概念

邀请招标也叫选择性招标，它是指招标人根据自己了解和掌握的信息、过去与承包商合作的经验或者咨询机构提供的情况，以投标邀请书的方式邀请数目有限的特定法人或其他组织投标。投标邀请书是招标人向三个以上具备承担招标项目的能力、资信良好的特定法人或者其他组织发出的参加投标的邀请。邀请招标是由接到投标邀请书的法人或者其他组织才能参加投标的一种招标方式，其他潜在的投标人则被排除在投标竞争之外。"有限数目"以5～7家为宜，但不应少于3家。

邀请招标的优点首先是经过选择的投标人的施工经验、技术力量、经济实力和企业信誉都比较可靠，因此一般都能保证进度和质量，便于合同的履行，其次投标人少，便于组织，投标时间相对较短，投标费用也较小。邀请招标的缺点是一种有限竞争性招标方式，此外，由于邀请范围较小选择面窄，可能排斥了某些在技术或报价上有竞争实力的潜在投标人，因此投标竞争的激烈程度相对较差。

为了体现公平竞争和便于招标人选择综合能力最强的投标人中标，仍要求在投标书内报送表明投标人资质能力的有关证明材料，作为评标时的评审内容之一（通常称为资格后审）。

2. 采用邀请招标方式进行招标的水利工程项目

有下列情况之一的，按规定经批准后可采用邀请招标：

（1）本章第一节中规模标准中（4）规定的项目。

（2）项目技术复杂，有特殊要求或涉及专利权保护，受自然资源或环境限制，新技术或技术规格事先难以确定的项目。

（3）应急度汛项目。

（4）其他特殊项目。

3. 邀请招标的批准手续

（1）国家重点水利项目经水利部初审后，报国家发展与改革委员会批准；其他中央项目报水利部或其委托的流域管理机构批准。

（2）地方重点水利项目经省、自治区、直辖市人民政府水行政主管部门会同同级发展计划行政主管部门审核后，报本级人民政府批准；其他地方项目报省、自治区、直辖市人民政府水行政主管部门批准。

（三）公开招标与邀请招标在招标程序上的主要区别

1. 招标信息的发布方式不同

公开招标是利用招标公告发布招标信息，而邀请招标则是采用向三家以上具备有实施能力的投标人发出投标邀请书，请他们参与投标竞争。

2. 对投标人的资格审查时间不同

进行公开招标时，对于投标响应者较多，为了保证投标人具备相应的实施能力，以及缩短评标时间，突出投标的竞争性，通常设置资格预审程序。而邀请招标由于竞争范围较小，且招标人对邀请对象的能力有所了解，不需要再进行资格预审但评标阶段还要对投标人的资格和能力进行审查和比较，通常称为"资格后审"。

3. 适用条件不同

（1）公开招标方式广泛适用。

（2）适于邀请招标的项目。公开招标估计响应者少，达不到预期目的的情况，可以采用邀请招标方式委托建设任务。

（四）议标

对不宜公开招标或邀请招标的特殊工程，应报主管机构，经批准后才可以议标。参加议标的单位一般不得少于两家。议标不发招标广告，也不发邀请书，而是由招标单位与施工企业直接商谈，达成一致意见后直接签约。

下列水利工程项目可不进行招标，但须经项目主管部门批准：

（1）涉及国家安全、国家秘密的项目。

（2）应急防汛、抗旱、抢险、救灾等项目。

（3）项目中经批准使用农民投工、投劳施工的部分（不包括该部分中勘察设计、监理和重要设备、材料采购）。

（4）不具备招标条件的公益性水利工程建设项目的项目建议书和可行性研究报告。

（5）采用特定专利技术或特有技术的项目。

（6）其他特殊项目。

二、招标组织

（一）招标人自行组织

利用招标方式选择承包人是招标单位自主的市场行为，招标人具有编制招标文件和组织评标能力的，可以自行办理招标事宜，向有关行政监督部门备案即可，任何单位和个人不得强制其委托招标代理机构办理招标事宜。国家发展计划委员会"关于进一步贯彻《中华人民共和国招标投标法》的通知"规定"项目法人招标自主权依法受到保护。对制定招标工作计划，组织投标资格审查、标底编制和评标工作、确定开标时间和地点、确定中标人、发出中标通知和签订合同等事项，应当依法由项目法人自主决定"。招标人自行办理招标应当具备的条件包括：

（1）具有项目法人资格（或法人资格）。

（2）具有与招标项目规模和复杂程度相适应的工程技术、概预算、财务和工程管理等方面专业技术力量。

（3）具有编制招标文件和组织评标的能力。

（4）具有从事同类工程建设项目招标的经验。

（5）设有专门的招标机构或者拥有3名以上专职招标业务人员。

（6）熟悉和掌握招标投标法律、法规、规章。

自行办理招标核准需提交的材料包括：

（1）项目法人营业执照、法人证书或者项目法人组建文件。

（2）与招标项目相适应的专业技术力量情况。

（3）内设的招标机构或者专职招标业务人员的基本情况。

（4）拟使用的评标专家库情况。

（5）以往编制的同类工程建设项目招标文件和评标报告，以及招标业绩的证明材料。

（6）其他材料。

（二）招标代理机构办理招标事宜

当招标人不具备上述条件时，或者不愿自行招标的，应当委托符合相应条件的招标代理机构办理招标事宜。工程建设项目招标代理是指工程招标代理机构接受招标人的委托，从事工程的勘察、设计、施工、监理以及与工程建设有关的重要设备、材料招标的代理业务。招标代理机构是依法设立，从事招标代理业务并提供相关服务的社会中介组织，它与行政机关和其他国家机关不得存在隶属关系或者其他利益关系，并取得相应的资质认定。招标代理机构还需具备以下条件：

（1）有从事招标代理业务的营业场所和相应资金。

（2）有能够编制招标文件和组织评标的相应专业能力，有承接代理业务的实施能力，并要求其在核定允许的专业范围内经营业务。

（3）有自己的评标专家库。

三、工程建设项目招标应当具备的条件

（一）勘察设计招标应当具备的条件

（1）勘察设计项目已经确定。指相应阶段（项目建议书、可行性研究、初步设计、招标设计）的有关任务书已经有关部门批准。

（2）勘察设计所需资金已落实。

（3）必需的勘察设计基础资料已收集完成。指招标人应提供给投标人招标文件所需的资料。

（二）监理招标应当具备的条件

（1）初步设计已经批准。

（2）监理所需资金已落实。

（3）项目已列入年度计划。

（三）施工招标应当具备的条件

（1）初步设计已经批准。

（2）建设资金来源已落实，年度投资计划已经安排。

（3）监理单位已确定。

（4）具有能满足招标要求的设计文件，已与设计单位签订适应施工进度要求的图纸交付合同或协议。

（5）有关建设项目永久征地、临时征地和移民搬迁的实施、安置工作已经落实或已有明确安排。

（四）重要设备、材料招标应当具备的条件

（1）初步设计已经批准。

（2）重要设备、材料技术经济指标已基本确定。

（3）设备、材料所需资金已落实。

第四节 招 标 投 标 程 序

一、招标准备

（一）招标报告备案与核查

招标前，按项目管理权限向水行政主管部门提交招标报告备案。自行办理招标的，招标人发布招标公告或投标邀请书5日前，向水行政主管部门办理招标备案，招标报告具体内容应当包括：招标已具备的条件、招标方式、分标方案、招标计划安排、投标人资质（资格）条件、评标方法、评标委员会组建方案以及开标、评标的工作具体安排等。

水行政主管部门自收到备案资料之日起5个工作日内完成对招标报告的核查。核查的内容主要包括如下内容。

1．对投标人资格审查文件的核查

（1）不得以不合理条件限制或排斥潜在投标人。为了使招标人能在较广泛的范围内优选最佳投标人，以及维护投标人进行平等竞争的合法权益，不允许在资格审查文件中以任何方式限制或排斥本地区、本系统以外的法人或组织参与投标。

（2）不得对潜在投标人实行歧视待遇。为了维护招标投标的公平、公正原则，不允许在资格审查标准中针对外地区或外系统投标人设立压低分数的条件。

（3）不得强制投标人组成联合体投标。以何种方式参与投标竞争是投标人的自主行为，他可以选择单独投标，也可以作为联合体成员与其他人共同投标，但不允许既参加联合体又单独投标。

2．对招标文件的核查

（1）招标文件的组成是否包括招标项目的所有实质性要求和条件，以及拟签订合同的主要条款，能使投标人明确承包工作范围和责任，并能够合理预见风险编制投标文件。

（2）招标项目需要划分标段时，承包工作范围的合同界限是否合理。承包工作范围可以是包括勘察设计、施工、供货的一揽子交钥匙工程承包，也可以按工作性质划分成勘察、设计、施工、物资供应、设备制造、监理等的分项工作内容承包。施工招标的独立合同承包工作范围应是整个工程、单位工程或特殊专业工程的施工内容，不允许肢解工程招标。

（3）招标文件是否有限制公平竞争的条件。在文件中不得要求或标明特定的生产供应者以及含有倾向或排斥潜在投标人的其他内容。主要核查是否有针对外地区或外系统设立的不公正评标条件。

水行政主管部门自收到备案资料之日起 5 个工作日内没有异议的，招标人可发布招标公告或投标邀请书；不具备自行招标条件的，责令其停止办理招标事宜。

（二）编制招标文件

招标文件既是投标人编制投标书的依据，也是招标阶段招标人的行为准则。为了避免疏漏，招标人应根据工程的特点和具体情况参照"水利工程招标文件范本"编写招标文件。可根据招标项目具体情况划分标段的，应当合理划分标段、确定工期，并在招标文件中说明。

招标文件由四卷组成，主要内容通常包括：

第一卷共五章，包括招标公告（或招标邀请书）、投标人须知、评标办法、合同条款及格式（由通用条款、专用条款组成和合同附件组成）、工程量清单。

第二卷共一章，为工程招标图纸。

第三卷共一章，为技术标准和要求（合同技术条款）。

第四卷共一章，为投标文件格式，包括要求投标人提交的其他资料。

（三）办理招标备案

招标人向建设行政主管部门办理申请招标手续。招标备案文件应说明：招标工作范围；招标方式；计划工期；对投标人的资质要求；招标项目的前期准备工作的完成情况；自行招标还是委托代理招标等内容。获得认可后才可以开展招标工作。

二、招标与投标阶段的主要工作

（一）发布招标信息

招标备案后，若采用公开招标按照规定发布招标公告，若采用邀请招标则向特定的投标人发出投标邀请书，投标人接到投标邀请书后应立即书面答复是否接受邀请投标。

（二）发售资格预审文件

采用资格预审的项目，招标人应参照"资格预审文件范本"编写资格预审文件，并向投标人发售资格预审文件。

资格预审文件的主要内容通常包括：

（1）资格预审申请人须知。

（2）资格预审申请书格式。

（3）资格预审评审标准和方法。

（三）资格预审文件的编制与递交

投标申请人应按照"资格预审文件"要求的格式，如实填写相关内容。编制完成后，须经投标人法定代表人签字并加盖投标人公章、法定代表人印鉴。

资格预审文件编制完成后，须按规定进行密封，在要求的时间内报送招标人。招标人要按规定日期接受潜在投标人编制的资格预审文件。

（四）投标人资格预审

1. 概念

组织对潜在投标人资格预审文件进行审核，主要考察投标人总体能力是否具备完成招标工作所要求的条件。投标人资格预审的作用主要体现在两个方面：一是保证参与投标的法人或其他组织在资质和能力等方面能够满足完成招标工作的要求；二是通过评审优选出综合实力较强的一批申请投标人，再请他们参加投标竞争，以减少评标的工作量。招标人进行资格预审时，不得超出资格预审文件中规定的评审标准，不得提高资格标准、业绩标准，不得以曾获奖项等附加条件来加以限制或排斥投标申请人。

2. 资格预审中投标人必须满足的最基本条件

资格预审中投标人必须满足的基本条件可分为一般资格条件和强制性条件两类。一般资格条件是潜在投标人应满足的最低标准，其内容通常包括：法人地位、资质等级、财务状况、企业信誉、分包计划等。强制性条件视招标项目是否对潜在投标人有特殊要求决定有无，普通工程项目一般投标人均可完成，可不设置强制性条件，而对于大型复杂项目，尤其是需要有专门技术、设备或经验的投标人才能完成时，则应设置此类条件。特别注意的是强制性条件是为了保证承包工作能够保质、保量、按期完成，按照项目特点设置，而不是针对外地区或外系统投标人，因此不违背《招投标法》的有关规定。强制性条件设置标准一般以潜在投标人是否完成过与招标工程同类型、同容量工程作为权衡标准，一般只要实施能力、工程经验与招标项目相符即可。标准不宜定得过高，否则会使合格投标人过少影响竞争；也不能定得过低，否则可能让实际不具备能力的投标人获得合同而导致不能按预期目标完成。

3. 发放资格预审合格通知书

合格投标人确定后，招标人向资格预审合格的投标人发出资格预审合格通知书。投标人在收到资格预审合格通知书后，应以书面形式确认是否参加投标，并在规定的时间和地点购买招标文件和有关资料。只有通过资格预审的投标人才能够参与下一阶段的投标竞争。

（五）向资格预审合格的潜在投标人发售招标文件

1. 招标文件的发售

招标人应向合格的投标人发放招标文件。投标人收到招标文件、图纸和有关资料后，应认真核对，核对无误后以书面形式予以确认。

招标人对发出的招标文件可以酌收工本费，但不得依此牟利。对于其中的设计文件，招标人可以采用酌收押金的方式；在确定中标人后，对于将设计文件予以退还的，招标人应当同时将其押金退还。

2. 招标文件澄清与修改

投标人收到投标文件若有疑问，需要解答、解释时，应在收到招标文件后在规定的时间前，以书面形式向招标人提出，招标人以书面形式或在投标预备会（答疑会）上予以解答。招标人对招标文件所做的任何澄清或修改，须报建设行政主管部门备案，并在投标截止日期 15 日前，发给获得招标文件的投标人。招标人收到招标文件的澄清或修改内容，应以书面形式予以确认。

招标文件的澄清或修改内容，作为招标文件的组成部分，对招标人、投标人起约束作用。

（六）组织购买招标文件的投标人现场踏勘

踏勘现场是指招标人组织投标人到工程建设现场了解工程现场场地情况和周围环境情况，获取编制投标文件所需要的信息。

招标人在招标文件投标须知规定的时间组织投标人自费进行现场考察。考察目的一是让投标人了解工程项目的现场情况、自然条件、施工条件以及周围环境，以便编制投标书；二是要求投标人通过自己的实地考察确定投标的原则和策略，避免合同履行过程中其以不了解现场情况为由推卸应承担的合同责任。

投标人在踏勘现场中如有疑问，应在投标预备会前以书面形式向招标人提出，以便于得到招标人的解答。招标人可以以书面形式答复投标人的疑问，亦可以在投标预备会上立即答复，并计入会议纪要。

（七）标前会议

在招标文件规定的时间和地点，由招标人主持召开的"标前会议"也称投标预备会或答疑会。其目的在于招标人解答投标人提出的招标文件和踏勘现场中的疑问。解答的疑问问题包括会议前由投标人书面提出的和在答疑会上口头提出的质疑。

答疑会结束后，由招标人整理会议记录和解答的内容，并以书面形式将所有问题及解答向获得招标文件的投标人发放。会议记录作为招标文件的组成部分，内容若与已发放的招标文件不一致时，以会议记录的解答为准。问题及解答纪要同时向水行政主管部门备案。

为便于投标人在编制投标文件时，将招标人对疑问问题的解答内容和招标文件的澄清或修改内容考虑进去，招标人可根据情况酌情延长投标截止时间。

（八）投标文件的编制、递交与接受

1. 编制投标文件的准备工作

投标人领取招标文件、图纸和有关资料后，应仔细阅读研究上述文件。如有不清、不理解或疑问问题，可以以书面形式向招标人提出；为编好投标文件和投标报价，应收集现行定额标准、取费标准以及各种标准图集，收集掌握政策性调价文件，以及人工、机械、材料和设备价格；根据建设项目的地理环境和现场情况，结合工程施工要求和技术规范，合理配备施工管理人员和机械设备，安排施工进度计划，编制施工组织设计或施工方案。

2. 投标文件的编制

编制投标文件时，应按照招标文件的要求填写，投标报价应按照投标文件中要求的各种因素和依据计算，并按照招标文件要求办理提交投标担保；投标文件编制完成后应仔细整理核对，并按招标文件的规定进行编制，同时提供足够份数的投标文件副本；投标文件需经投标人的法定代表人签署并加盖投标人公章和法定代表人印鉴，按招标文件中规定的要求密封、标志。

3. 投标文件的递交与接受

（1）递交。投标人将编制好的投标文件在投标截止时间之前，按照规定地点递交至招标人。招标人收到投标文件后，向投标人出具标明签收人和签收时间的凭证，并妥善保存投标文件。开标前，任何单位和个人都不得开启投标文件。提交投标文件的投标人少于3个的，招标人应当依法重新招标。

在投标截止时间之前，投标人可以修改或撤回自己已递交的投标文件，但所递交的修改或撤回通知必须按招标文件的规定编制、密封和标志。修改包括更正和补充投标文件，"更正"是指对投标文件已有的内容进行修订，"补充"是指对投标文件中遗漏和不足的部分进行增补。所谓"撤回"是指收回全部投标文件，或者放弃投标，或者以新的投标文件重新投标，这是投标人应有的权力。这反映了契约自由的原则。因为招标一般被看作要约邀请，而投标则作为一种要约，潜在投标人是否做出要约，它全取决于潜在投标人的意愿。所以一般在投标截止日期之前，允许投标人撤回文件。

投标人应当按照招标文件规定的方式和金额，将投标定金或投标保函随投标文件提交招标人。

（2）接受。在规定时间和地点，招标人接受符合招标文件要求的投标文件。在投标截止时间之前，招标人应做好投标文件的接受工作，并做好接受记录。招标人应将所接受的投标文件在开标前妥善保存。

在规定的投标截止时间以后递交的投标文件，将不予以接受或原封退回。

三、决标成交阶段的工作

（一）开标

开标是指招标人在招标文件规定的时间、地点，公开组织召开由所有投标人及水行政主管部门以及其他监督部门参加的开标会议，当众启封所有投标人的投标文件。

1. 开标的时间、地点

开标应在投标截止时间的同一时间公开进行；开标地点应是招标文件中规定的地点。

2. 开标会议

公开招标和邀请招标均应由招标人主持召开开标会议——体现招标的公平、公正和公开原则。开标会议参见单位及人员包括：招标人，所有投标人的法定代表人或授权代理人，水行政主管部门的监督人员，公证部门的公证员。招标人应对开标会议做好签到记录。开标会议程序：

（1）主持人宣布开标会议开始。

（2）介绍参加开标会议的单位和人员。

（3）宣布公证、唱标、记录人员名单。

（4）宣布评标原则、评标办法。

（5）招标人、投标人检查投标文件的密封情况，并宣布检查结果。

（6）开启、唱标：当众开启投标文件，宣读投标单位的投标报价、工期、质量、主要材料用量、投标保证金以及对投标文件的修改内容，但提交合格"撤回通知"和逾期送达的投标文件不予启封。招标人应对唱标内容做好记录，并请投标人法定代表人或委托代理人签字确认。

（7）宣读评标期间的有关事项。

（8）宣布休会，进入评标阶段。

在开标时，投标文件出现下列情形之一时，应当作为无效投标文件，不得进入评标：

（1）投标文件未按照招标文件的要求密封。

（2）签署：投标函未加盖投标人的企业或企业法定代表人印章；或者法定代表人的委托代理人没有合法、有效的委托书（原件）；或者没有按照招标文件规定加盖委托代理人印章。

（3）投标文件的关键内容字迹模糊，无法辨认。

（4）投标人未按照招标文件的要求提供投标保证金或投标保函。

（5）组成联合体投标的，投标文件未附联合体各方共同投标协议。

（二）评标

按照招标文件规定的评标办法评审投标文件。评标由招标人组建的评标委员会按照招标文件中明确的评标办法进行。

1. 评标委员会的建立

评标委员会是负责评标的临时组织。其成员由招标人和招标人邀请的有关经济、技术专家组成。其中招标人不得超过总人数的三分之一，技术、经济专家人数不少于总人数的三分之二。

组成评标委员会时按《水利工程建设项目评标专家管理办法》的要求来选择评标专家。招标代理机构从事水利工程建设项目招标代理时，参与项目评标的专家，应是进入水利工程建设项目评标专家库的专家。评标委员会评标专家名单应在开标前确定，在中标结果确定前应当保密。招标人应当承担评标专家在评标工作期间的食宿、交通费用，并按国家有关规定支付评标专家报酬。评标专家所在单位应积极支持评标专家的工作，为其参加评标活动创造条件。评标专家基本条件：

（1）从事相关专业领域工作满八年并具有高级职称或同等专业水平。

（2）熟悉有关招标投标的法律、法规、规章和政策。

（3）掌握建设项目的评标基本程序和方法。

（4）能够认真、客观、公正、诚实、廉洁地履行职责。

（5）身体健康，年龄一般不超过 70 岁。

水利工程建设项目评标专家库分水利部专家库（含各流域机构分库）和省级专家库两级。水利部评标专家库由水利部（含流域机构）负责组建和管理；省级评标专家库由各省、自治区、直辖市水利行政主管部门负责组建和管理。水行政主管部门应当有稳定的资金进行专家库维护和管理。

水利部评标专家库用于全国水利工程建设项目评标。省级评标专家库用于辖区内水利工程建设项目评标。

组成评标委员会的技术、经济专家从相应专家库中随机抽取。随机抽取的专家如与投标人有利害关系应重新抽取。利害关系系指：①是投标人或其代理人的近亲属；②在 5 年内曾与投标人有工作关系；③其他社会关系和经济利益关系。

根据工程特殊专业技术需要，经水行政主管部门批准，招标人可以指定部分专家，但不得超过专家人数的三分之一。

2. 评分方法

（1）综合评分法。评标委员会根据评标标准确定的每一投标不同方面的相对权重（即"得分"），在对标书进行横向比较的前提下，对每一标书进行打分，得分最高的投标即为最佳的投标，可作为中选投标。一般适应于勘察、监理以及技术较复杂的施工项目招标。

（2）综合最低评标价法。评标委员会根据评标标准确定的每一投标不同方面的货币数额，对投标文件进行横向比较，将投标标价以外的投标因素货币化，然后将这些货币数额与投标价格相加。相加估值后价格（即"评标价"）最低的投标可作为中选投标。

（3）合理最低投标价法。即能够满足招标文件的各项实质要求，除低于其个别成本除外，投标价格最低的投标即可作为中选投标。

3. 评标工作程序

大型工程项目的评标通常分成初评和详评两个阶段进行。

（1）初评。初评包括形式评审、资格评审、响应性评审。

形式评审主要包括：投标人名称与营业执照、资质证书、安全生产许可证一致；投标文件的签字盖章、投标文件格式（包括印刷与装订）以及正本、副本数量是否符合投标文件格式的要求；联合体投标人应提交联合体协议书，并明确联合体牵头人；只能有一个报价。

资格评审主要包括（适用于未进行资格预审的）：是否具备投标人须知规定的有效的营业执照、安全生产许可证、资质证书且资质等级；财务状况、业绩、信誉符合是否符合投标人须知规定；联合体投标人、项目经理资格、技术负责人资格是否符合投标人须知规定；企业主要负责人是否具备有效的安全生产考核合格证书；委托代理人、安全管理人员（专职安全生产管理人员）、质量管理人员、财务负责人应是投标人本单位人员，其中安全管理人员（专职安全生产管理人员）应具备有效的安全生产考核合格证书。

响应性评审主要包括：投标范围、计划工期、工程质量、投标有效期、投标保证金、权利义务符合、已标价工程量清单、技术标准和要求等是否符合招标文件要求。

在初评中，上述评审内容中只要有一项不符合招标文件要求，或者存在串通投标、弄虚作假、有其他违法行为的，以及不按评标委员会要求澄清、说明或补正的投标文件的都视为重大偏差，其投标作废标处理，不能进入详评。若投标文件基本上符合招标文件要求，但在个别地方存在漏项或者提供了不完整的技术信息和数据等情况，并且补正这些遗漏或者不完整不会对其他投标人造成不公平的结果，则视为细微偏差。存在细微偏差的投标文件仍属于有效投标书，招标人可以书面要求投标人在评标结束前予以澄清、说明或者补正，但不得超出投标文件的范围或者改变投标文件的实质性内容。

商务标中出现以下情况时，由评标委员会对投标书中的错误加以修正后请该标书的投标授权人予以签字确认，作为详评比较的依据。如果投标人拒绝签字，则按投标人违约对待，不仅投标无效，而且没收其投标保证金。修正错误的原则是：投标文件中的大写金额和小写金额不一致的，以大写金额为准；总价金额与单价金额不一致的，以单价金额为准，但单价金额小数点有明显错误的除外。

（2）详评。详评指评标委员会对各投标书实施方案和计划进行实质性评价与比较。评审时不应再采用招标文件中要求投标人考虑因素以外的任何条件。设有标底的，评标时应参考标底。

详评通常分为两个步骤进行。首先对各投标书进行技术和商务方面的审查，评定其合理性，以及若将合同授予该投标人在履行过程中可能给招标人带来的风险。评标委员会认为必要时可以单独约请投标人对标书中含义不明确的内容作必要的澄清或说明，但澄清或说明不得超出投标文件的范围或改变投标文件的实质性内容。澄清内容也要整理成文字材料，作为投标书的组成部分。评标委员会不接受投标人主动提出的澄清、说明或补正。

在对标书审查的基础上，评标委员会依据评标规则量化比较各投标书的优劣，并编写评标报告。

4. 评标报告

评标报告是评标委员会经过对各投标书评审后向招标人提出的结论性报告，作为定标的主要依据。评标报告应包括评标情况说明、对各个合格投标书的评价、推荐合格的中标候选人等内容。评标委员会按照经评审的投标价由低到高的顺序推荐 3 名中标候选人，并标明推荐顺序。如果评标委员会经过评审，认为所有投标都不符合招标文件的要求，可以否决所有投标。出现这种情况后，招标人应认真分析招标文件的有关要求以及招标过程，对招标工作范围或招标文件的有关内容作出实质性修改后重新进行招标。

（三）定标

确定中标人前，招标人不得与投标人就投标价格、投标方案等实质性内容进行谈判。招标人应该根据评标委员会提出的评标报告和推荐的中标候选人确定中标人，也可以授权评标委员会直接确定中标人。中标人确定后，招标人向中标人发出中标通知书，同时将中标结果通知未中标的投标人并退还他们的投标保证金或保函。中标通知书对招标人和中标人具有法律效力，招标人改变中标结果或中标人拒绝签订合同均要承担相应的法律责任。

中标通知书发出后的 30 天内，双方应按照招标文件和投标文件订立书面合同，不得作实质性修改。招标人不得向中标人提出任何不合理要求作为订立合同的条件，双方也不得私下订立背离合同实质性内容的协议。招标人确定中标人后 15 天内，应向有关行政监督部门提交招标投标情况的书面报告。

第五节 工程勘察、设计招标与投标概述

勘察是指根据水利工程建设项目的要求，查明、分析、评价建设场地的地质地理环境特征和岩土工程条件，编制建设工程勘察文件的活动。发包人通过招标委托勘察任务，目的是为建设项目的可行性研究立项选址和进行设计工作取得现场的设计依据资料，有时可能也包括某些科研工作内容。

设计是指根据建设工程的要求，对建设工程所需的技术、经济、资源、环境等条件进行综合分析、论证，编制建设工程设计文件的活动，设计的优劣对工程项目建设的成败有至关重要的影响。以招标方式委托设计任务是为了让设计的技术和成果作为有价值的商品进入市场，开展设计竞争，择优确定实施单位，达到拟建工程项目能够采用先进的技术和工艺、降低工程造价、缩短建设周期和提高投资效益的目的。

一、工程勘察招标

（一）委托工作内容

由于建设项目的性质、规模、复杂程度，以及建设地点的不同，设计所需的技术条件千差万别，设计前所需做的勘察和科研项目也就各不相同。大量的调查、观测、勘察、钻探、环境研究、模型试验和科学研究工作归纳起来，有下列八大类别。

1. 自然条件观测

主要任务是对气候、气象条件的观测，陆上和海洋的水文观测（及与水文有关的观测），特殊地区如沙漠和冰川的观测等。建设地点如有相应的观测站并已有相当的累积资料，则可直接收集采用。如无观测站或资料不足或从未观测过，则要建站观测。

2. 地形图测绘

内容包括陆上和海洋的工程测量、地形图的测绘工作。一般小比例尺的区域性地形图和海图，可由国家测绘局、海军司令部航保部提供。但供规划设计用的工程地形图，通常都需要现测。

3. 资源探测

这是一项涉及范围非常广的调查、观测、勘察和钻探任务。资源探测一般由国家机构进行，只需进行一些必要的补充。

（1）资源分类。资源可分为生物资源和非生物资源。生物资源，从初级生物如菌类、藻类到高级生物如动物、植物等。具有资源价值的往往存在于陆上和海洋中。非生物资源，例如金属矿藏资源、非金属矿资源、石油资源、地下水资源等等，一般都在地下；另一种非生物资源则是能源，如风力、水力、潮汐力、地热等，都有待于人类开发利用。

（2）资源分布地点。资源遍布于地球。地球不外乎陆地和海洋，所以资源也就遍布于陆地和海洋中。陆地分地上（包括空中）和地下；海洋分海上（海水里）和海下。一般陆上、海水里的资料通过观测即可收集到，而地下和海下则要靠钻探、物探等才能取得。

4. 岩土工程勘察

岩土工程勘察也称为工程地质勘察，常用作工程水文地质勘察和不作地震安全性评价时中小型工程的地震地质勘测。按工程性质不同，它有水利工程岩土工程勘察、公路工程地质勘察、铁路工程地质勘察、海滨工程地质勘察和核电站工程地质勘察等。

5. 地震安全性评价

大型工程和地震地质复杂地区，为了准确处理地震设防，确保工程的抗震安全，一般都要在国家地震区划的基础上作建设地点的地震安全性评价，习惯称为地震地质勘察。

6. 工程水文地质勘察

主要解决地下水对工程造成的危害、影响或寻找地下水源作工程水源加以开发利用，在做资源探测时，地下水地质勘察也同时进行。在进行工程地勘察时，也同时进行工程水文地质勘察。所以在工程建设中，一般不单列工程水文地质勘察，而是在工程地质勘察、地下资源勘察时同时委托勘察。

7. 环境评价和环境基底观测

此项工作往往和陆上环境调查和海洋水文观测等同时进行，以减少观测费用。但不少项目需要单独进行观测。环保措施往往还要做试验研究才确定。

8. 模型试验和科研项目

许多大中型项目和特殊项目，其建设条件须由模型试验和科学研究方能解决。即光靠以上各项的观测、勘察仍不足以揭示复杂的建设条件，而是将些实测的自然界的资料作为模型的边界条件，由模型试验和科学研究来指导设计。如水利枢纽设计前要做泥沙模型试验，港口设计前要做港池和航道的淤积研究等等。不是每项工程都要做模型试验和科学研究，但有些工程，不做试验和研究，就无法开展设计工作。

（二）勘察招标的特点

如果仅委托勘察任务而无科研要求，委托工作大多属于用常规方法实施的内容。任务明确具体，可以在招标文件中给出任务的数量指标，如地质勘探的孔位、眼数、总钻探进尺长度等。如果单独招标时，可以参考施工招标的方法。勘察任务也可以单独发包给具有相应资质的勘察单位实施，将其包括在设计招标任务中。由于勘察工作所取得的工程项目所需的技术基础资料是设计的依据，必需满足设计的需要，因此将勘察任务包括在设计招标的发包范围内，由有相应能力的设计单位完成或由其再去选择承担勘察任务的分包单位，对招标人较为有利。勘察设计总承包与分为两个合同分别承包比较，不仅在合同履行过程中招标人和监理可以摆脱实施过程中可能遇到的协调义务，而且能使勘察工作直接根据设计需要进行，满足设计对勘察资料精度、内容和进度的要求，必要时还可以进行补充勘察工作。

二、设计招标

设计的优劣对工程项目建设的成败有着至关重要的影响。以招标投标方式委托设计任务，是为了让设计的技术和成果作为有价值的商品进入市场，打破地区、部门的界限开展设计竞争，通过招标择优确定实施单位，达到拟建工程项目能够采用先进的技术和工艺、降低工程造价、缩短建设周期和提高投资效益的目的。

（一）设计发包的工作范围

除了采用特定专利技术、专有技术，或者建筑艺术造型有特殊要求的工程设计，且经有关建设行政管理部门批准可以进行直接发包的情况以外，均应采用招标方式委托设计任务。

工程设计招标的要求不同于咨询服务招标和工程监理招标，这是由设计工作本身的特点决定的。工程设计招标通常只对设计方案进行招标，并把设计阶段划分为方案设计阶段、初步设计阶段和施工图设计阶段。一些大型复杂工程，甚至只进行概念设计招标。但为了保证设计指导思想能够顺利地贯彻于设计的各个阶段，一般由中标单位实施技术设计或施工图设计，不另行选择别的设计单位完成第二、第三阶段的设计。招标人应依据工程项目的具体特点决定发包的工作范围，可以采用设计全过程总发包的一次性招标，也可以选择分单项或分专业的发包招标。

对于有某些特殊功能要求的大型工程，也可以进行概念设计招标。如果本次招标的委托工作范围仅为概念设计或施工图设计，将另行委托其他具有设计资质的单位完成情况时，都应在招标公告或投标邀请书中明确说明。如建设工程项目采用交钥匙承包时，某些情况下，在总承包招标前，先进行概念设计招标。若施工承包单位既具备相应的设计资质和能力，又有专利或专有的特殊施工技术，也可以由其结合本企业的施工特点完成施工图设计。因此设计招标的委托工作范围，应充分考虑项目的特点和要求，结合可能响应投标人的能力和数量，经过多方案比较后确定。

（二）设计招标的特点

设计招标不同于工程项目实施阶段的施工招标、材料供应招标、设备订购招标，其特点表现为承包任务是投标人通过自己的智力劳动，将招标人对建设项目的设想变为可实施的蓝图；而后者则是投标人按设计的明确要求完成规定的物质生产劳动。因此，设计招标文件对投标人所提出的要求不那么明确具体，只是简单介绍工程项目的实施条件、预期达到的技术经济指标、投资限额、进度要求等。投标人按规定分别报出工程项目的构思方案、实施计划和报价。招标人通过开标、评标程序对各方案进行比较选择后确定中标人。鉴于设计任务本身的特点，设计招标应采用设计方案竞选的方式招标。设计招标与其他招标在程序上的主要区别表现为如下几个方面。

1. 招标文件的内容不同

设计招标文件中仅提出设计依据、工程项目应达到的技术功能指标、项目的预期投资限额、项目限定的工作范围、项目所在地的基本资料、要求完成的时间等内容，而无具体的工作量。虽然为了保证设计思想的一致性，目前通常采用的设计招标是按设计全过程招标，即不单独进行初步设计招标而将其包括在技术设计或施工图设计招标的范围内，但要求投标书仅报送初步设计方案，中标签订合同后再遵循设计程序完成全部设计任务。

2. 对投标书的编制要求不同

投标人的投标报价不是按规定的工程量清单填报单价后算出总价，而是首先提出设计构思和初步方案，并论述该方案的优点和实施计划，在此基础上进一步提出报价。

3. 开标形式不同

开标时不是由招标单位的主持人宣读投标书并按报价高低排定标价次序，而是由各投标人自己说明投标方案的基本构思和意图，以及其他实质性内容，而且不按报价高低排定标价次序。

4. 评标原则不同

评标时不过分追求设计费报价的高低，评标委员更多关注于所提供方案的技术先进性、预期达到的技术指标、方案的合理性，以及对工程项目投资效益的影响。

三、编制设计招标文件注意事项

（一）编制设计招标文件的基本原则

编制"设计要求文件"应兼顾三个方面：严格性，文字表达应清楚不被误解；完整性，任务要求全面不遗漏；灵活性，要为投标人发挥设计创造性留有充分的自由度。

（二）提供的设计依据资料尽可能完整

招标阶段要求投标人提出设计方案的时间较短，在招标文件中可以以附件的形式尽可能提供较详细的编制方案的基础资料和数据，减少投标人调研这些数据的时间，以便集中精力考虑投标方案。当招标范围不包括勘察任务时，应提供项目所在地的工程地质、水文地质、气象、测量、周围环境条件等基础资料，详细程度满足对投标内容深度的要求。可研招标和初步设计招标由于前期准备工作不同，因此可提供资料的内容和详细程度差异很大。

（三）投标方案的设计深度要求

设计招标主要是通过工程设计方案、工程造价控制措施、设计质量管理和质量保证、技术服务措施和保障、投标单位的业绩和信誉、对招标文件的响应等方面的竞争，择优选择设计单位。因此，对投标文件要求的内容不宜过深、过多，应根据工程的实际情况突出重点，更多的详细要求可在中标人开始和实施设计阶段再通过共同探讨确定。这样做既可以避免让所有投标人花费太多时间和精力编制投标书，对未中标的投标人显得不够公平，另外也可以简化评标的内容，集中评审比较方案的科学性和可行性。

（四）建设项目的地址

只有将初步可行性研究包括在设计招标的工作范围内时，才进行选址比较。如果以可行性研究或初步设计为基点的设计招标，应依据初步可行性研究确定的地址编制投标文件，无特殊理由投标人不得要求另选厂址。

（五）可研招标设计方案

具体工程设计招标因招标人前期完成工作的深度不同，对投标人报送的投标设计方案内容要求不同。在已完成可研基础上的设计招标，投标书内容应是反映建筑物和构筑物的形式、结构特点，以及与外部环境的协调和配合。而可研招标设计方案，则偏重于项目范围的总体布局合理性。采用后一种方式进行工业性大型工程项目设计招标时，重点应放在厂区总体布置的科学性、功能的满足程度、场地利用率的合理性等方面。因此主厂房内布置可不要求投标人做方案比选，而主厂房以外的工程设计方案应根据招标文件提供的基础资料进行方案论证。

大型工业性建设项目的设计招标主要比选生产设施部分方案的优劣，生产辅助设施和生活福利设施可不作为招标评比内容，但仍应要求在投标方案中提出规划意见。

（六）经济技术指标分析的深度

招标文件中通常都要说明发包人预定的建设项目总投资限额、应满足的主要功能指标、预期的工程进度计划等，对投标人提出的工程投资估算和经济评价或概算分析不应要求太详细。因为评标时重点是考察其合理性及控制造价的措施，分析深度满足要求即可。

（七）勘察设计报价在评标中所占的比重

对工程建设项目投资控制的重点应放在设计阶段，设计指导思想和方案优劣的差异对工程总投资的影响很大，而设计费在其中所占比例很小，因此设计招标的主导思想应是基于设计方案优劣的选择。鉴于现行的勘察设计取费标准是国家在设计单位尚未改为企业进入市场前规定的低收费，建议设计报价可不作为竞标的比较内容，以免影响最优投标方案的选择。对于中小型工程的设计招标或在同等设计方案水平的基础上，再进行设计报价的比较。如果作为竞标内容，该项评标的权重不应过大。目前国内某些设计招标评审采用的方法是，报价高低所占权重不超过5%，或方案评审采用百分制总分100分，报价高低在100分之外再用5分制评定，即评标采用105分制。

（八）对投标文件的编制要求

由于各投标人对建设项目的理解不同，可能提交的方案格式和内容差异很大，为了便于评审比较和有利于投标人编制投标文件，以及判定投标文件是否对招标文件作出了实质性响应，应尽可能在招标文件中说明范围和要求。

四、勘察设计评标标准

勘察、设计招标属于服务招标。服务招标应首先考虑非价格因素，在非价格因素均合格的前提下，再考虑价格因素。主要评审指标包括：①投标人的业绩和资信；②勘察总工程师、设计总工程师的经历；③人力资源配备；④技术方案和技术创新；⑤质量标准及质量管理措施；⑥技术支持与保障；⑦投标价格和评标价格；⑧财务状况；⑨组织实施方案及进度安排。

第六节　工程监理招标与投标概述

目前我国进行监理招标尚无统一的规范化程序，大多采用与工程项目其他招标基本相同的方法。在国际工程项目管理范畴中，监理招标属于选择和聘用咨询单位的工作。世界银行认为："基于质量和费用的选择是在列入短名单公司中使用竞争程序，根据其咨询建议书的质量和服务的价格来选择中标公司。价格作为选择因素应慎重使用，对于质量和价格的权衡应取决于具体咨询任务的性质。"

一、监理招标的特点

监理招标的标的是"监理服务"，与工程项目建设中其他各类招标的最大区别表现为监理单位不承担物质生产任务，只是受招标人委托对生产建设过程提供监督、管理、协调、咨询等服务。鉴于标的具有的特殊性，招标人选择中标人的基本原则是"基于能力的选择"。

（一）招标宗旨是对监理单位能力的选择

监理服务是监理单位的高智能投入，服务工作完成的好坏不仅依赖于执行监理业务是否遵循了规范化的管理程序和方法，更多地取决于参与监理工作人员的业务专长、经验、判断能力、创新想象力，以及风险意识。因此招标选择监理单位时，鼓励的是能力竞争，而不是价格竞争。如果对监理单位的资质和能力不给予足够重视，只依据报价高低确定中标人，就忽视了高质量服务，报价最低的投标人不一定就是最能胜任工作的监理单位。

（二）报价在选择中居于次要地位

工程项目的施工、物资供应招标选择中标人的原则是，在技术上达到要求标准的前提下，主要考虑价格的竞争性。而监理招标对能力的选择放在第一位，因为当价格过低时监理单位很难把招标人的利益放在第一位，为了维护自己的经济利益采取减少监理人员数量或多派业务水平低、工资低的人员，其后果必然导致对工程项目的损害。另外，监理单位提供高质量的服务，往往能使招标人获得节约工程投资和提前投产的实际效益，因此过多考虑报价因素得不偿失。但从另一个角度来看，服务质量与价格之间应有相应的平衡关系，所以招标人应在能力相当的投标人之间进行价格比较。

（三）邀请投标人较少

选择监理单位时，一般邀请投标人的数量以 3～5 家为宜。因为监理招标是对知识、技能和经验等方面综合能力的选择，每一份标书内都会提出具有独特见解或创造性的实施建议，但又各有长处和短处，不太可能有十全十美的投标方案。如果邀请过多投标人参与竞争，要增大评标工作量，与在众多投标人中好中求好的目的比较，往往产生事倍功半的效果。

（四）与工程项目其他招标存在不同

监理单位的选聘与施工、货物供应招标相比，虽然都采用了竞争性的评选，但从招标程序和合同法律的角度分析，选聘和招标有某些不同之处。

（1）邀请之初在招标文件中提出的任务范围不是已确定的合同条件，只是合同谈判的一项内容，投标的监理单位可以而且往往会对其提出改进建议。相比之下，其他招标时提出的采购内容则是未来正式的合同条件，招投标双方均无权作较大更改，只能在必要时按规定予以澄清。

（2）选聘监理单位的招标可开列短名单，并且只向短名单内的监理单位直接发出邀请信，其他招标则大多要通过公开广告而不是小范围的直接邀请。即使是邀请招标，邀请对象也较多。

（3）选聘评标时以技术方面的评审为主，选择最佳的监理单位，不应以价格最低为主要标准。而其他招标则是以技术上达到标准为前提，将合同授予得分最高或评标价最低均竞争者。

（4）应聘监理单位的投标书可以对任务大纲提出修改意见，提出技术性或建设性的建议。其他招标的投标书必须以招标文件规定的采购内容和技术要求为标准，达不到标准的即为废标。

（5）选聘允许并且往往必须进行合同谈判，而其他招标则不允许对投标书的实质性内容进行谈判和更改，以维持公平竞争原则。

二、监理招标的程序

目前我国的监理招标大多采用与其他招标基本相同的公开招标程序。由于世行对选择和聘用咨询人（包括选择监理单位）已有成熟的标准化程序，推荐在国内监理招标时参考。招标选择过程应包括以下步骤。

（1）确定任务大纲。任务大纲是编制招标文件的基础，拟委托服务范围应与工程项目预先确定的工程内容和预算投资相对应，明确规定工作任务的目的、目标及范围，并提供足够的背景情况资料，以便投标人编制投标书。委托工作范围由招标人根据项目特点自行确定，但不应过于详尽和缺乏灵活性，这样相互竞争的投标人才可能提出自己的工作目标设定、工作方法和人员配备，应鼓励投标人在标书中针对任务大纲提出建议。不论任务大纲的详尽程度如何，发包人与监理单位各自的职责必须明确界定。

（2）准备投标人短名单。一般的监理招标在熟悉的监理单位之中邀请投标人的短名单即可。对于委托任务内容较为广泛和对投标人要求较高的招标，可以采用刊登广告的形式发布招标信息，以寻求"意向表示"。但与其他招标不同，要求投标申请人提供的信息量不应太多，只是为确定短名单之用，以判断该投标人是否适合参与监理服务即可，避免复杂到令监理单位对表示意向望而却步的程度。

（3）确定在竞争中的评选办法。按照委托服务工作的范围和对监理单位能力要求不同，可以采用下列两种方式之一：

1）基于服务质量和费用的选择。对于一般的工程监理项目通常采用这种方式，首先对能力和服务质量的好坏进行评比，对相同水平的投标人再进行投标价格比较。

2）基于质量的选择。对于复杂的或专业性很强的服务任务，有时很难确定精确的任务大纲，希望投标人在标书中提出完整或创新的建议，或可以用不同方法执行的任务，以至于各投标书中的实施计划不具有可比性时可以采用此种方法。要求投标人的投标书内只提出实施方案、计划、实现的方法等，不提供报价。经过技术评标后，再要求获得最高技术分的投标人提供详细的商务投标书，然后招标人与备选中标人就上述投标书和合同进行谈判。

（4）向列入短名单的投标人发出邀请信。

（5）开标。我国目前的开标程序大多采用与施工招标基本相同的开标程序。按照世行对监理招标是主要基于能力的选择这一指导思想，通常要求投标书应分成技术标（世行称为技术建议书）和商务标（世行称为财务建议书）两部分分别编制和包封。可以不进行公开开标或进行公开开标时只宣读技术标部分，避免由于报价高低排出次序后影响技术标的客观评审，而且对于不可接受的技术标报价再低也不会予以考虑。经过对技术标的评审后，在可接受技术标的投标人范围内再进行商务标的公开开标。

（6）评标。监理单位的选择标准属于咨询机构的选择范畴，总体上仍应"根据咨询质量"选择。投标评审的主要内容包括：①投标人的业绩和资信；②项目总监理工程师经历及主要监理人员情况；③监理规划（大纲）；④投标价格和评标价格；⑤财务状况。

项目总监理工程师是指监理单位根据工程项目建设委托监理合同文件规定，派驻施工现场直接承担合同业务的监理机构的总负责人。主要监理人员是指监理机构的专业监理工程师，监理工程师，必要时也应包括监理员。

（7）谈判并对选定的中标人授予合同。

三、编制招标文件的注意事项

依据工程项目的特点和委托工作范围确定招标文件的主要内容。

（一）监理服务工作大纲与合同中委托监理范围的关系

监理服务工作大纲是投标须知中的内容，是指导投标人编制投标书时制订监理规划（或大纲）和报价的依据，合同履行过程中不作为合同有效文件。而合同专用条件中写明的委托监理范围可以相对简单概括，定标签订合同后与投标文件共同作为合同文件。

（二）合同计价方式

由于委托监理工作的范围和内容不同，在一个合同内可以仅规定一种计价方式，也可以区分不同工作内容分别设定几种计价方式。如工程土建施工监理采用按该部分工程造价的百分比取费，而水轮发电机组等设备的调试监理则按人月标准取费。为了使投标人能够正确报价，应在招标文件中予以说明。

（三）发包人提供的人员、设备或设施的约定

发包方可以为监理机构在执行监理业务过程中免费提供的物质和人员服务，应在招标文件内予以说明，以便投标人报价时不再考虑。物质服务通常包括现场办公用房、办公室设施和生活配套设施。凡未写明的部分均需由监理单位自备。

（四）酬金和支付

这部分内容的重点要明确合同价格是固定价格还是可调整价格，以及附加和额外监理工作酬金的计算方法。

（五）投标书的内容

在招标文件内应说明投标书应包括的内容。一般投标书由下列文件组成：

（1）投标单位概况。包括单位资质等级、核准的监理业务范围、主管部门或股东单位、人员综合情况等。

（2）监理大纲。

（3）监理机构的组成。包括总监理工程师、专业监理工程师、监理员及主要人员的建立业绩。

（4）监理机构人员的职称证书及监理工程师执业资格证书等证明文件。

（5）用于工程的检测设备、仪器一览表或委托有关单位检测的协议。

（6）近几年的监理单位监理业绩及奖惩情况。

（7）监理费报价。

四、以能力为主的评标方法

一般有专家评审法（定性评审）和计分评审法（定量评审）两种。评审的重点是监理经验、实施计划以及派驻人员计划。

专家评审法是由评标小组的专家分别就各投标书的内容充分进行优缺点评论，共同讨论、比较，最终以投票的方式评选出最具实力的监理单位。这种方法的优点是评审专家可充分发表自己对各标书的意见，能集思广益进行全面评价，节约评标时间。但其缺点是以定性的因素作为评审原则，没有量化指标对各种标书进行全面的综合比较，评审人的主观因素影响较大。

记分评审法是采用量化指标考查每一监理公司综合水平，以各项因素评价得分的累计分值高低，排出标书的优劣顺序。由于评标是对各投标人针对本项目的实施方案进行审查比较，因此，评定的原则主要是技术、管理能力是否符合工程监理要求，监理方法是否科学，措施是否可靠，监理取费是否合理。首先，应根据项目监理内容的特点划分评审比较的内容，然后再根据重要程度规定各主要部分的分值权重，在此基础上还应细致地规定出各主要部分的打分标准。各投标书的分项内容经过评标委员会专家打分后，再乘以预定的权重即可算出该项得分，各项分数的累计值组成该标书的总评分。

监理投标书的形式，一般以投标单位准备如何实施委托监理任务的建议书方式编报。评审时应划分成技术标（技术建议书）评审和商务标（财务建议书）评审两大部分。这两部分在评审记分时可以分别考虑也可以同时综合考虑，采用哪种方法要根据委托监理工作的项目特点和工作范围要求的内容等因素来决定。技术建议书评审主要分为监理单位的经验、拟完成委托监理任务的计划方案和人员配备方案三个主要方面；财务建议书评审主要评价报价的合理性。

第七节　施工招标与投标概述

与设计招标和监理招标比较，施工招标的特点是发包的工作内容明确、具体，各投标人编制的投标书在评标时易于进行横向对比。虽然投标人按招标文件的工程量表中既定的，工作内容和工程量编标报价，但价格的高低并非确定中标人的唯一条件，投标过程实际上是各投标人完成该项任务的技术、经济、管理等综合能力的竞争。

一、确定发包范围应考虑的影响要素

全部施工内容只发一个合同包招标,招标人仅与一个中标人签订合同,施工过程中管理工作比较简单,但有能力参与竞争的投标人较少。如果招标人有足够的管理能力,也可以将全部施工内容分解成若干个单位工程和特殊专业工程分别发包,一是可以发挥不同投标人的专业特长增强投标的竞争性;二是每个独立合同比总承包合同更容易落实,即使出现问题也是局部的,易于纠正或补救。但招标发包的数量多少要适当,合同太多会给招标工作和施工阶段的管理工作带来麻烦或不必要损失。依据工程特点和现场条件划分合同包的工作范围时,主要应考虑以下影响因素。

(一) 施工内容的专业要求

将土建施工、金属结构、设备安装分别招标。土建施工采用公开招标,跨行业、跨地域在较广泛的范围内选择技术水平高、管理能力强而报价又合理的投标人实施。设备安装工作由于专业技术要求高,可采用邀请招标选择有能力的中标人。

(二) 施工现场条件

划分合同包时应充分考虑施工过程中几个独立承包商同时施工可能发生的交叉干扰,以利于监理对各合同的协调管理。基本原则是现场施工尽可能避免平面或不同高程作业的干扰。还需考虑各合同施工中在空间和时间的衔接,避免两个合同交界面工作责任的推诿或扯皮,以及关键线路上的施工内容划分在不同合同包时要保证总进度计划目标的实现。

(三) 对工程总投资影响

合同数量划分的多与少对工程总造价的影响不是可以一概而论的问题,应根据项目的具体特点进行客观分析。只发一个合同包便于投标人进行合理的施工组织,人工、施工机械和临时设施可以统一使用;划分合同数量较多时,各投标书的报价中均要分别考虑动员准备费、施工机械闲置费、施工干扰的风险费等。但大型复杂项目的工程总承包,由于有能力参与竞争的投标人较少,且报价中往往计入分包管理费,会导致中标的合同价较高。

(四) 其他因素影响

工程项目的施工是一个复杂的系统工程,影响划分合同包的因素很多,如筹措建设资金的计划到位时间、施工图完成的计划进度等条件。

划分发包工作范围时,往往还需考虑国外设备承包商与国内建筑安装公司的配合问题。一项工程所需设备由国外采购,如果要求他们承担相应的建筑安装工程,他们通常要与国内的工程公司联合投标。实践证明,将设备供应和指导安装作为一个合同包进行国际竞争性招标,把土建安装工作作为一个合同包进行国内招标,分别授予合同的效果更好。

二、合同数量的划分

为了规范建筑市场有关各方的行为,《建筑法》和《招标投标法》明确规定不允许采取肢解工程的方式进行招标。一个独立合同包的工作范围可以是:

(1) 全部工程招标。将项目建设的所有土建、安装施工工作内容一次性发包。

(2) 单位工程招标。

(3) 特殊专业工程招标。如机电设备安装工程、金属结构工程、特殊地基处理等可以作为单独的合同发包。

【例 2-1】　某大型水利枢纽主体土建工程的施工，划分成拦河主坝、泄洪排沙系统和引水发电系统 3 个合同标段进行招标。第一标段的工作内容为坝顶长 1667m、坝底宽 864m、坝高 154m 的黏土心墙堆石坝；第二标段工作包括 3 条直径 14.5m 的孔板消能泄洪洞、3 条直径 6.5m 的排沙洞、3 条断面尺寸为 10m×11.5m×13m 的明流泄洪洞、1 条灌溉洞、1 条溢洪道和 1 条非常溢洪道；第三标段工作包括 6 条直径 7.8m 的引水发电洞、3 条断面为 12m×19m 的尾水洞、1 座主变压器室、1 座尾水闸门室、1 座开挖尺寸为 251.5m×26.2m×61.44m 的地下厂房。

评述：合同标段的划分主要考虑的因素包括：

（1）施工内容的专业特点。第一标段主要为露天填筑碾压工程；其他两标段主要为地下工程施工。

（2）施工作业面分布在不同场地和高程，不会产生施工干扰。

（3）主体工程的几项工程同时施工，能够尽早发挥工程效益。

（4）合同标段划分的相对较少，有利于业主和监理的协调管理。

（5）一个标段工作量较大，对能力较强的投标人有吸引力，有利于投标竞争。

三、对投标人的资格审查

资格预审是在招标阶段对申请投标人的第一次筛选，目的是审查投标人的企业总体能力是否适合招标工程的要求。只有公开招标时才设置资格预审程序，邀请招标由于招标人对邀请对象的资质和能力已有所了解故不设置此程序。但邀请招标时，公开招标资格预审的主要审查内容往往也要放在评标时进行审查和比较，作为评标比较的要素。

（一）资格预审文件的编制

招标人利用资格预审程序可以较全面地了解申请投标人各方面的情况，并将不合格或竞争能力较差的投标人淘汰，以节省评标时间。一般情况下，招标人只通过资格预审文件了解申请投标人的各方面情况，不向投标人当面了解情况，所以编写资格预审文件时应结合招标工程的特点突出对投标人实施能力要求所关注的问题，不要遗漏某一方面的内容。资格预审文件一般包括指导投标人填报资审文件的"资格预审须知"和表明投标人能力的"资格预审表"两部分内容。

1. 资格预审须知

资格预审须知的主要内容包括工程概况介绍、对投标人的基本要求、填报资格预审表的注意事项、资格预审程序说明等方面。

（1）工程概况。工程概况至少要包括：发包方筹措的项目建设资金来源；总体工程概况，包括名称、性质、规模、环境特点等的描述；本合同项下要进行的工程说明；发包方提供的设置和服务；负责本工程的监理单位等。

这部分的介绍是为投标人筛选投标项目和决定是否参加投标竞争提供基本资料。

（2）对投标人的基本要求。包括：投标人的最低资格标准；对联合体投标的资格要求；资格预审的主要内容说明；通过资格预审的评定标准等。

2. 填报资格预审表的注意事项

包括：必需提交的证明材料；填报资格预审表应注意的事项；对联合体投标的要求等。

资格预审程序说明：接受申请投标人资格预审的最迟时间；招标人发出资格预审合格/不合格通知的方式；对通过资格预审投标人确认参与投标竞争的回执要求等。

3. 资格预审表

不同的招标工程对投标人的要求有很大差异，因此资格预审表的内容有繁有简，但通常都要体现招标工程的施工对企业资质、施工能力、施工经验等方面的要求。

（二）资格预审的方法

为了全面客观地审查申请投标人是否具备实施能力，通常对递交的资格预审表分两个步骤进行评定和比较。首先检验该申请投标人是否具备本招标工程设定的"必须达到标准"，若达不到将视为不合格；然后对满足基本条件的投标人资料进行加权打分量化比较。

1. 对必须达到标准的审查

资格预审须知中明确规定的投标人必须满足的基本条件，可分为一般必要合格条件和附加合格条件两类。

（1）必要合格条件。必要合格条件是各招标工程均列有的对投标人的基本资格要求，通常包括法人资格、资质等级、注册的营业范围、财务状况、企业信誉等几个方面的最低标准。

（2）附加合格条件。与必要合格条件的要求不同，不是每个招标项目的资格预审中均设置附加合格条件，而是视招标项目是否对潜在投标人有特殊要求决定有无。普通工程项目一般承包人均可完成，可不设置强制性条件。对于大型复杂项目尤其是需要有专门技术、设备或经验的投标人才能完成时，则应设置此类条件。强制性条件是为了保证承包工作能够保质、保量、按期完成，按照项目特点设定而不是针对外地区或外系统投标人，因此不违背《招标投标法》的有关规定。强制性条件一般以申请投标人是否完成过与招标工程同类型或同容量工程作为衡量标准。标准不应定得过高，否则会使合格投标人过少影响竞争；也不应定得过低，让实际不具备能力的投标人获得合同而导致不能按预期目的完成；只要实施能力、工程经验等能力与招标项目的要求在同一数量级即可。

建设工程施工招标文件范本的使用说明中规定，招标人可就下列方面设立附加合格条件，如针对工程所需的特别措施或工艺专长；专业工程施工资质；环境保护方针和保证体系；同类工程施工经历；项目经理资质要求；安全文明施工要求等。

【例 2-2】　某水电站的引水发电隧洞施工招标，招标工程为建造一条长 9400m、洞径 8m 的输水隧道。强制性条件规定，投标人必须完成过洞长 6000m、洞径 6m 以上的有压隧洞的施工经历。

评述：强制性条件的洞长和洞径均小于实际施工项目，但在施工组织、施工技术、施工经验和管理等方面的要求在同一数量级。另外，有压隧洞的要求是招标工程结构受力特点所决定。一般的公路或铁路隧洞均为无压隧洞，洞壁受力总是指向洞内的外界山岩压力产生压缩变形，而水力发电隧洞当洞内无水时受力特点为无压隧洞，但发电隧洞充水时内水压力大于外部的山岩压力，隧洞衬砌部分受拉伸变形。

2. 资格评审

（1）评审方法。对满足上述条件申请投标人的资格预审文件，采用加权打分法进行量化评定，比较出各申请投标人企业总体实力的强弱，以及分析可能投入到本招标工程的力量能否保证工程的顺利实施。

（2）评审内容和权重分配。评审的内容通常可分为财务能力、技术能力和施工经验三大部分，每一部分还应进行具体指标的细化。权重的分配依据招标工程特点和对承包商的要求配设，对某一方面要求高时可加大权重。然后由评审人员对各申请投标人的资格预审文件进行客观打分，按照得分值的高低排出总体能力的评定次序，进而确定通过资格预审的投标人员名单。

（3）评审注意事项。资格预审的目的首先是检查申请投标人是否具备实施招标工程的资格和能力，另外还要考察若批准该申请投标人通过资格预审，其投标是否具有竞争性。因此评审过程中应注意对投标人报送资料的分析，进而给定打分值的高低。评审中尤其要注意以下几点：

1）某一投标人的资产负债总额表明负债率不高，该公司的经营状况良好，但从经过审计的资产负债表和损益表中表明，近3年该公司的赢利收入来源主要是非承包工程的其他方面（如多种经营），则可以预见他的投标竞争能力较差。

2）最近几年投标人在国内外承包的工程项目较多，表明其竞争能力较强。但目前在建项目仍很多，评审过程中应加以分析，若该投标人竞争中标后其他在建项目在资金、人员、设备等方面的分流对本招标工程实施的影响。

3）投标人的管理和技术人员是否覆盖了实施招标工程所需的专业面，人员的数量是否满足要求，以及资质和能力如何。

4）投标人的自有施工机具不能满足招标工程的需要时，若其计划新购的设备较多，则可预见标价中摊入的机械折旧费会较多，其投标将不具有竞争性。

5）若投标人预计分包的工程较多，违背了招标人通过复杂的招标投标程序选择实施单位的基本宗旨。

6）投标人的商业信誉可以通过投标人已完成工程的质量评定、以往工程发包方的证明材料，以及工程质量回访记录来分析。

7）必要合格条件中要求投标人拥有合同总价一定百分比（一般不超过5%）的流动资金可投入本工程，以及银行出具的保证投标申请人被授予合同后，将向投标申请人提供保函中所列明金额的信贷两项要求，主要是在按实际完成工程量支付工程进度款的合同中虽然有工程预付款，但前期准备工作和购买材料需要较大量的流动资金，因此要求投标人应有部分自有资金作支持。此处并非要投标人垫资承包，所以在评审中主要考察投标人自有资金或从银行取得商业信贷解决预付款之外资金缺口的能力。

总之，评审过程要结合招标工程的要求和特点对递交的资格预审文件进行认真分析和评价。

3. 对联合体资格的审查

两个或两个以上公司组成联合体以共同名义投标时可以提高投标竞争的实力。对联合体的资格预审应注意以下事项。

（1）审查联合体提交的联营协议时，注意是否有牵头公司、各方计划承担的份额和责任说明，协议书内是否规定了所有合伙人在合同中共同的和各自的责任。如果达不到联合体的要求，其提交的资格预审将被拒绝。

（2）联合体每一个成员均必须提交前述单独申请资格预审公司要求填报的所有文件。评审时必须保证联合体中最弱的成员能够满足对"联合和各自"承担的责任。牵头人应具有承担工程主体施工管理和实施的合格条件。各合伙人的合格条件加在一起作为对联合体地总体能力的评定。如果其中某一成员的资格条件不能满足他所承担任务所要求的基本条件，则视为整个联合体的资格不合格。由同一专业不同资质的单位组成的联合体，应当按照资质等级较低的级别确定联合体的资质等级，如两个甲级资质、一个乙级资质单位组成的联合体，则这个联合体的资质应定为乙级。此规定的目的是防止高等级资质企业获得招标项目后，由低资质企业来实施而影响工程质量。

（3）一个公司可单独参加资格预审，也可以作为联合体成员参加资格预审，但不允许任何公司在以独立的名义递交资格预审的同时又作为联合体成员参加。如果出现这种情况，两种身份均将被拒绝。

（4）资格预审合格后，联合体成员或责任的任何变化都必须在投标截止日期前征得招标人的书面同意，否则将失去合格的资格。如果招标人认为联合体的任何变化将导致如下任何情况，则不能获得允许：

1）大大影响了联合体的整体竞争实力。

2）有未通过或未参与资格预审的新成员。

3）联合体的资格条件已达不到资格预审的合格标准。

4）招标人认为将影响招标工程利益的其他情况。

5）作为联合体提出资格预审申请并合格后，不得单独投标或加入其他联合体并自动认为资格预审合格。

（三）确定资格合格投标人的短名单

1. 合格条件的要求资格预审采用及格/不及格制

申请投标人的资格是否合格，不仅看其最终总分的多少，还要检查各单项得分是否满足最低要求的得分。如果一个申请投标人资格预审的总分不低，但其中的某一项得分低于该项预先设定的最低分数线，仍应判定他的资格不合格。因为通过资格预审后即认为他具备实施招标工程的能力，若其投标中标将会在施工阶段给发包人带来很大的风险。

2. 确定投标人短名单

（1）不限定合格者数量。为了体现公平竞争原则，所有总分在录取线以上的申请投标人均认为合格，有资格参与投标竞争。但录取线应为满足资格预审预先设定满分总分的80％。使用世界银行、亚洲开发银行或其他国际金融组织贷款实施的工程项目通常都采用这种方式。

（2）限定合格者数量。对得分满足总分60％以上的申请投标人按照投标须知中说明的预先确定数量（5～7家），从高分向低分录取。对合格的投标人发出邀请函并请其回函确认是否参加投标，如果某一投标人放弃投标，则以候补排序最高的投标人递补，以保证投标竞争者的数量。目前国内招标的工程项目中，由于国内同一资质的施工企业之间的能力差异不是很大，如果不限定数量往往超过预定合格标准的投标人很多，不能达到突出投标竞争、减少评标工作的目的，因此现在采用这种方式的较多。

资格预审后，招标人应当向所有投标申请人通告资格预审结果，并向资格预审合格的投标申请人发出资格预审合格通知书，告知获取招标文件的时间、地点和方法。经过资格预审合格的申请投标人，均可以参加投标。应当要求合格的投标人在规定时间内以书面形式确认是否参与投标，若有不参加投标者且本次资格预审采用预定数量确定的投标人短名单，则应补充通知记分排名下一位申请人购买招标文件，以保持投标具有竞争性。

四、招标文件

（一）招标文件的作用

招标文件的编制是招标准备工作中最重要的环节，其重要性体现在两个方面：一是招标文件是提供给投标人的投标依据。施工招标文件中应明白无误地向投标人介施工程项目的有关内容和要求，包括工程基本情况、预计工期、工程质量要求、支付等方面的信息，以便投标人据以编制投标书。二是招标文件的主要内容是签订合同的基础。招标文件中除"投标须知"以外的绝大内容都将构成今后合同文件的有效组成部分。尽管在招标过程中招标人可能对招标文的某些内容或要求提出补充和修改意见，投标人也会对招标文件提出一些修改要求，但招标文件中对工程施工的基本要求不会有太大变动。由于合同文件是工程实施过程中双方都应该严格遵守的准则，也是发生纠纷时进行判断和裁决的标准，所以招标文件决定了发包人在招标期间能否选择一个优秀的承包人，而且关系工程施工是否能顺利，以及发包人与承包人双方的经济利益。编制一个好的招标文件可以减少合同履行过的变更和索赔，意味着工程管理和合同管理已成功了一半。

（二）招标文件的组成

由于招标工程的规模、专业特点、发包的工作范围不同，招标文件的内容有繁有简。为了能使投标人在招标阶段明确自己的义务、合理预见实施阶段风险而进行投标，按照建设法规的要求必需包括以下内容：

（1）工程的综合说明。包括工程名称、地址、招标项目、占地范围、技术要求、质量标准以及现场条件、招标方式、要求开工和竣工时间、企业的资质等级要求等。

（2）必要的设计图纸和技术资料。

（3）工程量清单。泛指的工程量清单可以包括施工工程量清单、永久工程的设备清单和材料清单。清单中的分部、分项划分要与技术规范相对应，需认真细致地编写，它是投标人报价的主要依据。如果合同采用总价承包方式，应采用施工图设计的预算工程量；若采用单价合同承包，可使用初步设计或扩大初步设计的概算工程量。

工程量清单应与投标须知、合同条件、合同协议条款、技术规范和图纸一起使用。工程量清单所列的工程量属于招标人估算的和临时的量值，作为各投标人报价的共同基础。支付工程款时，则应以由承包人计量、监理工程师核准的实际完成工程量为依据。建设部颁布的施工招标文件范本中规定，投标人在工程量清单中所填入的单价和合价，应按照现行预算定额的工、料、机消耗标准及预算价格确定，作为直接费的基础。其他直接费、间接费、利润、有关文件规定的调价、材料差价、设备价、现场因素费用、施工技术措施费以及采用固定价格的工程所测算的风险金、税金等按现行的计算方法计取，计入其他相应报价表中。

工程量清单中的每一单项均需填写单价和合价，对没有填写单价和合价的项目的费用，视为已包括在工程量清单的其他单价或合价之中。

工程量清单不再重复或概括工程及材料的一般说明，在编制和填写工程量清单的每一项的单价和合价时，应参考投标须知和合同文件的有关条款。

（4）由银行出具的有关建设资金来源和工程款的支付方式及预付款的百分比等方面的证明。

（5）主要材料（钢材、木材，水泥等）与设备的供应方式，加工订货情况和材料、设备价差的处理方法。

（6）特殊过程的施工要求及采用个技术规范。

（7）投标书的编制要求及评标定标的原则。

（8）投标、开标、评标、定标的日程安排。

（9）工程施工合同条件。

（10）要求交纳的投标保证金及其他。

五、施工投标文件的主要内容及评审

（一）施工投标文件的主要内容

投标文件应完全按照招标文件的各项要求编制，通常应包括以下内容：

（1）投标人填写并签字确认的投标函及投标函附录。

（2）投标保证文件，可以是银行出具的投标保函、企业法人提供的保证书、以支票或汇票形式提交的投标保证金。

（3）法定代表人资格证明书。

（4）法定代表人签署的对投标代理人的授权委托书。

（5）施工组织设计或者施工方案。

（6）具有标价的工程量清单与报价表。

（7）辅助资料表，包括拟派驻的项目经理简历表；拟派出的主要施工管理人员和技术人员的简历表；拟用于完成招标项目的主要施工机械设备表；项目拟分包计划表；劳动力计划表；施工方案或施工组织设计；计划开工、竣工日期和施工进度表；临时设施布置及临时用地表。

（8）资格审查表（适用于资格后审的邀请招标）。

（9）对招标文件中的合同协议条款内容的确认和响应。

（10）按招标文件规定提交的其他资料。

对于大型复杂工程的投标，以上这些文件应按商务法律文件、技术文件、价格文件分类、分册装订。如果招标文件允许投标人提供备选标，有实力的投标人可以根据自己的经验和能力对工程的实施提出建议方案，并另行作出相应报价作备选标。但应注意，备选方案在内层封套内应当单独封记并标注"备选方案"字样，然后再与按照招标文件要求编制的投标文件一并打捆包封。因为备选方案招标人可以采用也可以不采用，而且为了保证投标竞争的公平性，只有按招标文件要求编写合格的投标书才考虑备选方案。如果只提交备选方案的投标书，将视为对招标文件没有作出实质性响应。

（二）施工投标文件的评审

施工投标文件的评审的方法由招标人在招标文件中载明，在评标时不得另行制定或修改、补充任何评标标准和方法。招标人在一个项目中，对所有投标人评标标准和方法必须相同。对于大型或复杂的工程通常分为技术标评审和商务标评审。

技术标的评审标准主要包括：①施工方案（或施工组织设计）与工期，主要应考虑技术上的可行性，施工布置的合理性；②主要施工设备，应考虑数量和质量能否保证顺利施工；③质量标准、质量和安全管理措施。

商务标的评审标准主要包括：①投标价格和评标价格，对于工期短的项目着重是投标价格，工期长的同时应考核评标价格；②施工项目经理及技术负责人的经历，主要应考虑类似工程的经验与其本人的素质；③组织机构及主要管理人员，应设置合理、高效、素质满足要求；④投标人的业绩、类似工程经历和资信；⑤财务状况，主要评审财务盈亏情况，财务资料的时效性与真实性。

第八节　投标报价策略与决策

一、投标报价策略和投标决策概述

（一）投标策略和投标决策的概念

投标是招标的对称，指当事人一方（投标人）向招标人表示愿意承包的单方法律行为，多用于承包建筑工程或购买大宗商品。就施工投标而言，投标文件的评审指标主要包括投标报价、施工组织、施工方案、工期计划、质量标准等，其中最重要的是投标报价。

策略即指计策谋略，是指人们根据形势的发展而制定的行动方针和方式。所谓投标策略，是指承包商在投标竞争中的指导思想与系统工作部署及其参与投标竞争的方式和手段。投标策略作为投标取胜的方式、手段和艺术，贯穿于投标竞争的始终，包括十分丰富的内容。在投标与否的决策、投标项目选择的决策、投标积极性的决策、投标报价、投标取胜等方方面面，都无不包含着投标策略。

决策是决策科学的基本概念，指人们寻求并实现某种最优化目标即选择最佳的目标和行动方案而进行的活动，以对事物发展规律即主客观条件的认识为依据。投标决策是承包人选择和确定投标项目和制定投标行动方案的过程。

投标策略与投标决策是两个相联系的不同的范畴。投标策略贯穿在投标决策之中；投标决策包含着对投标策略的选择确定。

（二）投标策略的意义

投标策略对承包人有着十分重要的意义和作用。目前，国内建筑市场竞争十分激烈。在这种情况下，制定正确的投标策略便显得尤为重要。这主要表现在以下三个方面。

1. 获胜的依据

投标策略是承包人在投标竞争中成败的关键。正确的投标策略，能够扬长避短，以己之长胜人之短，从而在竞争中立于不败之地。

2. 实现经营目标的保证

正确的投标策略，能够保证承包人实现发展战略，提高市场占有率，达到规模经济。

3. 获取利润的前提

投标策略是影响承包人经济效益的重要因素。承包人需要通过各种投标策略，找出一个既能中标又能获得利润的报价集，就是能够中标的报价集与能够获得利润的报价集的交集。理论上分析，既能中标又能获得利润的报价集中，一定存在一个最优的元素，这个最优的元素应为最理想的报价。

（三）投标决策的内容

投标决策是承包人经营决策的组成部分，指导投标全过程。影响投标决策的因素十分复杂，加之投标决策与承包人的经济效益紧密相关，所以投标决策必须及时、迅速、果断。投标决策包括以下内容。

1. 选择投标与否

承包人要决定是否参加某项工程的投标，首先要考虑当前经营状况和长远经营目标，其次要明确参加投标的目的，然后分析中标可能性的影响因素。

建筑市场是买方市场，投标报价的竞争异常激烈，承包人选择投标与否的余地非常小，都或多或少地存在着经营状况不饱满的情况。一般情况下，只要接到发包人的投标邀请，承包人都积极响应参加投标。这主要是基于四种考虑：首先，参加投标项目多，中标机会也多；其次，经常参加投标，在公众面前出现的机会也多，能起到广告宣传的作用；第三，通过参加投标，可积累经验，掌握市场行情，收集信息，了解竞争对手的惯用策略；第四，承包人拒绝发包人的投标邀请，有可能会破坏自身的信誉，从而失去以后收到投标邀请的机会。

当然，也有一种理论认为有实力的承包人应该从投标邀请中，选择那些中标概率高、风险小的项目投标，即争取"投一个、中一个、顺利履约一个"。这是一种比较理想的投标策略，在目前激烈的市场竞争中，很难实现。

2. 判断投标资源的投入量

前面已经讨论过，承包人在收到发包人的投标邀请后，一般不采取拒绝投标的态度。但有时承包人同时收到多个投标邀请，而投标报价资源有限，若不分轻重缓急把投标资源平均分布，则每一个项目中标的概率都很低。这时承包人应针对各个项目的特点进行分析，合理分配投标资源，投标资源一般可以理解为投标人员和计算机等工具以及其他资源。

中标概率 P 和投标资源投入量 Q 之间存在函数关系如图 2-1 所示：曲线上，上升趋势开始缓慢的转折点 A 所对应的 g，即为最优的投标资源投入量。

不同的项目需要的资源投入量不同；同样的资源在不同的时期不同的项目中价值也不

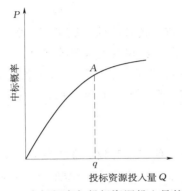

图 2-1　中标概率与投标资源投入量的关系

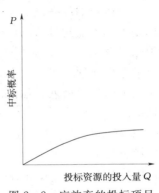

图 2-2　应放弃的投标项目

同，例如同一个投标人员在大坝工程的投标中价值较高，但在引水渠道工程的投标中可能价值就较低，这是由每个人的业务专长和投标经验等因素所决定的。承包人必须积累大量的经验资料，通过归纳总结和动态分析，才能判断不同工程的最小最优投标资源投入量。

通过最小最优投标资源投入量，还可以取舍投标项目。如图 2-2 所示的项目，尽管投入大量的资源，但中标概率仍极低，应该及时放弃，以免投标资源的浪费。这时可以采用估算的方式投标报价。

3. 确定报价策略

投标时，根据承包人的经营状况和经营目标，既要考虑承包人自身的优势和劣势，也要考虑竞争的激烈程度，还要分析投标项目的整体特点，按照工程的类别、施工条件等确定报价策略。

第一种报价策略是生存型：投标报价以克服生存危机为目标，争取中标可以不考虑各种利益。社会、政治、经济环境的变化和承包人自身经营管理不善，都可能造成承包人的生存危机。这种危机首先表现为由于经济原因，投标项目减少，所有的承包人都将面临生存危机；其次，政府调整基建投资方向，使某些承包人擅长的工程项目减少，这种危机常常是危害到营业范围单一的专业工程承包人；第三，如果承包人经营管理不善，便有投标邀请越来越少的危机，这时承包人应以生存为重，采取不盈利甚至赔本也要夺标的态度，只要能暂时维持生存渡过难关，就会有东山再起的希望。

第二种报价策略是竞争型：投标报价以竞争为手段，以开拓市场、低盈利为目标，在精确计算成本基础上，充分估计各竞争对手的报价目标，以有竞争力的报价达到中标的目的。承包人在以下几种情况下，应采取竞争型报价策略：经营状况不景气，近期接受到的投标邀请较少；竞争对手有威胁性；试图打入新的地区；开拓新的工程施工类型；投标项目风险小、施工工艺简单、工程量大、社会效益好的项目；附近有本企业其他正在施工的项目。

第三种报价策略是盈利型：投标报价充分发挥自身优势，以实现最佳盈利为目标，对效益较小的项目热情不高，对盈利大的项目充满自信。如果承包人在该地区已经打开局面、施工能力饱和、美誉度高、竞争对手少、具有技术优势并对发包人有较强的名牌效应、投标目标主要是扩大影响，或者施工条件差、难度高、资金支付条件不好、工期质量等要求苛刻、为联合伙伴陪标的项目发包人则应采用盈利型的报价策略。

二、投标信息的取得及分析

投标是承包人在建筑市场中的交易行为，具有较大的冒险性。据了解，国际上一流的投标人中标概率也只有 10%～20%，而且中标后要想实现利润也面临着种种风险因素。这就要求承包人必须获得尽量多的招标信息，并尽量详细地掌握与项目实施有关的信息。随着市场竞争的日益激烈，如何取得信息，关系到承包商的生存和发展。信息竞争将成为承包商竞争的焦点。

（一）取得招标信息的主要途径

（1）通过招标广告或公告，发现投标目标，这是使用公开招标获得信息的方式。

（2）搞好公共关系，经常派业务人员深入各个单位和部门，广泛联系，收集信息。

（3）通过政府有关部门，如计委、建委、行业协会等单位，获得信息。

（4）通过咨询公司、监理公司、科研设计单位、各类技术开发公司等代理机构，获得信息。

（5）取得老客户的信任，从而承接后续工程。

（6）与国际大承包商建立广泛的联系。

（7）利用有形的建筑交易市场的信息。

（8）通过社会知名人士的介绍。

（二）投标中应收集的有关项目的信息

（1）发包人投资的可靠性，工程投资资金是否已到位，必要时应取得对发包人资金可靠性调查。建设项目是否已经批准。

（2）发包人是否有与工程规模相适应的经济技术管理人员，有无工程管理的能力，合同管理经验，履约的状况；委托的监理（顾问）是否符合资质等级要求，以及监理的经验、能力和信誉。

（3）发包人或招标顾问是否有明显的授标倾向。

（4）投标项目技术特点。

1）工程规模类型是否适合本企业。

2）气候条件、水文地质和自然资源等是否为本企业技术专长的项目。

3）是否存在明显的技术难度。

4）工期是否过于紧迫。

5）预计应采取何种重大技术措施。

6）其他技术特长。

（5）投标项目的经济特点。

1）工程款支付方式，外资工程外汇比例。

2）预付款的比例。

3）允许调价的因素和税收等信息。

4）金融和保险的有关情况。

（6）投标竞争形势分析。

1）根据投标项目的性质，预测投标竞争形势。

2）预计参与投标的竞争者的优势分析和其投标的动向。

3）竞争对手的投标积极性。

（7）本企业投标条件和迫切性。

1）可利用的资源和其他有利条件。

2）本公司当前的经营状况、财务状况和投标积极性。

（8）本企业对投标项目的优势分析。

1）是否需要较少的开办费用。

2）是否具有技术专长及价格优势。

3）类似工程承包经验及信誉。

4）资金、劳务、物资供应、管理等方面的优势。

5）项目的社会效益。

6）与业主的关系是否良好。

7）投标资源是否充足。

8）有否理想的合作伙伴联合投标，有否良好的分包人。

（9）投标项目风险分析。

1）民情风俗、社会秩序、地方法规、政治局势。

2）社会经济发展形势及稳定性、物价趋势。

3）与工程实施有关的自然风险。

4）发包人履约风险。

5）延误工期罚款的额度大小。

6）投标项目本身可能造成的风险。

根据上述各项目信息的分析结果，作出包括经济效益预测在内的可行性研究报告，供公司决策者据以进行投标决策。

三、报价分析与决策

初步报价估算出来后，由估价工程师对初步报价进行分析。分析的目的是探讨这个初步报价的盈利和风险，从而作出最终报价的决策。分析可以从静态分析和动态分析两方面进行。

（一）报价的静态分析

假定初步报价是合理的，应分析报价的各项组成和其合理性。

1. 分项统计计算书中的汇总数字，并计算其比例指标

（1）统计总建筑面积及各单项建筑物面积。

（2）统计材料费总价及各主要材料数量和分类总价，计算单位面积的总材料费用指标和各主要材料消耗指标和费用指标；计算材料费占报价的比重。

（3）统计劳务费总价及主要工人、辅助工人和管理人员的数量，按报价、工期、建筑面积及统计的工日总数算出单位面积的用工数（生产用工和全员用工数）、单位面积的劳务费。并算出按规定工期完成工程时，生产工人和全员的平均人月产值和人年产值。计算劳务费占总报价的比重。

（4）统计临时工程费用、机械设备使用费、机械设备购置费及模板、脚手架和工具等费用，计算它们占总报价的比重，以及分别占购置费的比例（即拟摊入本工程的价值比例）和工程结束后的残值。

（5）统计各类管理汇总数，计算它们占总报价的比重；计算利润、贷款利息的总数和所占比例。

（6）如果报价人有意地增加了某些风险系数，可以列为潜在利润或隐匿利润，提出以便研讨。

（7）统计分包工程的总价及各分包商的分包价，计算其占总报价和承包人自己施工的直接费用的比例。并计算各分包人分别占分包总价的比例，分析各分包价的直接费、间接费和利润。

2. 从宏观方面分析报价结构的合理性

如分析总直接费用和总管理费用比例关系，劳务费和材料费的比例关系，临时设施和

机具设备费用与总直接费用的比例关系，利润、佣金、流动资金及其利息与总报价的比例关系，判断报价的构成是否基本合理。如果发现有不合理的部分，应当初步探索原因。首先是研究本工程与其他类似工程是否存在某些不可比因素；如果扣掉不可比因素的影响后，仍然存在报价结构不合理的情况，就应当深入探索其原因，并考虑适当调整某些基价、定额或分摊系数。

3. 探讨工期与报价的关系

根据进度计划与报价，计算出月产期、年产值。如果从承包人的实践经验角度判断这一指标过高或者过低，就应当考虑工期的合理性。

4. 分析单位面积价格和用工量、用料量的合理性

参照实施同类工程的经验，如果本工程与用来类比的工程有某些不可比因素，可以扣除不可比因素后进行分析比较。还可以在当地搜索类似工程的资料，排除某些不可比因素后进行分析对比，并探索本报价的合理性。

5. 对明显不合理的报价构成部分进行微观方面的分析检查

重点是从提高工效、改变施工方案、调整工期、压低供应人和分包人的价格、节约管理费用等方面提出可行措施，并修正初步报价，测算出另一个低报价方案。根据定量分析方法可以测算出基础最优的报价。

6. 方案比较

将原初步报价方案、低报价方案、基础最优报价方案整理对比分析资料，提交内部的报价决策人或决策小组研讨。

（二）报价的动态分析

通过假定某些因素的变化，测算报价的变化幅度，特别是这些变化对报价的影响。对工程中风险较大的工作内容，采用扩大单价，增加风险费用的方法来减少风险。

如很多种风险都可能导致工期延误。管理不善、材料设备交货延误、质量返工、监理工程师的刁难、其他承包人的干扰等而造成工期延误，不但不能索赔，还可能遭致罚款；由于工期延长可能使占用的流动资金及利息增加，管理费相应增大，工资开支增多，机具设备使用费增大。这种增大的开支部分只能用报价利润来弥补，因此我们通过多次测算可以得知工期拖延多久利润将全部丧失。

（三）报价决策

报价决策，是指报价决策人召集估价工程师和有关人员共同研究，就上述报价计算结果和报价的静态、动态风险分析进行研讨，作出有关调整估算报价的最后决定。在报价决策中应当注意以下问题。

1. 报价决策的依据

作为决策的主要资料依据应当是自己的估价工程师的估算书和分析指标。至于其他途径获得的所谓发包人的"标底价格"或竞争对手的"报价情报"等，只能作为一般参考。

在工程投标竞争中，常见泄漏标底价格和刺探对手情报等情况，但是，上当受骗者也很多。没有经验的报价决策人往往过于相信来自各种渠道的情报，并用来作为决策报价的主要依据。有些经纪人掌握的"标底"，可能只是发包人多年前编制的预算，或者只是从"可行性研究报告"上摘录下来的估算资料，与工程最后设计文件内容差别极大，毫无利

用价值。有时，某些发包人甚至有意利用中间商散步所谓"标底价格"，引诱承包人以更低的价格参加竞争，而实际工程成本却比这个"标底价格"要高得多。还有的投标竞争对手也散布一个"报价"，实际上，他的真实投标价格却比这个"报价"低得多，如果承包人一不小心落入圈套就会被竞争对手甩在后面。

参加投标的承包人当然希望自己中标。但是，更为重要的是中标价格应当基本合理，不应导致亏损。以自己的报价估算为依据进行科学分析，而后作出恰当的投标报价决策，至少不会盲目地落入竞争的陷阱。

2. 报价差异的原因

一般来说，承包人对投标报价的计算方法是大同小异的，估价工程师获得的基础价格资料也是相似的。因此，从理论上分析，各承包人的投标报价同发包人的标底价格都应当相差不远。为什么在实际投标中却出现许多差异呢？除了那些明显的计算失误（例如漏项、误解招标文件内容等）和有意放弃竞争而报高价者外，出现投标价格差异的基本原因大致是：

（1）追逐利润的高低不一。有的承包人急于中标以维持生存局面，不得不降低利润率，甚至不计取利润；也有的承包人境遇较好，并不急切求标，因而追求的利润较高。

（2）各自拥有不同的优势。有的承包人拥有闲置的机具和材料；有的承包人拥有雄厚的资金；有的承包人拥有优秀的管理人员。

（3）选择的施工方案不同。对于大中型项目和一些特殊的工程项目，施工方案的选择对成本的影响较大。优良的施工方案，包括工程进度的合理安排、机械化程度的正确选择、工程管理的优化等，都可以明显降低施工成本，因而降低报价。

（4）管理费用的差别。国有企业和集体企业、老企业和新企业、项目所在地企业和外地企业、大型企业和中小型企业之间管理费用的差距比较大。尽管国内目前投标报价大多仍然采用定额，但这种管理费用的差别在投标竞争中已经显示出来。

3. 在利润和风险之间做出决策

由于投标情况纷繁复杂，估价中碰到的情况并不相同，很难事先预料需要决策的是哪些问题，以及这些问题的范围。一般说来，报价决策并不是干预估价工程师的具体计算过程，而是应当由决策人与估价工程师一起，对各种影响报价的因素进行恰当分析，并做出果断决策。为的是对估价时提出的各种方案、基价、费用摊入系数等予以审定和进行必要的修正，更重要的是决策人从全面的高度来考虑期望的利润和承担风险的能力。风险和利润并存于工程中，问题是承包人应当尽可能避免较大的风险，采取措施转移、防范风险并获得一定的利润。降低投标报价有利于中标，但会降低预期利润、增大风险。决策者应当在风险和利润之间进行权衡并作出选择。

4. 低报价是中标的重要因素，但不是唯一的因素

除了低报价之外，决策者可以采取策略在其他方面战胜对手。例如，可以提出某些合理的建议，使发包人能够降低成本，如果可能的话，还可以提出对发包人有利的支付条件等。

四、投标技巧

投标技巧是指在投标报价中采用什么手法使发包人可以接受，而中标后能获得更多的

利润。承包人在工程投标时，主要应该在先进合理的技术方案和较低的投标价格上下工夫，以争取中标。但是还有其他一些手段对中标有辅助性的作用，现介绍如下。

（一）不平衡报价法

不平衡报价法是指一个工程项目的投标报价，在总价基本确定后，如何调整内部各个项目的报价，以期既不提高总价，不影响中标，又能在结算时得到更理想的经济效益。常见的不平衡报价法如表 2－1 所示。

表 2－1　　　　　　　　　　　　常见的不平衡报价法

序号	信息类型	变动趋势	不平衡结果
1	资金收入的时间	早	单价高
		晚	单价低
2	工程量估算不准确	增加	单价高
		减少	单价低
3	报价图纸不明确	增加工程量	单价高
		减少工程量	单价低
4	暂定工程	自己承包的可能性高	单价高
		自己承包的可能性低	单价低
5	单价和包干混合制的项目	固定包干价格项目	单价高
		单价项目	单价低
6	单价组成分析表	人工费和机械费	单价高
		材料费	单价低
7	议标时业主要求压低单价	工程量大的项目	单价小幅度降低
		工程量小的项目	单价较大幅度降低
8	报单价的项目	没有工程量	单价高
		有假定的工程量	单价适中

（1）能够早日结账的项目（如开办费、基础工程、土方开挖桩基等）可以报得较高，以利资金周转，后期工程项目（如机电设备安装、装饰等）的报价可适当降低。

（2）经过工程量的核算，预计今后工程量会增加的项目，单价适当提高，这样在最终结算时可多赚钱，而将工程量完不成的项目单价降低，工程结算时损失不大。

但是上述两种情况要统筹考虑，即对于工程量有错误的早期工程，如果不可能完成工程量表中的数量，则不能盲目抬高单价，要具体分析后再定。

（3）设计图纸不明确，估计修改后工程量要增加的，可以提高单价，而工程内容说不清楚的，则可以降低一些单价。

（4）暂定项目又叫任意项目或选择项目，对这类项目要作具体分析，因这一类项目要开工后由发包人研究决定是否实施，由哪一家承包人实施。如果工程不分标，只由一家承包人施工，则其中肯定要做的单价可高些，不一定要做的则应低些。如果工程分标，该暂定项目也可能由其他承包人施工时，则不宜报高价，以免抬高总报价。

（5）单价包干混合制合同中，发包人要求有些项目采用包干报价时，宜报高价。一则这类项目多半有风险，二则这类项目在完成后可全部按报价结账，即可以全部结算回来。而其余单价项目则可适当降低。

（6）有的招标文件要求投标者对工程量大的项目报"单价分析表"，投标时可将单价分析表的人工费及机械设备费报得较高，而材料费算得较低。这主要是为了在今后补充项目报价时可以参考选用"单价分析表"中的较高人工费和机械设备费，而材料则往往采用市场价，因而可获得较高的收益。

（7）在议标时，承包人一般都要压低标价。这时应该首先压低那些工程量小的单价，这样即使压低了很多个单价，总的标价也不会降低很多，而给发包人的感觉却是工程量清单上的单价大幅度下降，承包人很有让利的诚意。

（8）如果是单纯报计日工或计台班机械单价，可以高些，以便在日后发包人用工或使用机械时可多盈利。但如果计日工表中有一个假定的"名义工程量"时，则需要具体分析是否报高价，以免抬高总报价。总之，要分析发包人在开工后可能使用的计日工数量，然后确定报价技巧。

但不平衡报价一定要建立在对工程量表中工程量风险仔细核对的基础上，特别是对于报低单价的项目，如工程量一旦增多，将造成承包人的重大损失，同时一定要控制在合理幅度内（一般可在10％左右），以免引起发包人反对，甚至导致废标。如果不注意这一点，有时发包人会挑选出报价过高的项目，要求投标者进行单价分析，而围绕单价分析中过高的内容压价，以致承包人得不偿失。

（二）多方案报价法

有时招标文件中规定，可以提出一个建议方案；或对于一些招标文件，如果发现工程范围不很明确，条款不清楚或很不公正，或技术规范要求过于苛刻时，则要在充分估计风险的基础上，按多方案报价法处理。既是按原招标文件报价，也要提出如果某条款做某些变动，报价可降低的额度。这样可以降低总价，吸引发包人。

投标者这时应组织一批有经验的设计和施工工程师，对原招标文件的设计和施工方案仔细研究，提出更理想的方案以吸引发包人，促成自己的方案中标。这种新的建议可以降低总造价或提前竣工或使工程运用更合理。但要注意的是对原招标方案一定也要报价，以供发包人比较。

增加建议方案时，不要将方案写得太具体，保留方案的技术关键，防止发包人将此方案交给其他承包人，同时要强调的是，建议方案一定要比较成熟，或过去有这方面的实践经验。因为投标时间往往较短，如果仅为中标而匆忙提出一些没有把握的建议方案，可能引起很多后患。

（三）突然降价法

报价是一件保密的工作，但是对手往往会通过各种渠道、手段来刺探情报，因之在报价时可以采用迷惑对手的手法。即先按一般情况报价或表现出自己对该工程兴趣不大，到快要投标截止时，才突然降价。如鲁布革水电站引水系统工程招标时，日本大成公司知道主要竞争对手是前田公司，因而在临近投标前突然把报价降低8.04％，取得最低报价，为以后中标打下基础。

采用这种方法时，一定要在准备投标报价的过程中考虑好降价的幅度，在临近投标截止日期前，根据情报信息与分析判断，再做最后决策。

采用突然降价法而中标，因而开标只降总价，在签订合同后可采用不平衡报价的思想调整工程量表内的各项单价或价格，以期取得更高的效益。

（四）先亏后盈法

对大型分期建设工程，在第一期工程投标时，可以将部分间接费分摊到第二期工程中去，少计算利润以争取中标。这样在第二期工程投标时，凭借第一期工程的经验、临时设施以及创立的信誉，比较容易拿到第二期工程。但第二期工程遥遥无期时，则不可以这样考虑。

第九节　材料、设备采购招标投标概述

工程项目的建设有大量的物资需要通过招标的方式进行采购，这些物资通常包括建筑材料、通用性较强的设备、施工机具、工业生产设备、加工制造非标准部件等。按照采购标的产品的性质和生产特点，买卖双方所签订的合同可以分成买卖合同和承揽合同两大类。

一、材料和通用设备采购招标的特点

（一）合同特点

招标采购建筑材料（水泥、钢材、木材等）和定型生产的中小型通用设备（空调机、管道阀门、施工机械等）的供货合同，属于买卖合同（或购销合同）。其主要特点表现如下。

1. 合同标的的数量较大

工程项目建设所需的建筑材料数额较大，且招标时一次订购，但合同履行过程中可以分批交货。招标采购的通用设备往往数量多、品种与型号繁多。

2. 合同中权利和义务的内容不涉及标的物质的生产过程

买卖双方签订的合同内的权利和义务重点在货物的交付期间，而供货方如何生产或如何组织货源不属于合同内容。材料采购合同没有保修期，通用设备的买卖合同的保修期责任相对于大型工业性设备合同简单。

3. 质量标准明确

建筑材料和通用设备的生产工艺均属于定型的工业化流水生产，合同的质量要求仅按国家制定的质量规范约定即可。

（二）招标次数与合同包的划分

建筑材料和数量较多的中小型设备采购，划分招标次数和合同包数量的原则是有利于吸引更多的投标人参加竞争，发挥各个投标人的专长，达到降低货物价格、保证供货时间和质量的目的，同时还要考虑到便于招标工作的管理。

工程项目所需的各种物资首先按需求时间分成几次招标，分别编制招标文件，陆续招请供货商，如施工机具招标、主要材料供应招标、永久工程设备招标等。每次招标时，可根据货物的性质只发一个合同包或划分成几个合同包同时发包，如电气设备包、电梯包等。在每个包内又可以细分成若干个项，如钢材采购的合同包内包括有型钢、带钢、线材、管材、板材等项。供货商投标的基本单位是包，在一次招标时他可以投全部的合同包，也可以只选择其中几个包投标，但不能仅投一个包中的某几项。

规划采购计划进行划分招标次数和合同包内容方案时，考虑的主要因素有以下几方面。

1. 招标项目的规模

根据工程项目所需设备之间的关系、预计金额的大小适当地划分招标次数和合同包的内容。如果一个合同包划分得过大，一般中小供货商无力问津，有实力参与竞争的承包商过少，就会引起投标价格较高。反之，如果合同包划分得过小，虽吸引了较多的中小供货商，但很难吸引实力较强的供货商，尤其是外国供货商来参加投标。招标次数过多和合同包的范围过小，不可避免地会增大招标、评标的工作量。因此划分招标次数与合同包的内容要大小恰当，既要能吸引更多的供货商参与投标竞争，又要便于买方挑选，并有利于合同履行过程中的管理。

2. 货物性质和质量要求

工程项目建设所需的物资、材料、设备，可划分为通用产品和专用产品两大类。通用产品可有较多的供货商参与竞争，而专用产品由于对货物的性能和质量有特殊要求，则应按行业来划分。在既要保证质量又要降低造价的原则下，凡国内制造厂家可以达到技术要求的设备，应单列若干个合同包进行国内招标；国内制造有困难的特殊材料或专用设备，则需进行国际招标。

3. 工程进度与供货时间

按时供应质量合格的货物，是工程项目施工能够顺利进行的物质保证。如何恰当划分招标次数应以供货进度计划满足施工进度计划要求为原则，综合考虑资金筹措、制造周期、运输时间、仓储能力等条件进行划分，既不能延误施工，也不应过早提前到货。过早到货虽然对施工需要有保证，但它会影响资金的周转或加大偿还银行贷款的利息，以及额外支付对货物的保管与保养费用。

4. 供货地点

如果工程的施工点比较分散，则所需货物的供应地点也势必分散，因此应综合考虑到外地供货商和当地供货商的供货能力、运输条件、仓储条件等来划分合同包，以利于保证供应和降低成本。

5. 市场供应情况

大型工程建设需要大量建筑材料和较多的设备，如果一次采购可能会因需求过大而引起价格上涨，则应合理计划、分批采购。

6. 资金来源

由于工程项目建设投资来源多元化，应考虑资金的到位情况和周转计划，进行合理划分招标次数和合同包范围，分期、分项采购。

（三）对投标人能力的要求

由于买卖合同内不涉及标的物的生产过程，因此对投标人的要求较低，只要具备按时交付标的物的能力即可。投标时可能投标人已拥有标的物，也可能中标后再行生产或组织货源，因此投标人既可以是生产厂家也可以是参与物资流通环节经营的贸易公司。

二、大型工业设备采购招标的特点

大型工业设备由于生产技术复杂、标的物的金额较高，通常是投标中标后才去按买方要求加工制作，因此属于承揽合同的范畴。

（一）合同特点

1. 标的物的数量少、金额大

对于成套设备，为了保证零备件的标准化和机组连接性能，最好只划分为一个合同包，由某一供货商来承包或联合体承包。工业机组设备招标往往订购的数量少，可能是一套或几套，但每一套设备的金额均较高。尽管某些设备属于厂家的定型产品，但没有订货人时厂家/他们不进行批量生产，以免占用资金，只有签订合同后才进行制造。

2. 合同中权利和义务的内容涉及期限较长

与买卖合同不同，大型工业设备订购合同中的权利和义务的约定是从使用的制造材料开始，直至设备生产运行后的保修期满为止。也就是说，合同的责任包括使用材料、生产工艺、加工质量、出厂后的运输、到货后的开箱检验、安装（或安装指导）、设备调试、启动试车、设备达标检验、质量保修等，有时可能还包括对生产和技术人员的培训，以及保修期满后的备品备件的供应等内容。

3. 质量约定较为复杂

由于合同的内容是从生产标的物开始，至设备生命期终止为止，因此质量约定的内容非常复杂。

（1）不同阶段对质量要求的内容和标准不同。合同内要针对不同的阶段设定各类质量检测标准，涉及面非常宽。质量检验标准可能包括使用材料的质量检验、主要部件生产过程中必要的检测和试验、安装质量、试车启动验收、试运行期内的达标检验、维修期质量等。

（2）质量标准的依据较为复杂。批量生产的材料和中小型设备通常以国家颁布的质量标准作为质量检测依据，而生产性设备由于其非批量生产的特点，质量标准值依据的可能是国家标准、部颁标准、行业标准。对于国际招标的大型设备可能还要依据生产国的标准。对于某些有特殊工艺要求的设备，可能以上标准都不适用或没有标准值的规定，需要买卖双方在合同内具体约定检测方法和质量标准。

4. 买方关注生产进度

材料采购合同买方只要求供货方按时交货即可，而设备订购合同除了合同内约定交货期限之外，买方还要关注设备制造的生产进程，以便与土建施工合同配合协调。买方不允许卖方延迟交货而影响工程按时发挥效益，也不愿意卖方提前交货。如果交货过早，将给买方造成占用工程现场的仓储面积、增加买方的保管费用、提前给付资金增加贷款利息等不利影响。

5. 产品的标准化

大型工程项目的生产设备由于专业性较强，因此通用化、标准化程度较差。某一类型的设备不同厂家可能依据不同的设计图纸制造，各厂家之间的部件和零件互不通用，功能细项的技术指标各异，厂家有时还可能应买方的要求需对已定型生产设备的某些部分进行设计更改。因此招标时买方提出的功能和要求的指标只作为起码的要求标准，投标的产品允许有指标偏差，这也是大型设备招标与施工招标或材料供应招标的主要区别之一。

（二）对投标人能力的要求

大型设备采购招标的投标人可以是生产厂家，也可以是设备供应公司或代理商。由于产品的非通用性，对生产厂家有较高的资质和能力条件的要求，除了必须是法人之外，还必须具有相应的制造能力和制作同类产品的经验。设备供应公司和代理商属于物资在市场流通过程中的中间环节，为了保证标的物能够保质、保量和按期交付，他们应对违约行为有足够的赔偿能力，一般情况下也要求是法人。除此之外，由于他们不直接参与生产，为了保证合同的顺利履行，还应拥有生产厂家允许其供应产品的授权书。

三、材料采购投标人的资格审查

材料和中小型通用设备招标由于采购标的物的通用性，对投标人的资格审查通常采用资格后审程序。不管投标人是生产厂家还是贸易公司，只要具有按合同约定供应货物的能力即可，投标人的资格证明材料作为投标书的一个组成部分。

（一）要求投标人报送的资格文件

我国目前采购较大数量的材料和通用设备时，要求投标人报送较为完整的资格材料，通常包括以下内容：

（1）企业名称、地址、电话号码。

（2）政府部门颁发的生产、经营许可证和企业资质证明。包括在工商管理部门注册的营业执照、企业性质及级别、主营和兼营的经营范围等。

（3）财务能力。包括注册资金、固定资产、自由流动资金。

（4）质量保证体系及认证情况。可能涉及的专业人员情况、计量手段、质量检测能力。

（5）供货能力。包括仓库储备水平、运输能力等。

（6）企业业绩及用户意见等。

（二）资格审查

投标人应具备的资格条件一般应满足以下内容：

（1）具有招标文件要求的资格证书，可以是独立的法人实体或具备相应条件的经济组织。

（2）具有进行大中型建设项目主要材料供应的专业人员和组织货源的能力及经验。

（3）资产达到×万元，健全的质量保证体系。

（4）良好的商业信誉。

（5）对招标采购的特殊专业材料应有行业主管部门颁发的专用材料生产许可证。

四、设备采购投标人的资格审查

大型设备采购的资格审查一般发标以前先进行预审，在评标阶段进行复审。邀请招标时也可以直接进行资格后审。

（一）要求投标人报送的资格证明文件

资格审查主要审查投标人是否具备圆满履行合同的能力，投标人应提供下列文件和资料：

(1) 关于资格的声明函。

(2) 企业法人营业执照（工商局复印件）。

(3) 生产许可证、有关部门签署的产品鉴定书。

(4) 工厂简介（包括工厂规模、生产能力、设备、厂房、人员等）。

(5) 质量保证体系及其质量认证证明。

(6) 近三年资产负债表、损益表及经营状况（包括销售额）。

(7) 银行资信证明。

(8) 业绩及目前正在执行的合同情况（包括完成情况和出现的重要质量问题及改进措施）。

(9) 近三年经济行为受到起诉情况。

(10) 其他文件和资料。

（二）资格审查合格的投标人

资格审查合格的投标人应具有圆满履行合同的能力，符合下列条件：

(1) 具有独立订立合同的权利。可以是生产厂家或成套设备供应公司，对于后者还需提供生产厂家允许他代理销售的授权书或已拥有现货设备。

(2) 在专业技术、设备设施、人员组织、业绩经验等方面具有设计、制造、质量控制、经营管理的相应的资格和能力。

(3) 具有完善的质量保证体系。

(4) 业绩：①具有设计、制造与招标设备相同或相近设备 1～2 台（套）两年以上良好的运行经验，在安装调试运行中未发现重大的设备质量问题或已有有效的改进措施；②主机设备有相应业绩厂商的技术合作或技术支持。

(5) 具有良好的银行资信和商业信誉。

(6) 特殊专用设备应重点审查生产制造能力。拥有行业行政主管部门颁发的生产许可证厂商可视为合格的投标人。例如采购大型发电机组设备时，投标人如属于国家电网公司和中华人民共和国机械电子工业部共同认定的主机设备制造厂商，原电力工业部成套设备局与原电力工业部电力规划设计总院共同发布的《火电机组主要辅机推荐厂家名录》所推荐的厂商，或由国家电网公司的安全运行与发输电部颁发入网许可证的厂商，可以作为资格预审合格的投标人，未在名单之列的投标人应进行严格审查，通常他们可能参加辅机设备的投标竞争。

五、材料采购招标文件

材料采购招标文件相对比较简单，通常由投标须知、合同条件和附件三部分组成。

（一）投标须知

投标人报价的投标须知应编写以下几方面内容。

1. 工程概况介绍

(1) 建设项目的名称、建设规模（如主机的装机容量、台数等）。

(2) 项目法人。

(3) 建设资金来源。

（4）建设工期。

（5）项目所在地的交通情况等。

（6）招标单位（项目法人或受项目法人委托的招标代理机构）。

2．本次招标的采购范围

（1）招标材料或通用设备的品种。

（2）规格或型号的要求。

（3）预计采购的数量等。

3．投标人的资格要求

如有资格预审可不再重复编写。

4．投标程序的有关规定和注意事项

（1）招标文件的组成。

（2）对招标文件解释、澄清、补充或修改的程序说明。

（3）投标文件的组成要求。

（4）投标书的递交要求。

（5）开标的时间和程序。

（6）对投标文件澄清的规定。

（7）定标和签订合同的原则与要求等。

（二）合同条件

合同条件通常包括以下内容：

（1）合同标的。

（2）合同价格。

1）一般采用规定价合同。

2）如为批量订购分期交货且持续的时间很长时，也可以采用可调价合同，但需明确列出调价方式的调价条款。

（3）交货时间。

1）交付方式。规定为中标人供货或买方自提。

2）交货时间。如为分批交货，需规定交货时间表。

（4）交货数量。

1）通用材料交货数量与合同约定数量允许的最大尾差和磅差限定。

2）非标准值材料的特殊要求是材料验收的依据之一，未经买方书面认可卖方不得变更，因此专用材料的交货数量必须为合同约定的数量。

（5）质量标准。

1）质量检验标准。

2）检测质量的方法。抽检的抽样比例、方法等；全检的质量检测地点、检测方式。

3）卖方对质量承担责任的条件，包括卖方对质量负责的期限。

4）包装要求。

（6）费用结算。

1）买卖双方对某些费用的负担责任。

2）结算方式和结算期限，包括定金或预付款的约定。

（7）违约责任。

（8）合同争议的解决方式等。

（三）附件

通常包括资格审查表、投标书的标准格式、报价单、投标保证格式等。

六、大型设备采购招标文件

大型设备的国内招标文件一般由投标须知、合同条款和附件三部分组成，但内容要比材料采购的招标文件复杂。由于合同标的特点，可能不同工程项目的招标文件有所差异。下面介绍一个现场交货大型设备采购招标文件的主要内容。

（一）投标须知

（1）工程概况。

1）工程依据。对工程项目的立项作简要说明。

2）资金来源。

3）工程规模。说明工程装机容量、台数等。

4）工程地址。

5）系统概况。说明本工程主要系统与其他相关系统的概况。

6）相关设备概况。说明与本次招标设备相关设备的概况。

7）工程布置图：①总平面布置图；②主厂房布置图，并简要说明厂房布置特点和本次招标设备的位置。

8）工程所在地的交通运输情况；

9）工程实施计划（形象）进度。

（2）招标范围。说明招标设备的名称和相应备品、备件、专用工具、技术资料以及技术服务等，详细内容应在附件中具体列明。

（3）投标人资质。

（4）招标文件。

1）招标文件的组成。

2）招标文件的解释和澄清。

3）招标文件的补充和修改。

（5）投标文件。

1）投标文件的组成。

2）投标文件的编制：①一般要求；②投标有效期；③投标保证金；④投标人提交建议的说明；⑤标前会；⑥投标文件的份数和签署。

3）投标报价。

4）投标文件的递交：①投标文件的密封与标记；②投标截止日期；③投标文件的补充、修改和撤回；④无效投标。

（6）开标与评标。

（7）资格审查（有资格预审时可不再重复）。

（8）定标与授予合同。

（二）合同条款

合同条款中要包括下列内容：定义、合同标的、供货范围、合同价格、付款、交货和运输、包装与标记、技术服务和联络、质量监造与检验、安装、调试、试运和验收、保证与索赔、保险、税费、分包与外购、合同的变更、中止和终止、不可抗力、合同争议的解决、合同生效以及其他。

（三）附件

随招标文件一起发出的附件可能包括：技术规范、供货范围、技术资料和交付进度、交货进度、监造、检验和性能验收试验、价格表、技术服务和设计联络、分包与外购、大（部）件情况、履约保函（格式）、投标保函（格式）、投标人资格审查文件、投标书差异表、投标人需要说明的其他问题、招标文件附图、投标人承诺函（格式）、投标人法定代表人授权书（格式）和投标人关于资格的声明函（格式）。

七、编制设备采购招标文件的注意事项

（一）招标合同包的内容

大型成套设备的招标采购范围较为复杂，在招标文件中应明确说明，以便投标人进行报价。涉及内容可能包括：设备供货（主机、辅机）、提供技术资料、提供相关技术（安装指导、调试、人员培训等）。

（二）设备供货范围

设备的名称、规格、数量要明确，供货范围应包括所有设备、技术资料、专用工具和备品附件。

（三）技术规范

大型复杂的成套设备各厂家的型号不同，其技术指标和参数也各异，招标文件中提出的技术规范是对所采购设备的性能、标准要求，一般作为投标的最低限度技术要求供投标人参考，允许投标设备与其有合理偏差。如果投标设备与此完全相符，则作为合同履行过程中的检测标准值；若投标设备的技术参数优于招标的规范要求，在投标书内应详细说明，这些值将作为检测标准。技术规范要广泛使用国家规范或国际通行标准，尽量避免引用某一制造厂家的产品商标名称和商品目录。如果必须提到时，应在商标或商品目录之后注明"或同等产品"的字样，避免有歧视性的行为。

（四）合同价格

在招标文件内就合同价格应对以下内容予以说明：

（1）合同类型（固定价格或可调价合同）。

（2）报价中应计算的费用。说明投标时除了设备出厂费之外报价中还应包括的费用，如运杂费、税费、运输保险费等。

（3）付款条件和方式。对设备款和技术服务费均应具体说明。我国目前采用较多的付款方式如下。

1）设备款的支付。合同生效并收到中标人提交的履约保函后，支付合同设备价格的10%作为预付款；设备运到合同规定的交货地点后，支付该设备价格的80%；每套设备保证期满没有问题，支付剩余的合同价格10%款额。

2）技术服务费。第一批设备交货后，支付该套合同设备技术服务费的30%；每套合同设备通过该套机组性能验收试验后，支付剩余的 70%。

八、材料、设备供货投标文件的组成

材料供货投标文件应响应招标文件，按照招标文件的各项要求编制。投标文件一般由以下内容组成：投标书、投标保证金、法定代表人的资格证明文件、授权委托书、具有标价的工程材料报价表和资格证明。其中材料报价表的格式一般如表 2-2 所示。

表 2-2　　　　　　　　　　　**工 程 材 料 报 价 表**

序号	材料名称	规格型号	制造商	计量单位	投标数量	计价单位	投标报价	其　中								付款方式	备注
								出厂价	供销费用	运杂费				包装费用	其他		
										合计	铁路	公路	其他				
1																	
2																	
3																	
⋮																	

设备供货投标文件要报送的资料较多，一般包括投标法律文书文件、合同条款、附件三部分。

投标的法律文书文件包括投标人承诺函、投标人法定代表人的授权书、投标人资格和资信证明文件、投标保函。合同条款虽然属于招标文件的组成部分发给投标人，但投标人还需将其包括在投标书中以构成对这些条款的确认。有时还可能出现其中的某些内容需经过投标人填写后才成为完整的合同条款，如交货地点和货物的体积、毛重等。所有附件格式招标文件中都有明确规定，需要投标人详细填写后作为投标文件的组成部分。在招标文件中规定格式的所有附件，需要由投标人详细填写后作为投标文件的组成部分。附件的主要内容包括：

（1）技术规范。招标文件对招标设备的技术规格仅提出最低标准值，允许投标设备在技术指标和参数上不一致，这些偏差将作为评标考虑的因素。投标人应详细填报投标设备的性能表，并对与招标文件不一致之处（无论偏差多少），在差异表中清楚地表示出来。在参数性能汇总表中，要明示参数设计值、保证值和实验值；在结构尺寸/配置表中，要明示尺寸、配置情况；在材质表中要明示各种部件的材质及牌号、单位和尺寸、数量或重量以及产地等内容；在配套辅助设备汇总表中，要明示配套辅助设备的名称、规格型号、单位、数量以及生产厂家等内容。

（2）交货进度表。所需的表格包括主（辅）机交货进度表、备品备件交货进度表、专用工具交货表和进口件交货表等。表格形式基本相同，格式如表 2-3 所示：

（3）报价表。包括报价汇总表和价格分项表。

（4）技术服务。包括现场服务计划表、卖方提供的安装/调试重要工序表以及培训计划表。

（5）分包与外购。若有分包或外购，则每项设备的候选分包厂家一般不应少于 3 家，并报各分包厂家的简要资质情况。

表 2-3　　　　　　　　　　交 货 进 度 表

序号	设备/部件名称、型号	发运地点	#1 机 组			#2 机 组		
			数量	交货时间	重量	数量	交货时间	重量

（6）大部件情况表。采用大部件情况表，明示大部件的名称、数量、包装和不包装尺寸、厂家名称、货物发运地点以及运输方式等内容。

（7）差异表。投标人要将投标文件与招标文件的差异之处汇集成表，格式如表 2-4所示。此表格式既适用于技术部分的差异，也适用于商务部分的差异，但这两部分要单独列表说明以便评标时引起注意。

表 2-4　　　　　　　　　　设 备 差 异 表

序号	招 标 文 件		投 标 文 件	
	条目	简要内容	条目	简要内容

九、材料、设备采购投标文件评审

（一）材料招标的评审方法

采购简单商品、半成品、原材料，以及其他性能、质量相同或容易进行比较的货物时，仅以投标价格作为评标考虑的唯一因素，选择投标价最低者中标。由于建筑材料、定型生产的中小型设备产品具有通用性和标准化的特点，在资格合格有足够供货能力的投标人之间进行比选时，一般采用最低投标价法。

由于招标文件中规定的交货方式和交货地点的不同，投标人按规定报出的投标价格内可能包括运杂费，也可能未包括。发包人购买产品的最终价格应是运抵施工现场的所有费用，所以如果投标价格内未包括运杂费，则应在每个投标人的报价上加上按交货地点远近计算的运杂费后，比较最低价格者中标。

国内生产的货物，投标价应为出厂价。出厂价是指货物生产过程中所投入的各种费用和各种税款，但不包括货物售出后应交纳的销售税或其他类似税款。如果所提供的货物是投标单位早已从国外进口，目前已在国内的，则投标价应为仓库交货价或展室价。该价格应包括货物进口时所交纳的关税，但也不包括销售税。

（二）设备招标的评审方法

设备供货评标的特点是对合格标书进行评审比较时，不仅要看所报价格的高低，还要考虑招标单位在货物运抵现场过程中可能要支付的其他费用，以及设备在评审预定的寿命期内可能投入的运营和管理费。如果投标人所报的设备价格较低，但运营费很高时，则不符合以最合理价格采购的原则。货物采购评标，一般采用综合评标价法或综合打分法。

综合评标价法是指以投标价为基础，将各评审要素按预定的方法换算成相应的价格，在原投标价上增加或扣减该值而形成评标价。评标价格最低的投标书为最优。采购机组、车辆等大型设备时，较多采用这种方法。当发包的设备采购合同金额较小，详细的量化评标显得不实际或不合适时，也可采用综合打分法评标（简称打分法）。打分法是以预先确定的评分要素重要程度分值比重并细化每一项达到某一程度的得分标准，由评标委员会分别对各投标书的报价和各种服务进行评审记分，得分最高者中标。

评标过程分为初评和详评两个阶段进行。初评即对投标书的响应性是否符合招标文件的要求进行审查（亦称符合性评审）；详评包括技术评审和商务评审两部分，只有技术评审合格的投标书，才进行价格比较。

思 考 题

1. 简述水利工程招标的范围和规模标准。
2. 简述水利工程招投标的原则。
3. 水行政主管部门对水利工程招投标活动监督的内容有哪些？重点监督什么？
4. 招标方式有哪两种？二者在程序上有哪些区别？
5. 招标人自行组织招标应具备哪些条件？
6. 现场踏勘的目的是什么？
7. 开标会议参加的单位和人员有哪些？简述开标程序。
8. 评标专家委员会如何建立？哪些专家不能作为评标委员会成员？
9. 开标时，作为无效投标文件的条件有哪些？
10. 简述评标程序。

第三章 国际工程项目施工招标与投标

第一节 国际工程施工招标方式

国际工程招标是指发包方通过国内和国际的新闻媒体发布招标信息，所有有兴趣的投标人均可参与投标竞争，通过评标比较优选确定中标人。国际工程招标方式主要有三种类型，即国际竞争性招标（又称国际公开招标）、国际有限招标、两阶段招标。

一、国际竞争性招标（Iinternational Biding Competitive，ICB)

（一）概念

国际竞争性招标是指在国际范围内，采用公平竞争的方式选择承包商，具有投标条件的各国承包商均可参与投标。这是目前世界上最普遍采用的招标方式。采用这种方式可以最大限度地挑起竞争，形成买方市场，使招标人有最充分的挑选余地，取得最有利的成交条件。世界银行根据不同地区和国家的情况，规定了凡采购金额在一定限额以上的货物和工程合同，都必须采用国际竞争性招标。对一般借款国来说，10 万～25 万美元以上的货物采购合同，大中型工程采购合同，都应采用国际竞争性招标。其原则是：必须注意节约资金并提高效率，即经济有效；要为世界银行的全部成员国提供平等的竞争机会，不歧视投标人；有利于促进借款国本国的建筑业和制造业的发展。我国的贷款项目金额一般都比较大，世界银行对中国的国际竞争性招标采购限额也放宽一些，工业项目采购凡在 100 万美元以上，均应采用国际竞争性招标来进行。我国规定，大部分土建工程采用由招标单位通过报纸或专业刊物发布招标通告，公开邀请具有投标资格的各国承包商参加竞争性招标。世界银行贷款项目要求登中国人民日报及联合国经济论坛报，并只有该行会员国及瑞士承包商才能参加投标，故还应该通知这些国家驻华使馆。

（二）国际竞争性招标的优劣势

实践证明，尽管国际竞争性招标程序比较复杂，但确实有很多的优点。首先，由于投标竞争激烈，一般可以对买主有利的价格采购到需要的设备和工程。其次，可以引进先进的设备、技术和工程技术及管理经验。第三，可以保证所有合格的投标人都有参加投标的机会。由于国际竞争性招标对货物、设备和工程的客观的衡量标准，可促进发展中国家的制造商和承包商提高产品和工程建造质量，提高国际竞争力。第四，保证采购工作根据预先指定并为大家所知道的程序和标准公开而客观地进行，因而减少了在采购中作弊的可能。

当然，国际竞争性招标也存在一些缺陷，主要是：

（1）国际竞争性招标费时较多。国际竞争性招标有一套周密而比较复杂的程序，从招标公告、投标人作出反应、评标到授予合同，一般都要半年到一年以上的时间。

（2）国际竞争性招标所需准备的文件较多。招标文件要明确规范各种技术规格、评标标准，以及买卖双方的义务等内容。招标文件中任何含糊不清或未予明确的都有可能导致执行合同意见不一致，甚至造成争执。另外还要将大量文件译成国际通用文字，因而增加很大工作量。

（3）在中标的供应商和承包商中，发展中国家所占份额很少。在世界银行用于采购的贷款总金额中，国际竞争性招标约占 60％，其中，发达国家如美国、德国、日本等发达国家中标额就占到 80％左右。

（三）国际竞争性招标的适用范围

1. 按资金来源分类

根据工程项目的全部或部分资金来源，实行国际竞争性招标的主要有以下情况：

（1）由世界银行及其附属组织国际开发协会和国际金融公司提供优惠贷款的工程项目。

（2）由联合国多边援助机构和国际开发组织地区性金融机构如亚洲开发银行提供援助性贷款的工程项目。

（3）由某些国家的基金会如科威特基金会和一些政府如日本提供资助的工程项目。

（4）由国际财团或多家金融机构投资的工程项目。

（5）两国或两国以上合资的工程项目。

（6）需要承包商提供资金即带资承包或延期付款的工程项目。

（7）以实物偿付（如石油、矿产或其他实物）的工程项目。

（8）发包国拥有足够的自有资金，而自己无力实施的工程项目。

2. 按照工程的性质分类

按照工程的性质国际竞争性招标主要适用于以下情况：

（1）大型土木工程，如水坝、电站和高速公路等。

（2）施工难度大，发包国在技术或人力方面均无实施能力的工程，如工业综合设施、海底工程等。

（3）跨越国境的国际工程，如非洲公路，连接欧亚两大洲的陆上贸易通道。

（4）极其巨大的现代工程，如英法海峡过海隧道、日本的海下工程等。

二、国际有限招标

国际有限招标是一种有限竞争招标。较之国际竞争性招标，它有其局限性，即投标人选有一定的限制，不是任何对发包项目感兴趣的承包商都可以投标。国际有限招标包括一般限制性招标和特邀招标两种方式。一般限制性招标的具体做法与国际竞争性招标非常相似，只是更强调投标人的资信。这种招标方式也应该在国内外主要报刊上刊登公告，但必须注明是有限招标和对投标人选的限制范围。特邀招标一般不在报刊上刊登公告，而是根据招标人自己积累的经验和资料或由咨询公司提供的承包商名单，由招标人在征得世界银行或其他项目资助机构的同意后，对某些投标商发出邀请，经过对应邀人进行资格预审后，再行通知其提出报价，递交投标书。

这种招标方式优点是经过选择的投标商在经验、技术和信誉等方面比较可靠，基本上能够保证招标的质量和进度。但由于发包人所了解的承包商数目有限，在邀请时很可能漏掉一些在技术和报价上更有竞争力的承包商。

国际有限招标通常适用于下列情况：

（1）工程量不大，投标商数目有限或有其他不宜国际竞争性招标的理由，如对工程有特殊要求等。

（2）某些大而复杂，且专业性很强的工程项目，这种项目可能投标人很少，准备招标的成本很高。为了节省时间、费用，招标可以限制在少数几家合格企业的范围内，以使每家投标人都有争取合同的较好机会。

（3）由于工程性质特殊，要求有专门经验的技术队伍或设备，只有少数投标人能够胜任。

（4）工程项目招标公告发出后响应的投标人少于三家，招标人可再邀请少数投标人投标。

（5）工期紧迫，或有保密要求等不宜公开招标的项目。

三、两阶段招标

大额合同一般在发布招标通告之前，就应将所需货物和土建工程的详细设计和施工详图设计，包括技术规格和其他招标文件准备就绪。但对交钥匙合同或大型复杂的工厂或特殊性质的土建土建工程而言，事先准备好完整的的技术规格是不合实际需要的或不现实的。在这种情况下，可采用两步法招标程序，即先邀请提交根据概念设计或性能规格编制的不带报价的技术建议书，可进行技术和商务澄清和调整，随后对招标文件作出修改；第二步邀请提交最终的技术建议书和带报价的投标书。这种程序也适用于采购那些技术升级换代很快的设备，如大型计算机和通信系统。

第二节　我国境内国际工程施工招标概述

一、境内国际工程招标概述

我国境内工程建设项目采用国际招标方式，一类情况属于使用我国自有资金建设，但希望工程项目达到目前国际的先进水平，如国家大剧院的设计招标、三峡工程的施工机具招标、某些项目的永久工程设备招标等；另一类情况则是由于工程项目建设的资金使用国际金融组织或外国政府贷款，必须遵循贷款协议中采用国际招标方式选择中标人的规定。

我国在很多工程建设项目上利用世界银行、亚洲开发银行等国际金融组织和某些发达国家政府的贷款，并且规模不断扩大，这对于弥补我国建设资金不足，促进我国经济建设大有好处。而提供这些贷款的有关国际组织或外国政府，通常对使用这些贷款项目的招标事项提出了要求，世界银行和亚洲开发银行还分别制定了各自的贷款采购指南或贷款采购准则，对使用其贷款的项目招标条件和招标程序作了规定。其中有些规定与我国《招标投标法》的规定有所不同。例如，某些外国政府贷款协议中要求项目建设中的部分永久工程设备等必须从该国采购等条件，即限定了招标的范围。遇到这类不同规定时，依照《招标投标法》规定，可以优先适用提供贷款或援助资金的有关国际组织或外国政府的规定。又如，世界银行的贷款采购指南规定，世行的贷款资金只能用于支付由世行成员国国民提供的以及在世行会员国生产或由世行成员国提供的货物或工程的费用，因此，非世行成员国国民或者提供非世行成员国家生产的货物或工程的供应商、承包商，将没有资格参加全部或部分使用世行贷款支付的合同的投标。亚洲开发银行贷款采购准则也规定，亚行普通资金贷款的支付只限于亚行成员国生产的货物或提供的服务。再如，世行和亚行都规定，对使用其贷款资金的项目，借款人须按规定将招标的有关事项报世行或亚行进行审查等。对世行和亚行的这些关于招标投标的条件和程序的特别规定，使用世行或亚行资金的招标项目，均应适用。

二、国际金融组织简介

现阶段我国境内国际招标工程的外资渠道主要有：国际金融组织的贷款和外国政府的援助贷款。

（一）国际金融组织的贷款

国际金融组织的贷款可分为两类，一类是世界性的金融组织，如国际货币基金组织、世界银行及其附属机构（如国际开发协会和国际金融公司）；另一类是地区性的开发金融组织，如亚洲开发银行、国际投资银行等。我国相继接受了国际金融组织的优惠贷款，其中由世界银行提供的贷款占主要部分。国际金融组织一般以比较优惠的条件向其成员国政府提供长期贷款，促进其经济复兴，帮助不发达国家发展生产，开发资源。

世界银行提供的贷款同一般国际商业贷款相比有以下特点：

（1）世界银行不是以盈利为主要目的，而是通过贷款协助成员国发展本国经济。

（2）世界银行贷款一般与特定项目相联系，主要用于基础设施项目。

（3）借款国使用贷款时要受到世界银行的严格监督。

（4）借款国必须按期偿还，一般不能拖欠或改变还款日期。

（5）世界银行对任何项目的贷款都只占项目所需资金的一定比例，通常为 $40\% \sim 50\%$。个别项目可高达 70%，其余资金由借贷方自筹。贷款期限由世界银行按项目建设期决定，一般在 20 年以下，宽限期大都是 5 年，贷款利率也由世行决定，目前都是浮动利率。浮动利率在每年的 1 月 1 日和 7 月 1 日各调整一次，使用范围仅限于借款国境内。

（6）世界银行通常只对大型项目提供贷款。

（二）外国政府的援助贷款

外国政府贷款是带援助性质的优惠贷款，一般赠与成分在 35% 以上，有不少是低息甚至是无息的，还款期限长，通常为 $20 \sim 30$ 年，宽限期 $7 \sim 10$ 年。外国政府的贷款通常是"与采购捆在一起"的。虽然利用外国政府贷款兴建的项目很少实行国际招标，但还是有不附加任何采购条件，仅要求进行公平的国际竞争的外国政府贷款。如日本海外协力基金会和科威特基金会的贷款。近年来有不少国家改变了过去的倚仗有政府贷款作为优惠条件而漫天要价的做法，改为先对项目采取商业性竞争，然后再确定政府贷款，这样可大大节省项目投资。

国际金融机构作为世界或地区的大银行，专门组织进行国家间金融互助活动。它向各国发放贷款不为赢利，而是通过贷款促进该国经济的发展，因此各国际金融机构不但要对贷款的使用实行监督，并且要求采用最节省、合理的方式采购。

三、招标规则的国际惯例

招标方式可以采用公开招标、邀请招标或询价采购三种方式中的某一方式。世界银行、亚洲开发银行的资金是国际上的一种公款，使用他们提供的贷款建设工程项目时，原则上要求采用国际公开招标。特殊情况下经过贷款方同意，才可以采用邀请招标或询价采购的方式选择承包商。

（一）公开招标

1. 国际公开招标

国际公开招标是国际金融组织要求的最主要方式，它公开发布招标信息，接受国际上任何一个合格投标人的标书。贷款方不仅通过提供部分建设资金发展借贷国的基础设施、工业项目的建设，而且希望通过该项目的建设促进借贷国的施工企业和制造业的发展，因此在评标时对其国内投标人的标书给予一定幅度的评标优惠。如果采用其他方式的招标，则此优惠条件不再适用。

境内国际招标工程的招标范围多数情况下是根据资金来源确定。一般可分为：

（1）全球性国际招标。在世界范围内进行，凡世界银行成员国及瑞士的承包商都可以参加竞标。这种招标严格遵循世界银行的招标要求，以世行制定的项目采购指南为指导原则，对来自任何地区、任何世行成员国及瑞士的国际承包商均可参加竞争。某些国家的政府贷款，如日本、科威特提供贷款的项目，原则上也要求采用这种方式。

（2）区域性国际招标。有些项目由于是地区性银行（如亚洲开发银行）提供贷款，为了保证贷款银行的成员国有更大的得标机会，可以在较小范围内进行国际招标。这种招标基本是参照世界银行的招标做法，但对投标公司的国籍有所限制，非贷款银行的成员国无权参加竞标。

（3）局限于出资范围的国际招标。有些工程项目既非世行提供贷款，亦非区域性银行的援助贷款，而是由一国或多国政府或其国家的银行或投资公司提供资金，招标范围又进一步缩小，只限于出资国的承包商参与投标。虽然限定投标人的国家，但还不同于国际有限招标，因为对于投资国的承包商来说，按照国际公开竞争的程序和方式，遵循的原则还依然是公平竞争。不过这种招标与世界银行要求的国际竞争性招标的具体做法有所不同，因为提供贷款国政府或投资公司总是希望通过提供贷款或投资得到某种补偿，甚至有些政府还坚持把援助同采购捆在一起。因此在选标条件上不能像世界银行定的项目采购指南要求那样一视同仁。

2. 国内公开招标

国内公开招标的招标公告仅限于在借贷国国内的新闻媒体上发布，招标程序与前几章讨论的内容相同。

当发包的工作因其性质或范围不大可能吸引外国厂商或承包人参与竞争的货物和土建工程，若采用国际公开招标国外投标人较少，则费时、费力，所获得的效果与招标目的又不相匹配时，采用国内公开招标方式更为合理。适用的情况包括：

（1）合同的金额较小。

（2）土建工程的地点分散或时间拖得很长。

（3）土建工程为劳动密集型。

（4）当地可获取该货物或土建工程的价格低于国际市场价格。

（二）邀请招标

1. 国际有限招标

又称国际邀请招标，其范围可以是全球范围，也可以局限于若干国家。国际邀请招标主要是邀请经选定的公司，而不是选定的国家。国际邀请招标通常适用于大型复杂且难度较大的项目。被邀请参加投标的公司可以是世界银行的成员国或瑞士的公司，也可以是受援国的公司，还可以是非受援国的公司。国际邀请招标的目的是缩小选择范围，简化招标工作，同时又能提供公平竞争机会，不漏掉有能力又合适的承包商。适用情况包括：

（1）合同金额较小。

（2）供货人数量有限。

（3）有其他作为例外的理由证明不采用国际公开招标是合理的情况。

2. 国内有限招标

也称为国内邀请招标。既要适用于国内公开招标的条件，又要满足第二章所述的邀请招标条件。

（三）询价采购

1. 询价采购

询价对象可以是国际和国内的企业。按照世行的规定，适用于采购小金额的货架交货的现货或标准规格的商品。具体规则是：

（1）对几个投标人（通常至少三家）提供的报价进行比较，以确保价格具有竞争性。

（2）询价单应注明货物的种类、数量以及要求的交货时间和地点。

（3）报价可以采用电传或传真的方式提交。

（4）对报价的评审按照公共或私营部门一贯的良好做法来进行。

（5）国际询价采购应邀请至少来自两个不同国家的三家供货人提出报价。如果平常能从借款国国内一个以上的来源获得所需货物，而且其价格具有竞争性，也可以采用国内询价采购。

2. 直接采购

直接采购是询价采购的特殊表现形式，即没有竞争的采购方式。通常只适用于以下情况：

（1）可能对某个按照贷款方接受的程序授予的现有货物或土建工程合同进行续签，以增购或增建类似性质的货物或土建工程。在这种情况下，应使贷款方满意地认为进一步的竞争不会得到任何好处，且续签合同的价格是合理的。如果事先考虑到有可能续签，在原合同中应包括有关续签合同的条款。

（2）为了与现有设备相配套，设备或零配件的标准化可以作为向原供货人增加订货的正当理由。证明这种采购合理的条件是：原有设备必须是适用的，新增品目的数量一般应少于现有的数量，价格应该合理，并且已对从其他厂商或设备来源另行采购的好处进行了考虑并予以否定，否定的理由是贷款方可以接受的。

（3）所需设备具有专卖性质，并且只能从单一来源获得。

（4）负责工艺设计的承包人要求从某一特定供应商处采购关键性部件，并以此作为性能保证的条件。

（5）有特殊情况，比如应付自然灾害等。

第三节　境内国际工程项目两阶段招标法

各国际金融组织制定的招标规则，大都采用世界银行的标准程序，仅对适用投标的范围有些局部性的差异，因此本节以两阶段招标为例就世行的有关要求作简单介绍。两阶段招标法是先邀请投标人提交根据概念设计或性能规格编制的技术建议书，第一阶段开标后投标人可以要求投标人对标书内的技术方案和标准、实施计划等内容进行澄清，随后招标人再对招标文件作出修改；第二阶段邀请投标人提交最终经过修改的技术建议书和带报价的商务投标书。

一、招标方式

两阶段招标法的招标方式与一般施工招标或设备采购招标的方式相同，为了能使招标人获得最佳的工程项目建设方案，仍采用公开招标或邀请招标选择中标单位，只是在招标程序上与一般招标有所差异。国际公开招标往往可以使新建项目达到该阶段国际的先进水平，但如果项目的行业性和专业性很强也可以采用邀请招标的方式。

二、招标文件

招标文件的组成与设计招标、施工招标和设备招标的招标文件基本相同，只是其中的具体内容差异较大。

（一）投标须知

工程概况描述较为粗浅，只提出项目的建设地点；预期的功能要求，包括最终建筑产品应满足的生产功能；整个项目建设的总投资限额；完成全部工程的预期期限等。但对招标阶段投标人如何参加各阶段的投标程序及标书的编制要求应作详细说明，以便投标人有章可循。

（二）招标工作范围

与普通招标的不同之处在于委托工作范围不那么详细、具体，没有明确的工程量清单，只是提出项目建设各阶段粗略的要求，如设计方案要求、施工阶段要求等。

（三）合同条件

由于招标人采用购买最终建筑产品的方式进行招标，即将工程建设过程中较多的实施风险交予承包方承担，通常采用交钥匙方式的合同文本和固定价格合同。但购买最终建筑产品又不同于购买工厂化定型批量生产的一般商品，发包人不仅重视最终建筑产品的质量，还要对建筑产品的生产过程进行监督并对生产过程承担一定风险。FIDIC编制的《设计—建造与交钥匙合同条件》中通用条件部分内容包括以下几部分：

（1）对合同文件的有关规定。

（2）业主的权利与义务。

（3）业主代表的职责与权利。

（4）承包商的一般义务。

（5）对设计的要求。

（6）承包商对其职员与劳工应承担的责任。

（7）对工程设备、材料和工艺的要求。

（8）开工、延误和暂停的责任划分及履行过程的管理程序。

（9）竣工检验。

（10）业主对工程接收的有关要求。

（11）竣工后的工程性能达标检验。

（12）工程量在保修期内的缺陷责任。

（13）合同价格和支付程序。

（14）对工程变更的规定。

（15）承包商的违约。

（16）业主的违约。

（17）风险和责任的划分及责任限度。

（18）对工程保险的规定。

（19）不可抗力。

（20）索赔、争端与仲裁的程序规定。

招标人应对照通用条件的相关条款内容，结合招标工程的地域、专业特点详细编写专用条款的内容，使合同完整、具体，便于履行过程中的操作。

（四）图纸和技术规范

图纸和技术规范通常在招标文件中不提供，但要给出设计主要依据文件和资料，并明确说明投标人在投标书内提供这些文件和资料应满足的评标要求。

（五）编制好投标阶段和签订合同时所需的标准化格式文件

这些文件一般以附件形式出现，通常包括以下内容。

1. 投标书及附录

投标书属于要求置于所有投标文件之前由投标人签署的法律文件。投标书附录则为合同专用条款内涉及重要事项约定的摘录，有些内容在发出招标文件时已由发包方给予了明确规定，另一部分要由投标人按照其投标书的内容予以填写承诺，整个附录经其投标授权人签字确认后作为合同的组成部分。

【例3-1】　投标书格式。

投　标　书

合同名称：＿＿＿＿＿＿＿＿

致：＿＿＿＿＿＿＿＿

先生们：

我们已研究了合同条件、雇主的要求、资料表、补遗编号＿＿＿＿＿，以及附录中所列明的事项。我们已了解和审核了这些文件并且未发现其中有任何错误。据此，我们报固定总价以＿＿＿＿＿＿＿＿＿＿＿（以支付货币填写）金额，按本条以及所附建议书要求之目的，恰当地设计、实施并完成上述工程以及修补任何缺陷。

我们接受你们关于任命终端仲裁委员会的建议，如资料表所列＿＿＿＿＿＿＿

（我们已完成了该资料表，增加了我们关于三人委员会其他人选的建议，但这些建议不作为本投标书的条件）。

我们同意至____日遵守本投标书。在该日以前的任何时间，本投标书一直对我们具有约束力，并可随时被接受中标。我们在此认可投标书附录构成我们投标书的一部分。

如果我们中标，我们将提供要求的履约保证。在收到雇主代表开工通知后尽快开工，并在投标书附录中规定的时间内，按照上述文件完成工程。

在制定和签署一份正式协议书之前，本投标书连同你方的书面中标通知，应构成在我们双方之间有约束力的合同。

我们理解你们并不一定必须接受你方可能收到的最低投标或任何投标。

先生们，我们

你的忠实的_____

正式授权签署投标书的人_____ 职务_____

签字（填写承包商名称）

代表

地址

日期

2. 合同协议书

这是业主与中标人签订合同时的标准法律文件。

【例3-2】 协议书格式。

协 议 书

本协议书于_____年____月____日由_____（以下简称"雇主"）为一方与_____（以下简称"承包商"）为另一方签订。鉴于雇主欲让承包商设计并实施一项名为_____的工程，并已接受承包商提出的承担该项工程的设计、实施、竣工以及修补其缺陷的投标书。

雇主与承包商协议如下：

1. 本协议书中的措辞和用语应具有下文提及的合同条件中分别赋予它们的相同的含义。

2. 下列文件应被认为是组成本协议书的一部分，并应被作为其中一部分进行阅读和理解。

（a）_____日的中标函；

（b）雇主的要求；

（c）_____日的投标书；

（d）合同条件（第一和第二部分）；

（e）补遗编号_____；

（f）已完成的资料表；

（g）承包商的建议书。

3. 考虑到下文提及的雇主付给承包商的各项款额。承包商特此立约向雇主保证遵守合同的各项规定，恰当地设计、实施和完成工程，并修补其任何缺陷。

4. 雇主特此立约，保证在合同规定的时间和以合同规定的方式向承包商支付合同价格或合同规定的其他应支付的款项，以作为本工程设计、实施、竣工并修补其任何缺陷的报酬。

特立此据。本协议书于上面所定日期，由合同双方根据其各自的法律签署订立，开始执行。

雇主的授权人签名（盖章）　　　　　　承包商的授权人签名（盖章）
证明人：　　　　　　　　　　　　　　证明人：
　　　　姓名　　　　　　　　　　　　　　　　姓名
　　　　签字　　　　　　　　　　　　　　　　签字
　　　　地址　　　　　　　　　　　　　　　　地址

3. 保函或保证书格式

它包括投标保证、履约保证和预付款保证。投标保证的格式与一般招标的要求相同。银行出具的履约保函与一般施工招标通常采用的无条件保函不同，大多采用有条件保函格式。预付款保函为无条件保函。

【例3-3】　履约保函范例格式。

本协议书由

（1）位于　　　　　（填入地址）　　的　　　　（担保银行或保险公司名称）　　　　（以下称为"保证人"）

　　与

（2）位于　　　　　（填入地址）　　的　　　　（填入雇主名称）　　　（以下称为"雇主"）于　　　　　年　　月　　日签署。

　　鉴于

A 雇主与位于　　　　　（填入承包商的地址）　　　的　　　（填入承包商的名称）　（以下简称"承包商"）已签订了一份合同（以下简称"合同"），据此承包商同意及保证以金额为　　　　（填入合同货币表示的金额）　　　的合同价格进行设计、实施及完成　　（合同名称及简述工程）　的工程，并且修补其中的任何缺陷。本协议书为该合同的附加部分；

　　以及

B 保证人业已同意保证按以下方式恰当履行合同。

　　兹达成协议如下：

1. 在遵循第2条的前提下，如果承包商（除非根据合同的任何条款或法规或有资格裁决法庭的裁决被解除履约）在任何方面未能履行合同，或者违反合同中其任何义务，则保证人应补偿和支付雇主由此类未履约或违约而遭受的损害赔偿费，但总额不应超过　　（填入保证金额）　　（用文字表示）。此类各笔赔偿金额应以支付合同价格的货币种类与比例予以支付。

2. 只有在履约证书颁发日期或　　（填入"结束日期"）　　（二者取较早者）之前收到

下列资料，保证人才予以付款：

（a）雇主和承包商发出的书面通知，说明双方已就支付给雇主的损害赔偿费数额达成一致意见；

或

（b）雇主或承包商任一方根据合同发出的一份仲裁通知，随后附有（不论在"结束日期"之前或之后）根据合同进行的仲裁程序颁发的一份依法证明的裁决书。该裁决书裁定应支付雇主的损害赔偿费的数额；

或

（c）争端裁决委员会根据合同裁定的且依法证明的一份裁决书，并根据合同裁决将一笔金额支付给雇主之后的 28 天内，雇主和承包商均未发出不满意的通知。

3. 承包商与雇主之间的安排（不论是否经保证人同意）以及雇主一方的任何宽让（不论是付款、时间、履约或其他方面）均不得解除保证人在保证书中的义务。保证人在此明确表示放弃要求通知他任何有关安排、变动或宽让的权利。

4. 本保证书不得由雇主转让并在全部停止有效后的 14 天内，雇主应将之退还给保证给保证人。

5. 只要上下文许可，合同中的措词及用语在保证书中具有同样的含义。

6. 本保函_____法律管辖。

代表	代表
于　　年　月　日	于　　年　月　日
以　　资格	以　　资格
签字	签字
有　　　在场证明	有　　　在场证明
盖章（若适用）	盖章（若适用）

【例 3-4】　履约担保书范例格式。

根据本担保书____（填入承包商名称、地址）__作为委托人（以下称"承包商"），以及____（填入担保人、担保公司或保险公司名称、法定资格及地址）____为担保人（以下称"担保人"），在此以担保金额为____（填入担保数额）____（用文字表示）共同恪守对权利人____（填入雇主名称和地址）____（以下称"雇主"）所承担的义务。根据本担保书，承包商和担保人应保证自己及其继承人和受让人严格、共同、并各自承担对该项支付的义务，该款额应按支付合同价格的货币种类及比例准确、完全地给予支付。

鉴于承包商已于_____年____月____日与雇主为____（合同名称）____签订了书面协议，同意按于此提供作为合同组成部分的设计、规范及修正方案（以下称为合同）承建__（填入工程名称）__。

为此，本担保的义务条件如下：如果承包商及时而忠实地履行了所签合同（包括任何修正方案），则本担保书所承担之义务即告终止和失效，否则仍保持完全有效。每当承包商违约或雇主宣布其违约时，且雇主已根据合同履行了自己的义务，担保人应迅速纠正违约行为，并立即：

（1）根据合同条款和条件完成合同。

（2）根据合同条款和条件为完成合同而取得一份或几份投标提交给雇主，以便在雇主和担保人确定了标价最低、有责任心的投标人后，安排投标人与雇主签订一份合同，并在工程进程中（尽管在完成本段所指的一个或几个合同过程中会出现一次或一系列违约），提供足够资金用以支付完成合同所需的、减去合同价格余额后的费用。但是，支付的费用，包括担保人按本文规定可能负担的其他费用和损害赔偿费，不应超过本担保书第一段所规定的数额。本段所用"合同价格余额"这一术语，系指雇主根据合同应付给承包商的总额减去雇主已恰当地付给承包商的款额。

（3）支付给雇主按合同条款和条件为完成合同所需的金额，所付款项的总额不应超过本担保书规定的总额。

担保人不对大于本担保书规定的罚金的金额负责。

有关本担保书的任何诉讼必须在颁发履约证书之前提出。

除本担保书规定的由雇主指定的个人和公司以及雇主的继承人、指定遗嘱执行人、管理人或雇主的继任人外，任何个人或公司对本担保金都无权支取与使用。

为立此据，于　　年　月　日承包商在此签字盖章。担保人在本文件上加盖公章，并由其法定代表签字以示证明。

代表	代表
于　　年　月　日	于　　年　月　日
以　　资格	以　　资格
签字	签字
有　　在场证明	有　　在场证明
盖章	盖章

【例 3-5】预付款保函范例格式。

致：_____　（雇主名称）

_____　（雇主地址）

_____　（合同名称）

先生们：

根据上述合同第 13.2 款（"预付款"）的规定，_____（填入承包商名称与地址）（以下称为"承包商"）将向_____（填入雇主名称）　抵押一份金额为_____（保函金额）____（用文字表示）的保函，以保证他根据上述合同条款恰当而忠实地履约。

我们_____（银行或金融机构名称），接受承包商的委托，同意无条件的、不能撤销的不仅作为担保人并作为主要义务人，保证一接到_____（填入雇主名称）　的要求即向雇主支付款项。我方不享有任何拒付的权利，亦不要求雇主首先向承包商提出索赔。支付款项不超过_____（填入保函金额）　（以文字表示）。

我们进一步同意，合同条件、根据合同所实施的工程以及_____（填入雇主名称）与承包商所签署的任何其他文件的任何更改、增加或其他修正，均不解除我们在本保函的任何责任。我们在此放弃要求通知我们任何此类更改、增加或修正的权利。

在我们收到你方书面通知并说明根据合同已向承包商支付的每笔预付款数额之前，方不得据此保函提出任何索赔。

在你方书面正式通知我们承包商已归还某些款项，并向我们说明根据合同应从保函将该款项扣除，则我们在本保函中仍需承担的支付责任所涉及的金额应相应减少。

从根据合同支付第一笔预付款之日期起至＿＿＿＿（填入雇主名称）＿＿＿＿从承包商处回全部上述预付款之金额止，本保函均保持全部有效。

> 签字及盖章：
>
> 银行名称：
>
> 地址：
>
> 日期：

三、招标程序

（一）对投标人的资格审查

两阶段招标对投标人的资质、能力等条件要求较高，因此资格审查标准比一般招标时更高。公开招标时采用资格预审的方式进行，只有通过资格预审的投标人才可以参加投标；邀请招标则应在第一阶段评标过程中进行资格后审。有时某一投标人虽然报出的方案很好，当按工作范围及条件要求分析超过了其能力范围，为了保证项目的实施仍应判定资格不合格。

1. 投标人必须具备的资格条件

（1）投标人的国籍。使用世界银行贷款建设的工程项目，投标人必须是世行成员国、瑞士或台湾地区的承包商。如果借贷国有明确的法律政策规定不允许与台湾发生任何关系，则可以拒绝。

（2）资格审查方式。公开招标一般应采用资格预审的方式审查投标人的资格。如果未对投标人进行资格预审，招标人在定标前要按照招标文件中写明的应达到标准对可能的中标人进行资格后审。邀请招标通常采用资格后审。

（3）资格预审的主要内容。与第二章讨论的有关内容基本相同，主要分为以下三个方面：

1）经历和过去履行类似合同情况。

2）人员、设备或制造设施方面能力。

3）财务状况。

（4）合格条件。资格预审的方法与第五章讨论的有关内容基本相同，其特殊规定表现为：

1）在满足基本条件和强制性条件基础上，凡按照资格预审的评分办法，得分达到总分80％以上的投标人均具备投标资格，不允许限制数量而违背公平竞争原则。

2）为了保证投标竞争的公平和公正，投标人（包括联合体投标的所有成员及投标人所有的分包人）不应隶属于以下情况的公司或单位：在本工程或作为本项目组成部分工程的准备阶段提供过咨询服务的公司或实体；已经受聘为（或准备聘为）本合同的工程师。

3）不属于以前由于腐败行为或欺诈行为已被世行列入不定期或定期时间内不能授予合同名单的投标人。"腐败行为"是指招标投标或履行合同过程中，为了影响本单位以外其他人的行为而提供、给予、接受或索取任何有价物品的行为。"欺诈行为"指为了影响招标或合同的履行而隐瞒事实，从而对发包人造成损害的行为，其中包括投标人之间为使投标价格建立在人为的无竞争性水平，使发包方无法从自由公开的竞争中得到利益的串通行为，即通常所称的围标。

4）对在一段时间内要授予的几组合同进行资格预审，可以根据投标人的资源情况对授予任一投标人的合同数量或总金额确定一个限额。

2. 对本国投标人享受评标优惠条件的资格审定

（1）世行对本国投标人优惠的原则。世界银行制定对借款国投标人享受评标优惠政策是基于以下几方面的考虑：

1）世行的基本宗旨是不仅帮助发展中国家发展经济，而且鼓励发展本国的制造业和承包业。在国际竞争性招标中，鼓励借款国厂家参加投标竞争，但由于发展中国家制造业一般缺乏先进技术和现代化管理技能，达不到有效的规模经济，因而不能在同一基础上同发达国家的制造商竞争。

2）对借款国制造业来说，所制造的产品中有相当一部分原材料和零配件需要进口，在进口这部分原材料和零部件时要缴纳关税和进口税，这部分支出也必然要包括在借款国制造商的报价中。

3）对于项目单位来说，进口项目所需的设备、原材料必须缴纳关税和其他进口税。因此，采购进口产品的实际费用是货物的到岸价加上关税和其他进口税。鉴于外商的报价只是到岸价而不包括关税和其他进口税，所以评标时有理由在外国投标商的报价之上加上关税和其他进口税的数额。

本国投标人应提供所有必要的证明文件，以证实他们的投标书有享受评标优惠的资格。

（2）土建工程国际公开招标可享受评标优惠的条件。

1）国内投标人独立投标。在中华人民共和国注册的公司；公司的绝大部分所有权应属于中华人民共和国公民所有；准备分包给外国承包商的合同工程，按合同价值（扣除暂定金额）计算，不得超过50%；满足招标资料表中规定的其他标准。

2）中外联合体承包单位享受的优惠条件。如果国内承包商和外国承包商组成联合体，只有满足下列条件才能享受优惠：国内的一个或几个合伙人分别满足上述作为独立投标人的优惠条件；或国内合伙人或合伙人们应证明他们在联合体中的收益不少于50%，并通过联合体协议中的利润和损失分配条款加以证实；国内一个或几个合伙人按联营方案，至少应完成除去暂定金额外合同价格50%的工程量，且这50%中不应包括国内合伙人拟进口的任何材料或设备；满足招标资料表中规定的其他标准。

（3）货物采购国际公开招标可享受评标优惠的条件。

1）全部在国内生产的货物。

2）部分在国内生产的货物，但必须满足以下条件：在本国制造货物的制造成本中，国内增值部分不得低于出厂价的30%。国内增值是指从原材料到最后装配的制造成本中所包含的国内劳务投入、国内的材料部分、国内的管理费和利润；投标人报的国内制造的货物应该是通过组装、加工而成的商业上公认的最终产品，比如：锅炉、电缆、设备、管道、车辆等，其基本特征与原部件或基本材料有着实质性的区别；将要制造或组装该货物的生产设施，至少从提交投标书之日起已开始制造或组装该类货物；国内制造的货物要满足技术规格的要求；国内制造的货物可以直接由制造厂家提供，也可通过代理来提供，但制造厂家必须在借贷国有一个真正的制造单位来生产这一产品。

（二）第一阶段招标

第一阶段属于工程项目实施方案选择阶段，投标人按招标文件的要求首先投"技术标"，说明项目的设计方案和实施计划。技术标内不允许附带报价，否则视为废标。

招标人在投标须知规定的时间和地点进行公开开标，会上可以由招标人宣读各投标书的内容，也可以请投标人自己讲解各自递交的投标方案。公布投标人的方案体现公平、公正、公开的原则，但不涉及具体细节以保护方案的知识产权。会后转入评标阶段，由评标委员会对各投标方案进行评审，找出每个方案的优点和缺点，淘汰那些不可接受的方案。

由于各投标人对规划招标项目的出发点不同、设计方案的指导思想不同、实现的方法不同，在可以接受的方案中会有不同利弊的反映。在对各投标书评审的基础上，招标人和评标委员会将单独约请各投标人举行澄清问题会，请其阐述投标书中主要指导思想、最终建筑产品预计达到的技术和经济指标、方案的实施计划细节等有关内容，并提出对其方案的具体改进要求。与每一个可接受方案投标人分别会谈后，将各投标书中存在的共性问题再发出招标文件的补充文件，请第一阶段合格的投标人修改投标方案后进行第二阶段投标。第一阶段不涉及报价问题，因此称为非价格竞争，第二阶段才进行价格竞争。

（三）第二阶段招标

投标人在投标须知规定的投标截止日期以前要报送分别包封的"修改技术标"和"商务标"。在招标的第二阶段将选定中标人，主要工作程序如下。

1. 召开第二次开标会

在招标文件规定的时间和地点进行公开开标，虽然投标人递交了修改后的技术标和就此方案编制的商务标，但会上只宣读修改后的技术标，不开商务标。凡在第一阶段被淘汰的标书，不允许投标人修改后再参加第二次投标。

2. 第二阶段评标

（1）评标委员会首先检查各投标书是否按照第一阶段提出的要求作了响应性的修改，未达到要求的标书将予淘汰。

（2）分别对各标书进行方案、设计标准、预期达到的经济技术指标、实施计划和措施、质量保证体系、实施进度计划、工程量和材料用量等方面的详细评审。

（3）对投标书中的不明确之处，召开澄清问题会要求投标人予以说明，并形成书面文件作为投标书的组成部分。

（4）对各技术标的优劣进行横向比较，选出几个较好的投标人。

（5）开启技术标被选中投标人的商务标，此时可不公开开标。技术标未通过者，商务标原封不动退还给投标人。技术标与商务标不同时启封，是为了避免评标委员因商务标中的报价和优惠条件而影响对优秀技术方案的客观选择。优秀的建设方案是发包人采取两阶段招标法的最主要目的。

（6）审查各商务标时，首先检查是否对招标文件作出了实质性响应，如是否对合同条款中规定的基本义务有实质性背离，以及投标书说明的优惠条件接受的可能性等。然后分析报价组成的合理性。

（7）确定投标书的排序。对实质性响应的投标书排序的原则是：总报价在发包人可接受的范围的、方案明显最优者排序在前，因为投标人实施项目后的预期利润高低对项目总投资影响所占比重很小，而方案的先进性是发包人的最大收益；技术方案同等水平的投标书，按照对投标报价、技术保证措施、实施进度计划等方面的综合评比确定排列次序。

（四）定标

发包人依据评标委员会作出的评标报告和推荐中标人与备选中标人进行谈判，落实合同条款的内容和实施过程中的细节安排，最终定标签订承包合同。

第四节　境内国际工程项目招标文件的明晰度要求

招标文件是投标人据以编制投标书、计算投标报价、确定投标策略、参加投标竞争的依据，也是形成未来承包合同的基础，因此招标文件应有足够的明晰度，提供投标所需的所有信息。虽然招标文件的详细程度和复杂程度将视招标包和合同的大小及性质不同而有所差异，但下列信息应该清晰明了。

一、招标工程概况

（一）单个合同的规模和范围

如果一次招标时发几个合同包均要叙述明确，不要使投标人产生误解，包括单项投标和组合投标的要求。因为这种情况下，投标人可以根据自己的意愿选择只投其中某一个合同包、几个合同包或所有合同包。

（二）每个合同包所选择的合同类型

可以是总价合同、单价合同、成本加酬金合同，或某几种方式的结合。若为几种结合方式，需明确说明各适用于工程的哪一部分。

（三）对投标人的资格要求

包括对投标人应达到的最低资格要求、审查资格的方式、通过资格审查的条件等。

二、编制投标文件的注意事项

（一）投标保证

包括投标保证的形式、金额和有效期。

（二）使用语言

即编制资格预审文件和招标文件应使用的语言，该语言将作为未来合同的主导语言。

（三）评标主要考虑的要素

应明确说明评标时将考虑的除价格以外的任何评标因素，以及如何将这些因素量化或据以进行评估。如果允许采用替代的设计方案、材料、完成时间和付款条件等来进行投标，应对接受它们的条件和对它们的评价方法作出明确说明。

（四）规范标准

虽然要确保所采购货物、土建工程的关键性能或其他要求，但招标文件中引用的标准和技术规格应促使最广泛的可能的竞争。因此应尽最大可能规定采用国际上认可的标准，比如，国际标准组织发布的设备或材料或工艺应符合的标准。如果没有国际标准或者国际标准不适用的话，可以规定采用本国标准。在所有情况下，招标文件应该说明符合其他标准的设备、材料或工艺，只要保证至少实质上相同，也是可以接受的。

技术规格应以相关的特性或性能要求为依据，避免引用具体商标名称、产品目录号或类似的分类。如必须引用某一具体制造商的商标或产品目录号以澄清在其他方面不完整的技术规格时，则应在该参照后面加上"或相当于"的字样。技术规格应允许接受特征相似的和提供的性能至少与规定的性能指标实质相等的货物。

（五）合同条款

应该明确规定将要履行的工作范围、需提供的货物、借款人和供货人或承包人各自的权利和义务，以及如果发包人聘请土建工程师、建筑师或施工经理从事合同监理和管理时，他们的职责和授权。除合同通用条款外，合同文件应包括为拟采购的具体货物或土建工程及项目所在地特别制定的任何合同专用条款。

（六）报价中涉及的有关问题

1. 合同价格调整的规定

为了能使投标人在编制投标书阶段合理预见合同履行过程中因市场价格浮动的影响，招标文件应说明本合同是采用固定价格还是可调价格的方式。一般土建工程的合同工期在18个月内采用固定价格合同，超过18个月则应采用可调价合同。若为可调价合同时，投标人在报价中可以不必考虑价格浮动的风险，按现有价格计算报价，实施过程中按合同约定的调价方法分配双方的风险。此时，应在招标文件内明确说明调价的方法以及允许调价的要素。按照正常商业惯例，对某些种类的设备可获得固定价格而不管交货期的长短，在这种情况下，不需要价格调整条款。

2. 运输和保险

应允许供货人和承包人从任何合格的来源安排运输和保险，招标文件应说明投标人要提供的保险种类和条件。就土建工程来说，通常应规定承包人投工程一切险的保单格式。对于多个承包人在同一现场的大型项目，也可以由发包人负责办理最终保险或全项目保险。

对于货物采购，如果发包人希望把进口货物的运输和保险保留给本国公司或其他指定来源，应要求投标人除报到岸价 CIF（目的港）或运费保险付至（目的地）价 CIP 以外，还要报离岸价 FOB（启运港）或成本运费价 CFR（目的港）。选择最低评标价的投标应根据 CIF 或 CIP 价格，但是借款人可以按照 FOB 或 CFR 条件签订合同并自行安排运输和（或）保险。在这种情况下，世行贷款只支付 FOB 或 CFR 成本价。

3. 货币规定

招标文件中应对投标人可以选择的投标货币和评标使用的货币币种，以及为比较投标书将不同货币表示的报价换算成单一货币的程序等予以说明。

（1）投标货币。按照世行的规定，招标文件应该说明投标人可以使用世行任何会员国的货币报价，也可使用欧洲货币单位报价。这样规定的目的是：

1）保证投标人有可能使投标货币和付款货币之间的汇率风险最小化，从而提供其最好的价格。

2）给软货币国家的投标人提供使用强货币的选择，即投标人可以不以本国货币报价，而选择其他任意币种投标，从而为其投标报价提供一个更坚实的基础。

3）确保评标过程的公正和透明。

如果投标人希望用不同的外国货币表示总金额报价时，前提条件是报价中不能超过三种外国货币，而且招标文件可以要求投标人说明投标价中用发包国货币表示的国内费用所占的百分比。在设备采购合同中，投标人可能需求的硬通货较多。在土建工程的招标文件中可以规定投标人全部使用当地货币报价，并提出使用不超过三种由其选择的外国货币支付的要求。投标人需列出这些投入物、各种货币的付款要求及占投标价的百分比，以及进行该计算时使用的汇率。

（2）评标货币。为了比较投标，需对投标人使用的各种投标货币换算为统一的货币进行比较。投标价是投标人要求的用各种货币付款的总金额。为便于价格比较，应将投标价换算成发包人选定的并在招标文件中规定的一种货币（当地货币或完全可自由兑换的外国货币）。应使用事先选定的某一天官方来源（如中央银行）或某商业银行或国际发行的报纸上为类似交易而公布的那些货币的卖出价（汇率）进行这种转换，这些汇率来源和日期应在招标文件中规定，条件是该日期不得早于截标日前四周，不得晚于原投标有效期期满日。

（3）支付货币。合同履行过程中，应按投标中表示其标价的某种货币或几种货币支付合同价款。如果要求用当地货币报价，但按投标价的一定百分比支付外币，付款时使用的汇率应为投标人在投标书中确认的汇率，以确保投标价中外币部分的价值不发生损益。

三、招标工作程序说明

1. 主要工作程序的安排

发包人组织现场考察、标前会议、开标等工作的时间、地点和对投标人的要求。

2. 对投标人提交替代方案的规定

（1）是否接受投标人提出与招标文件要求不完全一致的替代方案投标，取决于招标文件的规定。如果发包人允许投标人提出替代方案，应在投标须知中明确说明。若无此规定，则评标时不予考虑。

（2）当投标须知说明允许提出替代方案时，投标人必须首先提交满足招标文件要求的合格投标书（包括满足图纸和技术规范的施工组织设计、技术方案等）后，才可能考虑替代方案。因为每一个投标人都应按照招标文件的要求进行投标，以体现平等竞争，对没有递交正常投标书只递交替代方案或投标书不满足招标文件的规定时，替代方案都不予评审。

（3）能够提出优于招标文件要求的替代方案，体现了该投标人的技术和能力优势，投标人应提交供评审和选择其替代方案所需的全部资料，包括设计计算书、技术规范、单价分析表、所建议的施工方法及有关的其他详细材料，然后单独注明该方案的投标价格。

（4）替代方案应与正式投标书分别包封。

（5）在土建工程中，发包人只考虑根据基本技术要求提交了最低评标价格的投标人所提交的替代方案。

（6）投标截止日期后提出的任何替代方案不再考虑。

3. 投标书评审比较考虑的要素

招标文件应说明评标的原则和方法，明确除了价格因素之外在评标中需考虑的其他有关因素，以及如何运用这些因素来确定最优投标。世行规定：

（1）货物和设备评标。可以采用评标价法或综合评分法评标，评标时考虑的其他一些因素包括：运到指定现场的内陆运费和保险费、付款时间表、交货期、运营成本、设备的效率和可配套性、零备件和售后服务的可获得性，以及相关的培训、安全性和环境效益。

除价格以外，用以确定最低评标价投标的因素应在实际可能的范围内尽量货币化，或在招标文件的评标条款中给出相应的权重。

（2）土建工程和交钥匙合同评标。承包人负责交纳所有关税和征收的其他税费，投标人在准备其投标书时应考虑这些因素，对投标书的评价和比较应以此为基础。

1）土建工程的评标应严格按货币化的方式进行，即采用评标价法。

2）不允许用预先编制的标底作为衡量投标书优劣的标准。世行采购指南中明确规定，任何因投标超过或低于某一事先确定投标估值即被自动淘汰的程序都是不能接受的。

3）如果时间是个关键因素，则只有在合同条款中规定对未能按期完工的承包人进行相应处罚的情况下，评标时才可以根据招标文件中规定的标准把提前完工给发包人带来的好处折算为价值考虑进去。

4. 投标有效期延长的规定

发包人应在招标文件规定的投标有效期内完成评标和授标。但如有特殊情况必须延期时，需在投标有效期截止日之前，以书面形式要求所有投标人延长投标有效期。延长期应为完成评标、获得必要的批准以及授标所需的最短时间。投标人可以接受或拒绝有效期的延长。如果同意延长，则需相应延长投标保证的有效期，且不得以投标有效期的延长为理由要求修改投标书。投标人若拒绝延长则不构成投标人违约，投标保证金按原定期限失效而不能被没收，但其却失去了中标的资格。

5. 拒绝所有投标的说明

招标文件的投标须知中通常都应规定发包人有权拒绝任何标书或所有投标条款。但在招标过程中应注意，拒绝所有投标只有在缺乏有效的竞争，或所有投标书都未对招标文件作出实质性响应的情况下才是正当的。但是，缺乏竞争性不应仅仅以投标人的数量来确定。如果拒绝了所有投标，在重新招标之前，发包人应当审议拒标的原因，并考虑对合同条款、设计和规格、合同范围，或所有这些作出修改。不允许单纯为了获得更低的价格而拒绝所有投标，并以同样的招标和合同文件重新招标。在拒绝所有投标、重新招标或与最低评标价的投标人进行谈判之前，应事先征得银行的同意。世行允许的做法包括：

（1）拒绝所有投标是因为参加投标人过少而缺乏竞争性，应考虑扩大招标广告的范围重新招标。

（2）拒绝所有投标是因为大部分或所有投标都没有实质响应招标文件的要求，可以邀请原来通过资格预审的公司，或在征得世行的同意后只邀请那些在第一次招标中提交了投标书的投标人提交新的投标书。

（3）如果具有响应性的最低评标价的报价大大超过发包人的标前费用估算值（一般应超过20%以上）而导致失去购买能力，应调查费用过多的原因，并考虑重新招标。

第五节　国际工程招标货币换算及评标优惠

一、为评标比较进行的货币换算

（一）投标人选择的货币种类

投标人的报价费用中可以选择工程所在国的当地货币，也可以选择除当地货币之外不多于三种世行成员国的货币进行报价。按照世行的规定，招标文件中可以使用以下两种方式中的任一种对投标人作出要求。

1. 按百分比计算外币部分

投标人按招标文件中的招标资料表和合同专用条款的规定，以发包方所在国的货币（如人民币）或某一种通用货币（如美元）报出其单价和价格，对其他种类的外币（如马克、法郎等）需求部分以百分比的形式分项列出。投标书需说明所采用的折算汇率，通常按投标截止日期以前第 28 天工程所在国中央银行公布的该币种卖出价汇率。合同实施过程进行支付和结算时，在承包方应得工程款中按投标书中要求的百分比支付相应的外币。

2. 按币种报出需求计划

投标人可以按照工程不同部分对各种外币的需求分别计算单价和价格。在工程所在国的工程投入量应取用当地货币报价，预计从工程所在国以外提供的工程投入，按所选择的币种报价。合同实施过程进行支付和结算时，区别不同工作内容按投标书的要求支付相应币种的货币。投标书对所报出的合同总价，也应说明所取用的投标汇率。

（二）评标汇率换算投标价格

由于国际货币间的汇率变化无常，在评标时还应按招标文件中规定日期工程所在国中央银行公布的卖出价汇率（或国际报刊公布的当日卖出价汇率）对投标书的报价进行汇率换算，以比较投标价格的高低。这个规定日期为投标截止日前 4 周，最迟也不得晚于招标文件规定的投标有效期期满日，通常较多采用开标日。

1. 以百分比支付外币的换算

（1）将投标书报出的总价按写明的需求币种、要求的百分比和投标取用的汇率，计算出不同币种的相应金额。计算时不包含暂定金额，但包括有竞争性的计日工报价。

（2）再将各币种要求的金额按评标汇率换算成评标使用的币种（人民币或美元）。

（3）汇总出评标所需用的投标总价。

2. 不同币种报价的换算

由于投标书内已经详细列明了各币种的需求量，只需按评标汇率予以换算和汇总。

二、评标优惠

（一）对本国投标人的评标价优惠

为了鼓励本国投标人参加竞争，对满足前述本国投标人（独立投标或作为联合体成员投标）享受评标优惠条件的投标书，如果是土建工程投标，可享受 7.5% 的评标价优惠；若为设备供货的投标，可享受 15% 的评标价优惠。

1. 土建工程评标优惠

（1）将所有合格的投标书分为两组：A 组为享受优惠的国内投标人提交的标书，B 组为其他投标人的标书。

（2）对 B 组的每个投标书在其报价的基础上增加投标金额的 7.5% 作为评审的基础价，A 组的报价不变。

（3）进行综合评审后，确定最低评标价的投标书。

2. 设备供货评标优惠

（1）首先把符合要求的投标分成三组：A 组为享受优惠本国制造的而且制造成本中

国内增值部分不低于出厂价 30％ 的货物；B 组为本国提供的但制造成本中国内增值部分低于出厂价 30％ 的货物或已在境内的外国货物；C 组为从国外直接进口的货物。A 组和 B 组的报价要按在本国的出厂价、展厅价或现货价报价，并注明国内增值的百分比。C 组要按到岸价报价。

（2）A 组投标人报的出厂价中应包括在国内市场上购买的或进口的基础材料、部件已缴纳或将要缴纳的所有关税和其他税。同样，B 组投标人的报价中应该包括对零部件和原材料征收的所有关税和其他税。A 组投标人和 B 组投标人的报价中不应包括对制成品征收的销售税和类似的税。C 组投标人的报价应该是 CIP 到岸价或 CIP 边境交货或其他目的地交货的价格，不包括关税和其他进口税。

（3）对每组中所有经评审的投标在本组内进行比较，以确定本组中评标价最低的投标。

（4）然后将每组的最低评标价进行相互比较。如果比较的结果是 A 组或 B 组中某个投标的评标价最低，则应选择该最低评标价的投标授予合同。此阶段 A 组与 B 组的投标人享受同等待遇。

（5）按照上述比较的结果，如果评标价最低的投标出自 C 组，则应在每个 C 组投标提供的进口货物的评标价上，仅作为进一步比较的目的在其报价上加上一笔金额。该金额应相当于以下两种情况中较低者：

1）不享受关税减免的进口商进口该 C 组投标提供的货物时，必须缴纳的关税和其他相关进口费用的金额。

2）该种货物 CIF 或 CIP 投标价的 15％（如果上述关税和费用总和超过这种货物 CIF 到岸价或 CIP 投标价的 15％）。

（6）然后将 C 组中的所有投标再与 A 组中最低评标价的投标进行比较。如经进一步比较，A 组投标的评标价最低，就应该中选被授予合同；反之，则应选择根据以上步骤进行比较后确定的出自 C 组最低评标价的投标。此时 B 组的投标书不再参加比较。

3. 设备供货评标优惠的适用条件

除了前述投标人需满足的条件之外，按照世行的规定还要注意以下几个问题：

（1）土建工程评标的优惠只适用于借款国的人均国民收入水平低于世行规定标准以下的发展中国家，而设备供货的优惠不论借款国的人均收入和工业化程度高低都适用。

（2）国内优惠通常是对整个采购包来说的，不适用于一个采购包中某些部分或某些内容。这主要是因为除设备之外，一个包中可能会包括其他的服务内容，比如设计、监督、安装和相关的土建工程，这些内容根据世界银行的采购规定不能享受优惠。

（3）享受部分评标优惠的方法。对于单一责任制的合同，如供货和安装合同或交钥匙合同，其中许多可分立的设备品目被捆在同一个合同包中，在此情况下，国内优惠只适用于该合同包中属于独立承担责任的国内制造设备，而不是整个合同包。如采购大型电站或工业成套设备，一个采购包中可能会包括许多品目，其中某些采购的品目是可以单独分开的、而且又能明显地识别出，比如锅炉、发电机组、压缩机等。从国内的供货能力看，作为合同的某一独立责任部分国内厂家能够提供一个采购包中的一些主要设备，但并不是全部的设备。按照世界银行采购指南规定的组别划分方法，就没有办法将这类投标归类，因为它既进不了 A 组，也入不了 B 组和 C 组。对于这种情况，世行采购指南说明，在投标书内应要求按以下原则报价：

　　1）国外供应的设备应该报 CIF 价或 CIP 价，不享受优惠。

　　2）国内供应的设备应报出厂价（不包括销售税和其他类似的税），可享受优惠。

　　3）所有其他部分，比如设计、土建工程、安装、监督，应单独报价，不享受优惠。

　　这种投标不能按 A、B、C 三组划分。在比较投标时，只应在提供来自国外投标人设备的每个投标中的 CIF 或 CIP 价格部分上，加上不享受关税减免的进口商所应缴纳的适用关税和其他税，或报价的 15％（以低者为准）后进行比较，取评标价最低者。如果一个包中各项设备的关税不同，就应该采用对每件设备适用的关税。包含在合同包中的任何相关服务或土建工程不能享受优惠。

　　应予注意的是：

　　1）在决定采用这种优惠方法时，要事先征得世界银行的同意。

　　2）招标文件中要明确规定如何投标，如何计算国内优惠，如何进行评标。

　　3）开标之后不得允许投标人修改国内和国外的供货内容。

　　4）交钥匙合同中的相关土建工程部分不能享受国内优惠。

　　（二）对两个以上合同包中标的投标人评标价优惠

　　在某些情况下，如果土建工程招标同时发几个合同包，符合资格的投标人可以投其中的一项、几项或全部合同包。为了鼓励实力较强的投标人承担更多的施工任务且能减少发包人的实施管理费用，世行允许在招标文件中说明，如果投了两项以上项目，则在评比价格时可将其报价总额减少一定百分比后（如 4％），再与其他投标人的标书进行比较。

　　【例 3-6】　印尼萨古林电站一次招标同时发四个合同包：第一项是坝和溢洪道包；第二项是输水管道包；第三项是电站厂房和开关站包；第四项是闸门包。招标文件中明确规定，投标人可以选择投标币种但以美元作为评标货币；如果投标人承担两个以上的项目，可以享受 4％ 的评标价优惠。前三项的投标情况如表 3-1 中所示。由于第四项评标比较正常，故未列入表内。

表 3-1　　　　　　　　　　　印尼萨古林电站投标情况表

工程项目	投标人	报价（万美元）	评标委员会推荐中标人	世行批准中标人
坝和溢洪道	杜梅兹（法） 鹿岛（日） 海安达（韩） 青木（日） 青水（日）	6550 7820 7920 8060 8250		
输水管道	海安达（韩） 5 月 5 日招标值 SBTP（法） 5 月 5 日招标值 洛辛格（瑞士） 大成（日） 鹿岛（日）	7270 7260 7330 6730 8230 8550 8760		

续表

工程项目	投标人	报价（万美元）	评标委员会推荐中标人	世行批准中标人
电站厂房和开关站	前田（日）	3680		
	海安达（韩）	3970		
	杜梅兹（法）	4000		
	鹿岛（日）	4330		
	洛辛格（瑞士）	4660		

由咨询公司组成的评标委员会评审后，向世行的评标报告内推荐中标人分别为：

第一项为鹿岛公司。理由是虽然杜梅兹比鹿岛报价低，但计划投入的施工机械不能承担此项工程。如果补充施工机械，将会增加报价。

第二项为 SBTP 公司。理由是在报价中虽然是第二最低标，但用 5 月 5 日的评标汇分别对 SBTP 公司和海安达公司的报价进行换算后，其标价低于第一低标的价格。

第三项为前田公司。理由是他的报价最低。

世行收到评标报告后派去工作组，对各项报价进行了详细的研究和对比后，同意第二项的推荐中标人，但对第一和第三项推荐的中标人表示了不同意见。世行工作组认为在满足招标文件的有关要求及技术方案合理的情况下，无特殊理由时应取报价最低的标。为此，与业主和咨询公司协商后共同召集几个投标人分别开会，让他们澄清对投标案的设想和有关问题。杜梅兹公司表示同意咨询公司的看法，但他们表示可以再增加部分施工机械保证有足够的能力承担这项施工且不改变报价。在此前提下，世行同意让杜梅公司中标承包第一项工程。

对于第三项工程的比较来说，由于杜梅兹公司在第一项中标，因此要对综合价格进重新比较。针对第三项评比是：杜梅兹公司应享受组合报价的 4% 评标价优惠。则组合评标价为：

$$(6550 + 4000) \times (1 - 0.04) = 10128$$

前田公司在第一项内没有参与投标竞争，为了体现评标的公平性，第一项报价取用梅兹公司的投标价，则前田公司的组合报价为：

$$6550 + 3680 = 10230$$

经过上述组合标价的比较，所以第三项应授予杜梅兹公司。如果考虑第二项比较时法郎贬值，杜梅兹的组合价会更低。

评述：此案例是世行在很多文件中都推荐的实例，其中反映了如下几个问题：

（1）在投标书实质性地对招标文件予以响应后，不要因某些偏离而予以放弃，可通过澄清会的形式由投标人加以澄清，并将澄清的问题经过投标人确认后作为投标书的组成部分。

（2）允许投标人选择支付货币的币种时，要用招标文件确定日期的评标汇率对各标书的报价加以换算，有可能在此期间因汇率的变化改变报价次序。

（3）评标优惠的计算是对组合标价而言，不是针对单一合同包。如果仅就第三项价给杜梅兹公司 4% 的优惠，则其折算价格为 3840 万美元，仍高于前田公司的报价。

（4）对组合报价的评标优惠只适用于投标人在其中的某一合同包中标情况，这样才会对招标人有利。虽然海安达公司在三个项目上都投了标，但由于其在哪一项都未中标，因此组合标价的优惠条件对此不适用。

思 考 题

1. 什么是国际竞争性招标？其优劣势有哪些？
2. 简述国际竞争性招标与国际有限招标的适用范围？
3. 简述境内国际工程两阶段招标的程序？
4. 简述境内国际工程两阶段招标编制投标文件注意事项？
5. 简述国际工程招标评标优惠及使用条件？

第四章 建设工程合同管理法律基础

第一节 合同法律关系

一、合同法律关系的构成

（一）合同法律关系的概念

法律关系是一定的社会关系在相应的法律规范的调整下形成的权利义务关系。法律关系的实质是法律关系主体之间存在的特定权利义务关系。合同法律关系是一种重要的法律关系。

合同法律关系是指由合同法律规范所调整的、在民事流转过程中所产生的权利义务关系。合同法律关系包括合同法律关系主体、合同法律关系客体、合同法律关系内容三个要素。这三要素构成了合同法律关系，缺少其中任何一个要素都不能构成合同法律关系，改变其中的任何一个要素就改变了原来设定的法律关系。

（二）合同法律关系主体

合同法律关系主体，是参加合同法律关系，享有相应权利、承担相应义务的当事人。合同法律关系的主体可以是自然人、法人、其他组织。

1. 自然人

自然人，是指基于出生而成为民事法律关系主体的有生命的人。作为合同法律关系主体的自然人必须具备相应的民事权利能力和民事行为能力。民事权利能力是民事主体依法享有民事权利和承担民事义务的资格。自然人的民事权利能力始于出生，终于死亡。民事行为能力是民事主体通过自己的行为取得民事权利和履行民事义务的资格。根据自然人的年龄和精神健康状况，可以将自然人分为完全民事行为能力人、限制民事行为能力人和无民事行为能力人。《民法通则》在民事主体中使用的是"公民"一词，公民是指取得一国国籍并根据该国法律规定享有权利和承担义务的自然人。自然人既包括公民，也包括外国人和无国籍人，他们都可以作为合同法律关系的主体。

2. 法人

法人是具有民事权利能力和民事行为能力，依法独立享有民事权利和承担民事义务的组织。法人是与自然人相对应的概念，是法律赋予社会组织具有人格的一项制度。这一制度为确立社会组织的权利、义务，便于社会组织独立承担责任提供了基础。

法人应当具备以下条件：

（1）依法成立。法人不能自然产生，它的产生必须经过法定的程序。法人的设立目的和方式必须符合法律的规定，设立法人必须经过政府主管机关的批准或者核准登记。

（2）有必要的财产或者经费。有必要的财产或者经费是法人进行民事活动的物质基础，它要求法人的财产或者经费必须与法人的经营范围或者设立目的相适应，否则不能被批准设立或者核准登记。

（3）有自己的名称、组织机构和场所。法人的名称是法人相互区别的标志和法人进行活动时使用的代号。法人的组织机构是指对内管理法人事务、对外代表法人进行民事活动的机构。法人的场所则是法人进行业务活动的所在地，也是确定法律管辖的依据。

（4）能够独立承担民事责任。法人必须能够以自己的财产或者经费承担在民事活动中的债务，在民事活动中给其他主体造成损失时能够承担赔偿责任。

法人的法定代表人是自然人，它依照法律或者法人组织章程的规定，代表法人行使职权。法人以其主要办事机构所在地为住所。

法人可以分为企业法人和非企业法人两大类，非企业法人包括行政法人、事业法人、社团法人。企业法人依法经工商行政管理机关核准登记后取得法人资格。企业法人分立、合并或者有其他重要事项变更，应当向登记机关办理登记并公告。企业法人分立、合并，它的权利和义务由变更后的法人享有和承担。有独立经费的机关从成立之日起，具有法人资格。具有法人条件的事业单位、社会团体，依法不需要办理法人登记的，从成立之日起，具有法人资格；依法需要办理法人登记的，经核准登记，取得法人资格。

3. 其他组织

法人以外的其他组织也可以成为合同法律关系主体，主要包括：法人的分支机构，不具备法人资格的联营体、合伙企业、个人独资企业等。这些组织应当是合法成立、有一定的组织机构和财产，但又不具备法人资格的组织。其他组织与法人相比，其复杂性在于民事责任的承担较为复杂。

（三）合同法律关系的客体

合同法律关系客体，是指参加合同法律关系的主体享有的权利和承担的义务所共同指向的对象。合同法律关系的客体主要包括物、行为、智力成果。

1. 物

法律意义上的物是指可为人们控制、并具有经济价值的生产资料和消费资料，可以分为动产和不动产、流通物与限制流通物、特定物与种类物等。如建筑材料、建筑设备、建筑物等都可能成为合同法律关系的客体。货币作为一般等价物也是法律意义上的物，可以作为合同法律关系的客体，如借款合同等。

2. 行为

法律意义上的行为是指人的有意识的活动。在合同法律关系中，行为多表现为完成一定的工作，如勘察设计、施工安装等，这些行为都可以成为合同法律关系的客体。

3. 智力成果

智力成果是通过人的智力活动所创造出的精神成果，包括知识产权、技术秘密及在特定情况下的公知技术。如专利权、计算机软件等，都有可能成为合同法律关系的客体。

（四）合同法律关系的内容

合同法律关系的内容是指合同约定和法律规定的权利和义务。合同法律关系的内容是合同的具体要求，决定了合同法律关系的性质，它是连接主体的纽带。

1．权利

权利是指合同法律关系主体在法定范围内，按照合同的约定有权按照自己的意志作出某种行为。权利主体也可要求义务主体作出一定的行为或不作出一定的行为，以实现自己的有关权利。当权利受到侵害时，有权得到法律保护。

2．义务

义务是指合同法律关系主体必须按法律规定或约定承担应负的责任。义务和权利是相互对应的，相应主体应自觉履行相对应的义务。否则，义务人应承担相应的法律责任。

二、合同法律关系的产生、变更与消灭

（一）法律事实的概念

合同法律关系并不是由合同法律规范本身产生的，合同法律关系只有在具有一定的条件下才能产生、变更和消灭。能够引起合同法律关系产生、变更和消灭的客观现象和事实，就是法律事实。法律事实包括行为和事件。

合同法律关系是不会自然而然地产生的，也不能仅凭法律规范规定就可在当事人之间发生具体的合同法律关系。只有一定的法律事实存在，才能在当事人之间发生一定的合同法律关系，或使原来的合同法律关系发生变更或消灭。

（二）行为

行为是指法律关系主体有意识的、能够引起法律关系发生变更和消灭的活动，包括作为和不作为两种表现形式。

行为还可分为合法行为和违法行为。凡符合国家法律规定或为国家法律所认可的行为是合法行为，如：在建设活动中，当事人订立合法有效的合同，产生建设工程合同关系；建设行政管理部门依法对建设活动进行的管理活动，产生建设行政管理关系。凡违反国家法律规定的行为是违法行为，如：建设工程合同当事人违约，导致建设工程合同关系的变更或者消灭。

此外，行政行为和发生法律效力的法院判决、裁定以及仲裁机构发生法律效力的裁决等，也是一种法律事实，也能引起法律关系的发生、变更、消灭。

（三）事件

事件是指不以合同法律关系主体的主观意志为转移而发生的，能够引起合同法律关系产生、变更、消灭的客观现象。这些客观事件的出现与否，是当事人无法预见和控制的。

事件可分为自然事件和社会事件两种。自然事件是指由于自然现象所引起的客观事实，如地震、台风等。社会事件是指由于社会上发生了不以个人意志为转移的、难以预料的重大事变所形成的客观事实，如战争、罢工、禁运等。无论自然事件还是社会事件，它们的发生都能引起一定的法律后果，即导致合同法律关系的产生或者迫使已经存在的合同法律关系发生变化。

三、代理关系

（一）代理的概念和特征

代理是代理人在代理权限内，以被代理人的名义实施的、其民事责任由被代理人承担的法律行为。代理具有以下特征。

1. 代理人必须在代理权限范围内实施代理行为

无论代理权的产生是基于何种法律事实，代理人都不得擅自变更或扩大代理权限，代理人超越代理权限的行为不属于代理行为，被代理人对此不承担责任。在代理关系中，委托代理中的代理人应根据被代理人的授权范围进行代理，法定代理和指定代理中的代理人也应在法律规定或指定的权限范围内实施代理行为。

2. 代理人以被代理人的名义实施代理行为

代理人只有以被代理人的名义实施代理行为，才能为被代理人取得权利和设定义务。如果代理人是以自己的名义为法律行为，这种行为是代理人自己的行为而非代理行为。这种行为所设定的权利与义务只能由代理人自己承担。

3. 代理人在被代理人的授权范围内独立地表现自己的意志

在被代理人的授权范围内，代理人以自己的意志去积极地为实现被代理人的利益和意愿进行具有法律意义的活动。它具体表现为代理人有权自行解决他如何向第三人作出意思表示，或者是否接受第三人的意思表示。

4. 被代理人对代理行为承担民事责任

代理是代理人以被代理人的名义实施的法律行为，所以在代理关系中所设定的权利义务，当然应当直接归属被代理人享受和承担。被代理人对代理人的代理行为应承担的责任，既包括对代理人在执行代理任务的合法行为承担民事责任，也包括对代理人不当代理行为承担民事责任。

（二）代理的种类

以代理权产生的依据不同，可将代理分为委托代理、法定代理和指定代理。

1. 委托代理

委托代理，是基于被代理人对代理人的委托授权行为而产生的代理。委托代理关系的产生，需要在代理人与被代理人之间存在基础法律关系，如委托合同关系、合伙合同关系、工作隶属关系等，但只有在被代理人对代理人进行授权后，这种委托代理关系才真正建立。授予代理权的形式可以用书面形式，也可以用口头形式。如果法律法规规定应当采用书面形式的，则应当采用书面形式。

在委托代理中，被代理人所作出的授权行为属于单方的法律行为，仅凭被代理人一方的意思表示，即可以发生授权的法律效力。被代理人有权随时撤销其授权委托。代理人也有权随时辞去所受委托。但代理人辞去委托时，不能给被代理人和善意第三人造成损失，否则应负赔偿责任。

在建设工程中涉及的代理主要是委托代理，如项目经理作为施工企业的代理人、总监理工程师作为监理单位的代理人等，当然，授权行为是由单位的法定代表人代表单位完成的。项目经理、总监理工程师作为施工企业、监理单位的代理人，应当在授权范围内行使代理权，超出授权范围的行为则应当由行为人自己承担。如果授权范围不明确，则应当由被代理人（单位）向第三人承担民事责任，代理人负连带责任，但是代理人的连带责任是在被代理人无法承担责任的基础上承担的。如果考虑建设工程的实际情况，被代理人承担民事责任的能力远远高于代理人，在这种情况下实际往往由被代理人承担民事责任。

合同在市场经济条件下得到了广泛应用，但由于合同的种类繁多，当合同主体对欲签订的某一合同应约定的条款内容不熟悉时，往往委托代理人或代理机构帮助其形成合同。随着社会分工的不断细化，建设工程领域中的某些中介业务已经产生了专门的代理机构，甚至于成为了行业，如招标代理机构。工程招标代理机构是接受被代理人的委托、为被代理人办理招标事宜的社会组织。工程招标代理的被代理人是发包人，一般是工程项目的所有人或者经营者，即项目法人或通常所称的建设单位。在委托人的授权范围内，招标代理机构从事的代理行为，其法律责任由发包人承担。如果招标代理机构在招标代理过程中有过错行为，招标人则有权根据招标代理合同的约定追究招标代理机构的违约责任。

2. 法定代理

法定代理是指根据法律的直接规定而产生的代理。法定代理主要是为维护无行为能力或限制行为能力人的利益而设立的代理方式。

3. 指定代理

指定代理，是根据人民法院和有关单位的指定而产生的代理。指定代理只在没有委托代理人和法定代理人的情况下适用。在指定代理中，被指定的人称为指定代理人，依法被指定为代理人的，如无特殊原因不得拒绝担任代理人。

（三）无权代理

无权代理是指行为人没有代理权而以他人名义进行民事、经济活动。无权代理包括以下几种情况：

（1）没有代理权而为代理行为。

（2）超越代理权限为代理行为。

（3）代理权终止为代理行为。

对于无权代理行为，被代理人可以根据无权代理行为的后果对自己有利或不利的原则，行使"追认权"或"拒绝权"。行使追认权后，将无权代理行为转化为合法的代理行为。《民法通则》规定，无权代理行为"只有经过被代理人的追认，被代理人才承担民事责任。未经追认的行为，由行为人承担民事责任"，但"本人知道他人以自己的名义实施民事行为而不作否认表示的，视为同意"。

（四）代理关系的终止

1. 委托代理关系的终止

委托代理关系可因下列原因终止：

（1）代理期间届满或者代理事项完成。

（2）被代理人取消委托或代理人辞去委托。

（3）代理人死亡或代理人丧失民事行为能力。

（4）作为被代理人或者代理人的法人终止。

2. 指定代理或法定代理关系的终止

指定代理或法定代理可因下列原因终止：

（1）被代理人取得或者恢复民事行为能力。

（2）被代理人或代理人死亡。

（3）指定代理的人民法院或指定单位撤销指定。

（4）监护关系消灭。

第二节 合 同 担 保

一、担保的概念

担保是指当事人根据法律规定或者双方约定，为促使债务人履行债务实现债权人的权利的法律制度。担保通常由当事人双方订立担保合同。担保合同是被担保合同的从合同，被担保合同是主合同，主合同无效，从合同也无效。但担保合同另有约定的按照约定。

担保活动应当遵循平等、自愿、公平、诚实信用的原则。

《担保法》是指调整因担保关系而产生的债权债务关系的法律规范的总称。为促进资金融通和商品流通，保障债权的实现，发展社会主义市场经济，1995 年 6 月 30 日第八届全国人民代表大会常务委员会第十四次会议通过《中华人民共和国担保法》，自 1995 年 10 月 1 日起施行。

二、担保方式

《担保法》规定的担保方式为保证、抵押、质押、留置和定金。

（一）保证

1. 保证的概念和方式

保证是指保证人和债权人约定，当债务人不履行债务时，保证人按照约定履行债务或者承担责任的行为。保证法律关系至少有三方参加，即保证人、被保证人（债务人）和债权人。

保证的方式有两种，即一般保证和连带责任保证。在具体合同中，担保方式由当事人约定，如果当事人没有约定或者约定不明确的，则按照连带责任保证承担保证责任。这是对债权人权利的有效保护。

一般保证是指当事人在保证合同中约定，债务人不能履行债务时，由保证人承担责任的保证。一般保证的保证人在主合同纠纷未经审判或者仲裁，并就债务人财产依法强制执行仍不能履行债务前，对债权人可以拒绝承担担保责任。

连带责任保证是指当事人在保证合同中约定保证人与债务人对债务承担连带责任的保证。连带责任保证的债务人在主合同规定的债务履行期届满没有履行债务的，债权人可以要求债务人履行债务，也可以要求保证人在其保证范围内承担保证责任。

2. 保证人的资格

具有代为清偿债务能力的法人、其他组织或者公民，可以作为保证人。但是，以下组织不能作为保证人：

（1）企业法人的分支机构、职能部门。企业法人的分支机构有法人书面授权的，可以在授权范围内提供保证。

（2）国家机关。经国务院批准为使用外国政府或者国际经济组织贷款进行转贷的除外。

（3）学校、幼儿园、医院等以公益为目的的事业单位、社会团体。

3. 保证合同的内容

保证合同应包括以下内容：

（1）被保证的主债权种类、数额。

（2）债务人履行债务的期限。

（3）保证的方式。

（4）保证担保的范围。

（5）保证的期间。

（6）双方认为需要约定的其他事项。

4. 保证责任

保证合同生效后，保证人就应当在合同规定的保证范围和保证期间承担保证责任。

保证担保的范围包括主债权及利息、违约金、损害赔偿金及实现债权的费用。保证合同另有约定的，按照约定。当事人对保证担保的范围没有约定或者约定不明确的，保证人应当对全部债务承担责任。一般保证的保证人未约定保证期间的，保证期间为主债务履行期届满之日起 6 个月。

保证期间债权人与债务人协议变更主合同或者债权人许可债务人转让债务的，应当取得保证人的书面同意，否则保证人不再承担保证责任。保证合同另有约定的按照约定。

（二）抵押

1. 抵押的概念

抵押是指债务人或者第三人向债权人以不转移占有的方式提一定的财产作为抵押物，用以担保债务履行的担保方式。债务人不履行债务时，债权人有权依照法律规定以抵押物折价或者从变卖抵押物的价款中优先受偿。其中债务人或者第三人称为抵押人，债权人称为抵押权人，提供担保的财产为抵押物。

2. 抵押物

债务人或者第三人提供担保的财产为抵押物。由于抵押物是不转移占有的，因此能够成为抵押物的财产必须具备一定的条件。这类财产轻易不会灭失，且其所有权的转移应当经过一定的程序。下列财产可以作为抵押物：

（1）抵押人所有的房屋和其他地上定着物。

（2）抵押人所有的机器、交通运输工具和其他财产。

（3）抵押人依法有权处分的国有土地使用权、房屋和其他地上定着物。

（4）抵押人依法有权处置的国有机器、交通运输工具和其他财产。

（5）抵押人依法承包并经发包人同意抵押的荒山、荒沟、荒丘、荒滩等荒地的土地使用权。

（6）依法可以抵押的其他财产。

下列财产不得抵押：

（1）土地所有权。

（2）耕地、宅基地、自留地、自留山等集体所有的土地使用权。

（3）学校、幼儿园、医院等以公益为目的的事业单位、社会团体的教育设施、医疗卫生设施和其他社会公益设施。

（4）所有权、使用权不明或者有争议的财产。

（5）依法被查封、扣押、监管的财产。

（6）依法不得抵押的其他财产。

当事人以土地使用权、城市房地产、林木、航空器、船舶、车辆等财产抵押的，应当办理抵押物登记，抵押合同自登记之日起生效；当事人以其他财产抵押的，可以自愿办理抵押物登记，抵押合同自签订之日起生效。当事人未办理抵押物登记的，不得对抗第三人。

办理抵押物登记，应当向登记部门提供主合同、抵押合同、抵押物的所有权或者使用权证书。

3. 抵押的效力

抵押担保的范围包括主债权及利息、违约金损害赔偿金和实现抵押权的费用。当事人也可以约定抵押担保的范围。

抵押人有义务妥善保管抵押物并保证其价值。抵押期间，抵押人转让已办理登记的抵押物，应当通知抵押权人并告知受让人转让物已经抵押的情况。否则，该转让行为无效。抵押人转让抵押物的价款，应当向抵押权人提前清偿所担保的债权或者向与抵押权人约定的第三人提存。超过债权的部分归抵押人所有，不足部分由债务人清偿。转让抵押物的价款不得明显低于其价值。抵押人的行为足以使抵押物价值减少的，抵押权人有权要求抵押人停止其行为。

抵押权与其担保的债权同时存在，抵押权不得与债权分离而单独转让或者作为其他债权的担保。

4. 抵押权的实现

债务履行期届满抵押权人未受清偿的，可以与抵押人协议以抵押物折价或者以拍卖、变卖该抵押物所得的价款受偿；协议不成的，抵押权人可以向人民法院提起诉讼。抵押物折价或者拍卖、变卖后，其价款超过债权数额的部分归抵押人所有，不足部分由债务人清偿。

同一财产向两个以上债权人抵押的，拍卖、变卖抵押物所得的价款按照以下规定清偿：

（1）抵押合同以登记生效的，按抵押物登记的先后顺序清偿；顺序相同的，按照债权比例清偿。

（2）抵押合同自签订之日起生效的，如果抵押物未登记的，按照合同生效的先后顺序清偿，顺序相同的，按照债权比例清偿。抵押物已登记的先于未登记的受偿。

（三）质押

1. 质押的概念

质押，是指债务人或者第三人将其动产或权力移交债权人占有，用以担保债权履行动产或权利优先得到清偿。债务人或者第三人为出质人，债权人为质权人，移交的动产或权利为质物。质权是一种约定的担保物权，以转移占有为特征。

2. 质押的分类

质押可分为动产质押和权利质押。

动产质押是指债务人或者第三人将其动产移交债权人占有，将该动产作为债权的担保。能够用作质押的动产没有限制。

权利质押一般是将权利凭证交付质押人的担保。可以质押的权利包括：

（1）汇票、支票、本票、债券、存款单、仓单、提单。

（2）依法可以转让的股份、股票。

（3）依法可以转让的商标专用权、专利权、著作权中的财产权。

（4）依法可以质押的其他权利。

（四）留置

留置，是指债权人按照合同约定占有对方（债务人）的财产，当债务人不能按照合同约定期限履行债务时，债权人有权依照法律规定留置该财产并享有处置该财产得到优先受偿的权利。留置权以债权人合法占有对方财产为前提，并且债务人的债务已经到了履行期。比如，在承揽合同中，定作方逾期不领取其定作物的，承揽方有权将该定作物折价、拍卖、变卖，并从中优先受偿。

由于留置是一种比较强烈的担保方式，必须依法行使，不能通过合同约定产生留置权。依《担保法》规定，能够留置的财产仅限于动产，且只有因保管合同、仓储合同、运输合同、加工承揽合同发生的债权，债权人才有可能实施留置。

（五）定金

定金，是指当事人双方为了担保债务的履行，约定由当事人一方先行支付给对方一定数额的货币作为担保。定金的数额由当事人约定，但不得超过主合同标的额的20%。定金合同要采用书面形式，并在合同中约定交付定金的期限，定金合同从实际交付定金之日生效。债务人履行债务后，定金应当抵作价款或者收回。给付定金的一方不履行约定的债务的，无权要求退还定金；收受定金的一方不履行约定的债务的，应当双倍返还定金。

三、保证在建设工程中的应用

在建设工程的过程中，保证是最为常用的一种担保方式。保证这种担保方式必须由第三人作为保证人，由于对保证人的信誉要求比较高，建设工程中的保证人往往是银行，也可能是信用较高的其他担保人，如担保公司。这种保证应当是采用书面形式的。在建设工程中习惯把银行出具的保证称为保函，而把其他保证人出具的书面保证称为保证书。

（一）施工投标保证

施工项目的投标担保应当在投标时提供，担保方式可以是由投标人提供一定数额的保证金；也可以提供第三人的信用担保（保证），一般是由银行或者担保公司向招标人出具投标保函或者投标保证书。在下列情况下可以没收投标保证金或要求承保的担保公司或银行支付投标保证：①投标人在投标有效期内撤销投标书；②投标人在业主已正式通知他的投标已被接受中标后，在投标有效期内未能或拒绝按"投标人须知"规定，签订合同协议或递交履约保函。

投标保证的有效期限一般是从投标截止日起到确定中标人止。若由于评标时间过长，而使保证到期，招标人应当通知投标人延长保函或者保证书有效期。投标保函或者保证书在评标结束之后应退还给投标人，一般有两种情况：①未中标的投标人可向招标人索回投标保函或者保证书，以便向银行或者担保公司办理注销或使押金解冻；②中标的投标人在签订合同时，向业主提交履约担保，招标人即可退回投标保函或者保证书。

（二）施工合同的履约保证

施工合同的履约保证，是为了保证施工合同的顺利履行而要求承包人提供的担保。《招标投标法》第46条规定："招标文件要求中标人提交履约保证金的，中标人应当提交。"在建设项目的施工招标中，履约担保的方式可以是提交一定数额的履约保证金；也可以提供第三人的信用担保（保证），一般是由银行或者担保公司向招标人出具履约保函或者保证书。

履约保函或者保证书是承包人通过银行或者担保公司向发包人开具的保证，在合同执行期间按合同规定履行其义务的经济担保书。保证金额一般为合同总额的5％～10％。履约保证的担保责任，主要是担保投标人中标后，将按照合同规定，在工程全过程，按期限按质量履行其义务。若发生下列情况，发包人有权凭履约保证向银行或者担保公司索取保证金作为赔偿：①施工过程中，承包人中途毁约，或任意中断工程，或不按规定施工；②承包人破产，倒闭。

履约保证的有效期限从提交履约保证起，到项目竣工并验收合格止。如果工程拖期，不论何种原因，承包人都应与发包人协商，并通知保证人延长保证有效期，防止发包人借故提款。

（三）施工预付款保证

由于建设工程施工中承包人是不垫资承包的，因此，发包人一般应向承包人支付预付款，帮助承包人解决前期施工资金周转的困难。预付款担保，是承包人提交的、为保证返还预付款的担保。预付款担保都是采用由银行出具保函的方式提供。

预付款保证的有效期从预付款支付之日起至发包人向承包人全部收回预付款之日止。担保金额应当与预付款金额相同，预付款在工程的进展过程中每次结算工程款（中间支付）分次返还时，经发包人出具相应文件担保金额也应当随之减少。

第三节 工 程 保 险

一、保险概述

（一）保险的概念

保险，是指投保人根据合同约定，向保险人支付保险费，保险人对于合同约定的可能发生的事故因其发生所造成的财产损失承担赔偿保险金责任，或者当被保险人死亡、伤残、疾病或者达到合同约定的年龄、期限时承担给付保险金责任的商业保险行为。保险是一种受法律保护的分散危险、消化损失的法律制度。保险的目的是为了分散危险，因此，危险的存在是保险产生的前提。保险制度上的危险是一种损失发生的不确定性，其表现为：①发生与否的不确定性；②发生时间的不确定性；③发生后果的不确定性。

（二）保险合同的概念

保险合同是指投保人与保险人约定保险权利义务关系的协议。投保人是指与保险人订立保险合同，并按照保险合同负有支付保险费义务的人。保险人是指与投保人订立保险合同，并承担赔偿或者给付保险金责任的保险公司。

保险合同在履行中还会涉及到被保险人和受益人的概念。被保险人是指其财产或者人身受保险合同保障，享有保险金请求权的人，投保人可以为被保险人。受益人是指人身保险合同中由被保险人或者投保人指定的享有保险金请求权的人、投保人，被保险人可以为受益人。

保险合同一般是以保险单的形式订立的。

（三）保险合同的分类

1. 财产保险合同

财产保险合同是以财产及其有关利益为保险标的的保险合同。在财产保险合同中，保险合同的转让应当通知保险人，经保险人同意继续承保后，依法转让合同。在合同的有效期内，保险标的危险程度增加的，被保险人按照合同约定应当及时通知保险人，保险人有权要求增加保险费或者变更合同。

建筑工程一切险和安装工程一切险即为财产保险合同。

2. 人身保险合同

人身保险合同是以人的寿命和身体为保险标的的保险合同。投保人应向保险人如实申报被保险人的年龄、身体状况。投保人于合同成立后，可以向保险人一次支付全部保险费，也可以按照合同规定分期支付保险费。人身保险的受益人由被保险人或者投保人指定。保险人对人身保险的保险费，不得用诉讼方式要求投保人支付。

二、建设工程涉及的主要险种

建设工程由于涉及的法律关系较为复杂，风险也较为多样，因此，建设工程涉及的险种也较多。主要包括：建筑工程一切险（及第三者责任险）、安装工程一切险（及第三者责任险）、机器损坏险、机动车辆险、人身意外伤害险、货物运输险等。但狭义的工程险则是针对工程的保险，则只有建筑工程一切险（及第三者责任险）和安装工程一切险（及第三者责任险），其他险种则并非专门针对工程的保险。由于工程安全事关国计民生，许多国家对工程险有强制性投保的规定。

（一）建筑工程一切险（及第三者责任险）

1. 概述

建筑工程一切险是承保各类民用、工业和公用事业建筑工程项目，包括道路、桥梁、水坝、港口等，在建造过程中因自然灾害或意外事故而引起的一切损失的险种。因在建工程抗灾能力差，危险程度高，一旦发生损失，不仅会对工程本身造成巨大的物质财富损失，甚至可能殃及邻近人员与财物。因此，建筑工程一切险作为转嫁工程风险，取得经济保障的有效手段，受到广大工程业主、承包人、分包人等工程有关人士的青睐。随着各种新建、扩建、改建工程项目日益增多，需要更多全方位、多层次、高水平的工程保险服务，许多保险公司已经开设了这一保险。

建设工程一切险往往还加保第三者责任险。第三者责任险是指凡在工程期间的保险有效期内因在工地上发生意外事故造成在工地及邻近地区的第三者人身伤亡或财产损失，依法应由被保险人承担的经济赔偿责任。

2. 投保人与被保险人

在国外，建设工程一切险的投保人一般是承包人。如 FIDIC《施工合同条件》要求，承包人以承包人和业主的共同名义对工程及其材料、配套设备装置投保保险。我国的《建设工程施工合同（示范文本）》规定，工程开工前，发包人应当为建设工程办理保险，支付保险费用。因此，采用《建设工程施工合同（示范文本）》应当由发包人投保建设工程一切险。

建筑工程一切险的被保险人则范围较宽，所有在工程进行期间，对该项工程承担一定风险的有关各方（即具有可保利益的各方），均可作为被保险人。如果被保险人不止一家，则各家接受赔偿的权利以不超过其对保险标的的可保利益为限。被保险人具体包括：①业主或工程所有人；②承包人或者分包人；③技术顾问，包括业主聘用的建筑师、工程师及其他专业顾问。

3. 责任范围

保险人对下列原因造成的损失和费用负责赔偿：①自然事件，指地震、海啸、雷电、飓风、台风、龙卷风、风暴、暴雨、洪水、水灾、冻灾、冰雹、地崩、山崩、雪崩、火山爆发、地面下陷下沉及其他人力不可抗拒的破坏力强大的自然现象；②意外事故，指不可预料的以及被保险人无法控制并造成物质损失或人身伤亡的突发性事件，包括火灾和爆炸。

4. 除外责任

保险人对下列各项原因造成的损失不负责赔偿：①设计错误引起的损失和费用；②自然磨损、内在或潜在缺陷、物质本身变化、自燃、自热、氧化、锈蚀、渗漏、鼠咬、虫蛀、大气（气候或气温）变化、正常水位变化或其他渐变原因造成的保险财产自身的损失和费用；③因原材料缺陷或工艺不善引起的保险财产本身的损失以及为换置、修理或矫正这些缺点错误所支付的费用；④非外力引起的机械或电气装置的本身损失，或施工用机具、设备、机械装置失灵造成的本身损失；⑤维修保养或正常检修的费用；⑥档案、文件、账簿、票据、现金、各种有价证券、图表资料及包装物料的损失；⑦盘点时发现的短缺；⑧领有公共运输行驶执照的，或已由其他保险予以保障的车辆、船舶和飞机的损失；⑨除非另有约定，在保险工程开始以前已经存在或形成的位于工地范围内或其周围的属于被保险人的财产的损失；⑩除非另有约定，在本保险单保险期限终止以前，保险财产中已由工程所有人签发完工验收证书或验收合格或实际占有或使用或接受的部分。

5. 第三者责任险

建筑工程一切险如果加保第三者责任险，则保险人对下列原因造成的损失和费用，负责赔偿：①在保险期限内，因发生与所保工程直接相关的意外事故引起工地内及邻近区域的第三者人身伤亡、疾病或财产损失；②被保险人因上述原因而支付的诉讼费用以及事先经保险人书面同意而支付的其他费用。

6. 赔偿金额

保险人对每次事故引起的赔偿金额以法院或政府有关部门根据现行法律裁定的应由被保险人偿付的金额为准，但在任何情况下，均不得超过保险单明细表中对应列明的每次事故赔偿限额。在保险期限内，保险人经济赔偿的最高赔偿责任不得超过本保险单明细表中列明的累计赔偿限额。

7. 保险期限

建筑工程一切险的保险责任自保险工程在工地动工或用于保险工程的材料、设备运抵工地之时起始，至工程所有人对部分或全部工程签发完工验收证书或验收合格，或工程所有人实际占用或使用或接受该部分或全部工程之时终止，以先发生者为准。但在任何情况下，保险人承担损害赔偿义务的期限不超过保险单明细表中列明的建筑期保险终止日。

（二）安装工程一切险（及第三者责任险）

1. 概述

安装工程一切险是承保安装机器、设备、储油罐、钢结构工程、起重机、吊车以及包含机械工程因素的各种建造工程的险种。由于科学技术日益进步，现代工业的机器设备已进入电子计算机操纵的时代。工艺精密、构造复杂，技术高度密集、价格十分昂贵。在安装、调试机器设备的过程中遇到自然灾害和意外事故的发生都会造成巨大的经济损失。传统的财产保险适应不了现代安装工程的需要。因此，在保险市场上逐渐发展成一种保障广泛、专业性强的综合性险种——安装工程一切险，以保障机器设备在安装、调试过程中，被保险人可能遭受的损失能够得到经济补偿。

安装工程一切险往往还加保第三者责任险。安装工程一切险的第三者责任负责被保险人在保险期限内，因发生意外事故，造成在工地及邻近地区的第三者人身伤亡、疾病或财产损失，依法应由被保险人赔偿的经济损失，以及因此而支付的诉讼费用和经保险人书面同意支付的其他费用。

2. 责任范围

保险人对下列原因造成的损失和费用负责赔偿：①自然灾害，指地震、海啸、雷电、飓风、台风、龙卷风、风暴、暴雨、洪水、水灾、冻灾、冰雹、地崩、山崩、雪崩、火山爆发、地面下陷下沉及其他人力不可抗拒的破坏力强大的自然现象；②意外事故，指不可预料的以及被保险人无法控制并造成物质损失或人身伤亡的突发性事件，包括火灾和爆炸。

3. 除外责任

保险人对下列各项原因造成的损失不负责赔偿：①因设计错误、铸造或原材料缺陷或工艺不善引起的保险财产本身的损失以及为换置、修理或矫正这些缺点错误所支付的费用；②由于超负荷、超电压、碰线、电弧、漏电、短路、大气放电及其他电气原因造成电气设备或电气用具本身的损失；③施工用机具、设备、机械装置失灵造成的本身损失；④自然磨损、内在或潜在缺陷、物质本身变化、自燃、自热、氧化、锈蚀、渗漏、鼠咬、虫蛀、大气（气候或气温）变化、正常水位变化或其他渐变原因造成的保险财产自身的损失和费用；⑤维修保养或正常检修的费用；⑥档案、文件、账簿、票据、现金、各种有价证券、图表资料及包装物料的损失；⑦盘点时发现的短缺；⑧领有公共运输行驶执照的，或已由其他保险予以保障的车辆、船舶和飞机的损失；⑨除非另有约定，在保险工程开始以前已经存在或形成的位于工地范围内或其周围的属于被保险人的财产的损失；⑩除非另有约定，在保险期限终止以前，保险财产中已由工程所有人签发完工验收证书或验收合格或实际占有或使用或接受的部分。

4. 保险期限

安装工程一切险的保险期限，通常应以整个工期为保险期限。一般是从被保险项目被卸至施工地点时起生效到工程预计竣工验收交付使用之日止。如验收完毕先于保险单列明的终止日，则验收完毕时保险期也终止。

三、保险合同管理

（一）投保决策

投保决策主要表现在两个方面：是否投保和选择保险人。

针对建设工程的风险，可以自留也可以转移。在进行这一决策时，需要考虑期望损失与风险概率、机会成本、费用等因素。例如：期望损失与风险发生的概率高，则尽量避免风险自留。如果机会成本高，则可以考虑风险自留。当决定将建设工程的风险进行转移后，还需要决策是否投保。风险转移的方法包括保险风险转移和非保险风险转移。非保险风险转移是指通过各种合同将本应由自己承担的风险转移给他人，例如设备租赁、房屋出租等。保险风险转移是指通过购买保险的办法将风险转移给保险公司或者其他保险机构。在许多国家，强制规定承包人必须投保建筑工程一切险（包括第三者责任险）、安装工程一切险（包括第三者责任险）。在这些国家对于必须要求保险的险种，建设工程的主体没有投保决策的问题。但是，在没有强制性保险规定的国家或者针对没有强制性保险规定的险种，则存在投保决策的问题。当一个项目的风险无法回避，风险自留的损失高于保险的成本时，应当进行投保。在比较风险自留的损失和保险的成本时，可以采用定量的计算方法。

在进行选择保险人的决策时，一般至少应当考虑安全、服务、成本这三项因素。安全是指保险人在需要履行承诺时的赔付能力。保险人的安全性取决于保险人的信誉、承保业务的大小、盈利能力、再保险机制等。保险人的服务也是一项必须考虑到的因素，在工程保险中，好的服务能够减少损失、公平合理地得到索赔。决定保险成本的最主要的因素则是保险费率，当然也要考虑到资金的时间价值。在进行决策时应当选择安全性高、服务质量好、保险成本低的保险人。

（二）保险合同当事人的管理义务

保险合同订立后，当事人双方必须严格地、全面地按保险合同订明的条款履行各自的义务。在订立保险合同前，当事人双方均应履行告知义务。即保险人应将办理保险的有关事项告知投保人；投保人应当按照保险人的要求，将主要危险情况告知保险人。在保险合同订立后，投保人应按照约定期限交纳保险费，应遵守有关消防、安全、生产操作和劳动保护方面的法规及规定。保险人可以对被保险财产的安全情况进行检查，如发现不安全因素，应及时向投保人提出清除不安全因素的建议。在保险事故发生后，投保人有责任采取一切措施，避免扩大损失，并将保险事故发生的情况及时通知保险人。保险人对保险事故所造成的保险标的损失或者引起的责任，应当按照保险合同的规定履行赔偿或给付责任。

对于损坏的保险标的，保险人可以选择赔偿或者修理。如果选择赔偿，保险事故发生后，保险人已支付了全部保险金额，并且保险金额相等于保险价值的，受损保险标的全部权利归于保险人；保险金额低于保险价值的，保险人按照保险金额与保险时此保险标的价值取得保险标的的部分权利。

（三）保险索赔

对于投保人而言，保险的根本目的是发生灾难事件时能够得到补偿，而这一目的必须通过索赔实现。

首先，工程投保人在进行保险索赔时，必须提供必要的、有效的证明作为索赔的依据。证据应当能够证明索赔对象及索赔人的索赔资格，证明索赔能够成立且属于保险人的保险责任。这就要求投标人在日常的管理中注意证据的收集和保存；当保险事件发生后更应注意证据收集，有时还需要有关部门的证明。索赔的证据包括保单、建设工程合同、事故照片、鉴定报告、保单中规定的证明文件。

其次，投保人应当及时提出保险索赔，这不仅与索赔的成功与否有关，也与索赔是否能够获得的补偿和索赔的难易有关。因为资金有时间价值，如果保险事件发生后很长时间才取得索赔，即使是全额赔偿也不足以补偿自己的全部损失；时间一长，不论是索赔人的取证还是保险人的理赔都会增加很大的难度。

第三，要计算损失大小。如果保险单上载明的保险财产全部损失，则应当按照全损进行保险索赔。如果财产虽然没有全部毁损或者灭失，但其损坏程度已经达到无法修理，或者虽然能够修理但修理费将超过赔偿金额，都应当按照全损进行索赔。如果保险单上载明的保险财产没有全部损失，则应当按照部分损失进行保险索赔。如果一个建设项目同时由多家保险公司承保，则只能按照约定的比例分别向不同的保险公司提出索赔要求。

第四节　合同的公证和鉴证法律制度

在建设工程合同的订立和履行过程中，经常需要对合同进行公证和鉴证，因此，作为监理工程师也需要了解合同的公证和鉴证制度。

一、合同的公证

（一）合同公证的概念和原则

合同公证，是指国家公证机关根据当事人双方的申请，依法对合同的真实性与合法性进行审查并予以确认的一种法律制度。国务院 1982 年 4 月 13 日发布的《中华人民共和国公证暂行条例》，是国家公证机关依照公民、法人的申请，对其法律行为或具有法律意义的文书、事实进行审查并证明其合法性与真实性的法律依据。我国的公证机关是公证处，经省、自治区、直辖市司法行政机关批准设立。

合同公证一般实行自愿公证原则。公证机关进行公证的依据是当事人的申请，这是自愿原则的主要体现。但是，我们对自愿原则应有正确的理解。经常有合同当事人称，某合同公证是对方要求我们进行的，我们并不是自愿的。其实，在合同的订立过程中一方作出让步是非常正常的情况，要求进行公证是可以由一方作为条件提出的，另一方同意后，即是双方自愿的行为了。这与合同的其他条款的订立是一样的。

在建设工程领域，除了证明合同本身的合法性与真实性外，在合同的履行过程中有时也需要进行公证。如承包人已经进场，但在开工前发包人违约而导致合同解除，承包人撤场前如果双方无法对赔偿达成一致，则可以对承包人已经进场的材料设备数量进行公证，即进行证据保全，为以后纠纷解决留下证据。

（二）合同的公证程序

当事人申请公证，应当亲自到公证处提出书面或口头申请。如果委托别人代理的，必须提出有代理权的证件。国家机关、团体、企业、事业单位申请办理公证，应当派代表到公证处。代表人应当提出有代表权的证明信。

公证员应当对合同进行全面审查,既要审查合同的真实性和合法性,也要审查当事人的身份和行使权利、履行义务的能力。公证处对当事人提供的证明,认为不完备或有疑义时,有权通知当事人作必要的补充或者向有关单位、个人调查,索取有关证件和材料。

公证员对申请公证的合同,经过审查认为符合公证原则后,应当制作公证书发给当事人。对于追偿债款、物品的债权文书,经公证处公证后,该文书具有强制执行的效力。一方当事人不按文书规定履行时,对方当事人可以向有管辖权的基层人民法院申请执行。

公证处对不真实、不合法的合同应当拒绝公证。

二、合同的鉴证

(一)合同鉴证的概念和原则

合同鉴证,是指合同管理机关根据当事人双方的申请对其所的合同进行以证明其真实性和合法性,并督促当事人双方认真履行的法律制度。

我国的合同鉴证实行自愿原则,合同鉴证根据双方当事人的申请办理。经过鉴证的合同,由于已经证明了合同的合法性与真实性,因此,有助于提高双方的相互信任程度,有利于合同的履行,并且能够减少合同的争议。

(二)合同鉴证的管辖和鉴证审查的内容

合同鉴证由县级以上工商行政管理机关办理。有条件的工商行政管理所,经上级机关确定后,可以以县(市)、区工商行政管理局的名义办理鉴证。

合同鉴证可以到合同签订地、合同履行地工商行政管理机关办理;经过工商行政管理机关登记的当事人,还可以到登记机关所在地办理鉴证。合同当事人商定到登记机关所在地工商行政管理机关办理鉴证,但双方当事人不在同一地登记或者虽在同一地但不在同一登记机关登记的,由当事人选择。

申请合同鉴证,除了应当有当事人的申请外,还应当提供以下材料:合同原本;营业执照副本或者其他主体资格证明文件,有关专项许可证的正本或者副本;签订合同的法定代表人的资格证明或者委托代理人的委托代理书;申请鉴证经办人的资格证明;其他有关证明材料。

合同鉴证应当审查以下主要内容:

(1)不真实、不合法的合同。

(2)有足以影响合同效力的缺陷且当事人拒绝更正的。

(3)当事人提供的申请材料不齐全,经告知补正而没有补正的。

(4)不能即时鉴证,而当事人又不能等待的。

(5)其他依法不能鉴证的。

合同经审查符合要求的,可以予以鉴证;否则,应当及时告知当事人进行必要的补充或修正后,方可鉴证。

(三)合同鉴证的作用

合同鉴证的作用有以下几点:

(1)经过鉴证审查,可以使合同的内容符合国家的法律、行政法规的规定,有利于纠正违法合同。

（2）经过鉴证审查，可以使合同的内容更加完备，预防和减少合同纠纷。

（3）经过鉴证审查，便于合同管理机关了解情况，督促当事人认真履行合同，提高履约率。

三、合同公证与鉴证的相同点与区别

（一）合同公证与鉴证的相同点

合同公证与鉴证，除另有规定外，都实行自愿申请原则；合同鉴证与公证的内容和范围相同；合同鉴证与公证的目的都是为了证明合同的合法性与真实性。

（二）合同公证与鉴证的区别

1. 合同公证与鉴证的性质不同

合同鉴证是工商行政管理机关依据《合同鉴证办法》行使的行政管理行为。而合同公证则是司法行政管理机关领导下的公证机关依据《公证暂行条例》行使公证权所作出的司法行政行为。

2. 合同公证与鉴证的效力不同

经过公证的合同，其法律效力高于经过鉴证的合同。按照《民事诉讼法》的规定，经过法定程序公证证明的法律行为、法律事实和文书，人民法院应当作为认定事实的根据。但有相反证据足以推翻公证证明的除外。对于追偿债款、物品的债权文书，经过公证后，该文书还有强制执行的效力。而经过鉴证的合同则没有这样的效力，在诉讼中仍需要对合同进行质证，人民法院应当辨别真伪，审查确定其效力。

3. 法律效力的适用范围不同

公证作为司法行政行为，按照国际惯例，在我国域内和域外都有法律效力。而鉴证作为行政管理行为，其效力只能限于我国国内。

思　考　题

1. 合同法律关系由哪些要素构成？
2. 法人应当具备哪些条件？
3. 了解法律事实的分类。
4. 代理的特征有哪些？
5. 代理的种类有哪些？
6. 担保的方式有哪些？
7. 哪些组织不能作为保证人？
8. 哪些财产可以作为抵押物？
9. 理解保证在建设工程中的应用。
10. 什么是保险？什么是保险合同？
11. 建设工程一切险的投保人是谁？

第五章 合同法律制度

第一节 合同法概述

一、合同的概念

合同是平等主体的自然人、法人、其他组织之间设立、变更、终止民事权利义务关系的协议。各国的合同法规范的都是债权合同，它是市场经济条件下规范财产流转关系的基本依据，因此，合同是市场经济中广泛进行的法律行为。而广义的合同还应包括婚姻、收养、监护等有关身份关系的协议，以及劳动合同等，这些合同由其他法律进行规范，不属于我国《合同法》中规范的合同。

在市场经济中，财产的流转主要依靠合同。特别是工程项目，标的大、履行时间长、协调关系多，合同尤为重要。因此，建筑市场中的各方主体，包括建设单位、勘察设计单位、施工单位、咨询单位、监理单位、材料设备供应单位等都要依靠合同确立相互之间的关系。如建设单位要与勘察设计单位订立勘察设计合同，建设单位要与施工单位订立施工合同，建设单位要与监理单位订立监理合同等。在市场经济条件下，这些单位相互之间都没有隶属关系，相互之间的关系主要依靠合同来规范和约束。这些合同都是属于《合同法》中规范的合同，当事人都要依据《合同法》的规定订立和履行。

合同作为一种协议，其本质是一种合意，必须是两个以上意思表示一致的民事法律行为。因此，合同的缔结必须由双方当事人协商一致才能成立。合同当事人作出的意思表示必须合法，这样才能具有法律约束力。建设工程合同也是如此。即使在建设工程合同的订立中承包人一方存在着激烈的竞争（如施工合同的订立中，施工单位的激烈竞争是建设单位进行招标的基础），仍需双方当事人协商一致，发包人不能将自己的意志强加给承包人。双方订立的合同即使是协商一致的，也不能违反法律、行政法规，否则合同就是无效的，如施工单位超越资质等级许可的业务范围订立施工合同，该合同就没有法律约束力。

合同中所确立的权利义务，必须是当事人依法可以享受的权利和能够承担的义务，这是合同具有法律效力的前提。在建设工程合同中，发包人必须有已经合法立项的项目，承包人必须具有承担承包任务的相应的能力。如果在订立合同的过程中有违法行为，当事人不仅达不到预期的目的，还应根据违法情况承担相应的法律责任。如在建设工程合同中，当事人通过欺诈、胁迫等手段订立合同，则应当承担相应的法律责任。

二、《合同法》的基本原则

（一）平等原则

合同当事人的法律地位平等，即享有民事权利和承担民事义务的资格是平等的，一方不得将自己的意志强加给另一方。在订立建设工程合同中双方当事人的意思表示必须完全自愿，不能是在强迫和压力下所作出的非自愿的意思表示。因为建设工程合同是平等主体之间的法律行为，发包人与承包人的法律地位平等，只有建设工程合同的当事人平等协商，才有可能订立意思表示一致的协议。

（二）自愿原则

合同当事人依法享有自愿订立合同的权利，不受任何单位和个人的非法干预。民事主体在民事活动中享有自主的决策权，其合法的民事权利可以抗御非正当行使的国家权力，也不受其他民事主体的非法干预。《合同法》中的自愿原则有以下含义：第一，合同当事人有订立或者不订立合同的自由；第二，当事人有权选择合同相对人；第三，合同当事人有权决定合同内容；第四，合同当事人有权决定合同形式的自由。即合同当事人有权决定是否订立合同、与谁订立合同、有权拟定或者接受合同条款、有权以书面或者口头的形式订立合同。

当然，合同的自愿原则是要受到法律的限制，这种限制对于不同的合同而有所不同。相对而言，由于建设工程合同的重要性，导致法律法规对建设工程合同的干预较多，对当事人的合同自愿的限制也较多。例如：建设工程合同内容中的质量条款，必须符合国家的质量标准，因为这是强制性的；建设工程合同的形式，则必须采用书面形式，当事人没有选择的权利。

（三）公平原则

合同当事人应当遵循公平原则确定各方的权利和义务。在合同的订立和履行中，合同当事人应正当行使合同权利和履行合同义务，兼顾他人利益，使当事人的利益能够均衡。在双务合同中，一方当事人在享有权利的同时，也要承担相应义务，取得的利益要与付出的代价相适应。建设工程合同作为双务合同也不例外，如果建设工程合同显失公平，则属于可变更或者可撤销的合同。

（四）诚实信用原则

建设工程合同当事人行使权利、履行义务应当遵循诚实信用原则。这是市场经济活动中形成的道德规则，它要求人们在交易活动（订立和履行合同）中讲究信用，恪守诺言，诚实不欺。不论是发包人还是承包人，在行使权利时都应当充分尊重他人和社会的利益，对约定的义务要忠实地履行。具体包括：在合同订立阶段，如招标投标时，在招标文件和投标文件中应当如实说明自己和项目的情况；在合同履行阶段应当相互协作，如发生不可抗力时，应当相互告知，并尽量减少损失。

（五）遵守法律法规和公序良俗原则

建设工程合同的订立和履行，应当遵守法律法规和公序良俗原则。建设工程合同的当事人应当遵守《民法通则》、《建筑法》、《合同法》、《招标投标法》等法律法规，只有将建设工程合同的订立和履行纳入法律的轨道，才能保障建设工程的正常秩序。

公序良俗从词意上理解就是公共秩序和善良风俗。善良风俗应当以道德为核心，是某一特定社会应有的道德准则。公序良俗原则要求当事人订立、履行合同时，不但应当遵守法律、行政法规，而且应当尊重社会公德，不得扰乱社会经济秩序，损害社会公共利益。这一原则在司法实践中体现为：如果出现了现行法律未能规定的情况或者按现行法律处理会损害社会公共利益，法官可据此进行价值补充。

三、《合同法》内容简介

《合同法》是调整平等主体的自然人、法人、其他组织之间在设立、变更、终止合同时所发生的社会关系的法律规范总称。

为了满足我国发展社会主义市场经济的需要，消除市场交易规则的分歧，1999 年 3 月 15 日，第九届全国人大第二次会议通过了《中华人民共和国合同法》，于 1999 年 10 月 1 日起施行，原有的《经济合同法》、《技术合同法》和《涉外经济合同法》三部合同法律同时废止。

《合同法》由总则、分则和附则三部分组成。总则包括以下 8 章：一般规定、合同的订立、合同的效力、合同的履行、合同的变更和转让、合同的权利义务终止、违约责任、其他规定。分则按照合同标的的特点分为 15 种。

四、合同的分类

从不同的角度可以对合同作不同的分类。

（一）《合同法》的基本分类

《合同法》分则部分将合同分为 15 类：买卖合同；供用电、水、气、热力合同；赠与合同；借款合同；租赁合同；融资租赁合同；承揽合同；建设工程合同；运输合同；技术合同；保管合同；仓储合同；委托合同；行纪合同；居间合同。这可以认为是《合同法》对合同的基本分类，《合同法》对每一类合同都作了较为详细的规定。

（二）其他分类

其他分类是侧重学理分析的，《合同法》中也有涉及。

1. 计划与非计划合同

计划合同是依据国家有关计划签订的合同；非计划合同则是当事人根据市场需求和自己的意愿订立的合同。虽然在市场经济中，依计划订立的合同比重降低了，但仍然有一部分合同是依据国家有关计划订立的。对于计划合同，有关法人、其他组织之间应当依照有关法律、行政法规规定的权利和义务订立合同。

2. 双务合同与单务合同

双务合同是当事人双方相互享有权利和相互负有义务的合同。大多数合同都是双务合同，如建设工程合同。单务合同是指合同当事人双方并不相互享有权利、负有义务的合同。如赠与合同。

3. 诺成合同与实践合同

诺成合同是当事人意思表示一致即可成立的合同。实践合同则要求在当事人意思表示一致的基础上，还必须交付标的物或者其他给付义务的合同。在现代经济生活中，大部分合同都是诺成合同。这种合同分类的目的在于确立合同的生效时间。

4. 主合同与从合同

主合同是指不依赖其他合同而独立存在的合同。从合同是以主合同的存在为存在前提的合同。主合同的无效、终止将导致从合同的无效、终止，但从合同的无效、终止不能影响主合同。担保合同是典型的从合同。

5. 有偿合同与无偿合同

有偿合同是指合同当事人双方任何一方均须给予另一方相应权益方能取得自己利益的

合同。而无偿合同的当事人一方无须给予相应权益即可从另一方取得利益。在市场经济中，绝大部分合同都是有偿合同。

6. 要式合同与不要式合同

如果法律要求必须具备一定形式和手续的合同，称为要式合同。反之，法律不要求具备一定形式和手续的合同，称为不要式合同。

第二节　合同的订立

一、合同的形式和内容

（一）合同形式的概念和分类

合同的形式是当事人意思表示一致的外在表现形式。一般认为，合同的形式可分为书面形式、口头形式和其他形式。口头形式是以口头语言形式表现合同内容的合同。书面形式是指合同书、信件和数据电文（包括电报、电传、传真、电子数据交换和电子邮件）等可以有形地表现所载内容的形式。其他形式则包括公证、审批、登记等形式。

如果以合同形式的产生依据划分，合同形式则可分为法定形式和约定形式。合同的法定形式是指法律直接规定合同应当采取的形式。如《合同法》规定建设工程合同应当采用书面形式，则当事人不能对合同形式加以选择。合同的约定形式是指法律没有对合同形式作出要求，当事人可以约定合同采用的形式。

（二）合同形式的原则

《合同法》颁布前，我国有关法律对合同形式的要求以要式为原则。而《合同法》规定，当事人订立合同，有书面形式、口头形式和其他形式。法律、行政法规规定采用书面形式或者当事人约定采用书面形式，应当采用书面形式。《合同法》在一般情况下对合同形式并无要求，只要在法律、行政法规有规定和当事人有约定的情况下要求采用书面形式。可以认为，《合同法》在合同形式上的要求以不要式为原则。当然，这种合同形式的不要式原则并不排除对于一些特殊的合同，法律要求应当采用规定的形式（这种规定形式往往是书面形式），比如建设工程合同。《合同法》采用合同形式的不要式原则有以下理由。

1. 合同本质对合同形式不作要求

奴隶社会和封建社会的合同法律，普遍对合同形式有严格要求。这是由于当时的交易安全是人们所最关注的。现代市场经济中，合同自由原则成为合同一切制度的核心。反映在合同订立形式上不再要求具有严格的形式。从合同的本质上看，合同是一种合意，这已为大陆法系国家和英美法系国家所共同接受。合同内容及法律效力的确定应当以当事人内在的真实意思为准，不能以其表现于外部的意志为准。

2. 市场经济要求不应对合同形式进行限制

现代市场交易活动要求商品的流转迅速、方便。而"要式原则"无法做到这一点。如：书面合同的要求将使分处两地的当事人无法通过电话订立合同（也不能通过电话办理委托）；标准合同形式或者要求书面签字盖章的合同无法通过电报、电传等方式订立。特别是通过竞争性方式订立的合同，"要式原则"更有无法克服的困难，如拍卖，在合同实质成立之前并无任何书面的形式。

3. 国际公约要求不应对合同形式进行限制

立法应当与市场经济的国际惯例一致，这已成为各国的共识。虽然目前许多国家对合同形式有要式要求，但大多数国家并未改变"不要式为主"的状况，要式仅是对不要式合同的一种例外要求。在国际公约中也存在着"不要式为主"的原则，如《联合国国际货物销售合同公约》。虽然我国对国际公约这方面的规定声明保留，但从有利于国际贸易的角度考虑，我国也应建立起合同形式以不要式为主的立法体系。

4. 电子技术对合同形式的影响

电子数据交换（Electronic Date Interchange）和电子邮件（E-mail）等电子技术的发展，使信息交流更为快捷，订货和履约更为迅速。并且电子技术实现了订立合同无纸化，在这种形势下对合同形式的严格要求无疑将极大地阻碍新技术的发展和应用。

（三）合同形式欠缺的法律后果

《合同法》规定的合同形式的不要式原则一个重要体现还在于：即使法律、行政法规规定或当事人约定采用书面形式订立合同，当事人未采用书面形式，但一方已经履行了主要义务，对方接受的，该合同成立。采用书面形式订立合同的，在签字盖章之前，当事人一方已经履行主要义务，对方接受的，该合同成立。因为合同的形式只是当事人意思的载体，从本质上说，法律、行政法规在合同形式上的要求也是为了保障交易安全。如果在形式上不符合要求，但当事人已经有了交易事实，再强调合同形式就失去了意义。当然，在没有履行行为之前，合同的形式不符合要求，则合同未成立。

这一规定对于建设工程合同具有重要的意义。例如：某施工合同，在施工任务完成后由于发包人拖欠工程款而发生纠纷，但双方一直没有签订书面合同，此时是否应当认定合同已经成立？答案应当是肯定的。又例如：在施工合同履行中，如果工程师发布口头指令，最后没有以书面形式确认，但承包人有证据证明工程师确实发布过口头指令（当然，需要经过一定的程序），一样可以认定口头指令的效力，构成合同的组成部分。

（四）合同的内容

合同的内容由当事人约定，这是合同自由的重要体现。《合同法》规定了合同一般应当包括的条款，但具备这些条款不是合同成立的必备条件。建设工程合同也应当包括这些内容，但由于建设工程合同往往比较复杂，合同中的内容往往并不全部在狭义的合同文本中，如有些内容反映在工程量表中，有些内容反映在当事人约定采用的质量标准中。

1. 当事人的名称或者姓名和住所

合同主体包括自然人、法人、其他组织。明确合同主体，对了解合同当事人的基本情况，合同的履行和确定诉讼管辖具有重要的意义。自然人的姓名是指经户籍登记管理机关核准登记的正式用名。自然人的住所是指自然人有长期居住的意愿和事实的处所，即经常居住地。法人、其他组织的名称是指经登记主管机关核准登记的名称，如公司的名称以企业营业执照上的名称为准。法人和其他组织的住所是指它们的主要营业地或者主要办事机构所在地。当然，作为一种国家干预较多的合同，国家对建设工程合同的当事人有一些特殊的要求，如要求施工企业作为承包人时必须具有相应的资质等级。

2. 标的

标的是合同当事人双方权利和义务共同指向的对象。标的的表现形式为物、劳务、行为、智力成果、工程项目等。没有标的的合同是空的，当事人的权利义务无所依托；标的不明确的合同无法履行，合同也不能成立。所以，标的是合同的首要条款，签订合同时，标的必须明确、具体，必须符合国家法律和行政法规的规定。

3. 数量

数量是衡量合同标的多少的尺度，以数字和计量单位表示。没有数量或数量的规定不明确，当事人双方权利义务的多少，合同是否完全履行都无法确定。数量必须严格按照国家规定的法定计量单位填写，以免当事人产生不同的理解。施工合同中的数量主要体现的是工程量的大小。

4. 质量

质量是标的的内在品质和外观形态的综合指标。签订合同时，必须明确质量标准。合同对质量标准的约定应当是准确而具体，对于技术上较为复杂的和容易引起歧义的词语、标准，应当加以说明和解释。对于强制性的标准，当事人必须执行，合同约定的质量不得低于该强制性标准。对于推荐性的标准，国家鼓励采用。当事人没有约定质量标准，如果有国家标准，则依国家标准执行；如果没有国家标准，则依行业标准执行；没有行业标准，则依地方标准执行；没有地方标准，则依企业标准执行。由于建设工程中的质量标准大多是强制性的质量标准，当事人的约定不能低于这些强制性的标准。

5. 价款或者报酬

价款或者报酬是当事人一方向交付标的的另一方支付的货币。标的物的价款由当事人双方协商，但必须符合国家的物价政策，劳务酬金也是如此。合同条款中应写明有关银行结算和支付方法的条款。价款或者报酬在勘察、设计合同中表现为勘察、设计费，在监理合同中则体现为监理费，在施工合同中则体现为工程款。

6. 履行的期限、地点和方式

履行的期限是当事人各方依照合同规定全面完成各自义务的时间。履行的地点是指当事人交付标的和支付价款或酬金的地点。包括标的的交付、提取地点；服务、劳务或工程项目建设的地点；价款或劳务的结算地点。施工合同的履行地点是工程所在地。履行的方式是指当事人完成合同规定义务的具体方法。包括标的的交付方式和价款或酬金的结算方式。履行的期限、地点和方式是确定合同当事人是否适当履行合同的依据。

7. 违约责任

违约责任是任何一方当事人不履行或者不适当履行合同规定的义务而应当承担的法律责任。当事人可以在合同中约定，一方当事人违反合同时，向另一方当事人支付一定数额的违约金；或者约定违约损害赔偿的计算方法。

8. 解决争议的方法

在合同履行过程中不可避免地会产生争议，为使争议发生后能够有一个双方都能接受的解决办法，应当在合同条款中对此作出规定。如果当事人希望通过仲裁作为解决争议的最终方式，则必须在合同中约定仲裁条款，因为仲裁是以自愿为原则的。

二、要约与承诺

当事人订立合同，采用要约、承诺方式。合同的成立需要经过要约和承诺两个阶段，这是民法学界的共识，也是国际合同公约和世界各国合同立法的通行做法。建设工程合同的订立同样需要通过要约、承诺。

（一）要约

1. 要约的概念和条件

要约是希望和他人订立合同的意思表示。提出要约的一方为要约人，接受要约的一方为受要约人。要约应当具有以下条件：①内容具体确定；②表明经受要约人承诺，要约人即受该意思表示约束。具体地讲，要约必须是特定人的意思表示，必须是以缔结合同为目的。要约必须是对相对人发出的行为，必须由相对人承诺，虽然相对人的人数可能为不特定的多数人。另外，要约必须具备合同的一般条款。

2. 要约邀请

要约邀请是希望他人向自己发出要约的意思表示。要约邀请并不是合同成立过程中的必经过程，它是当事人订立合同的预备行为，在法律上无须承担责任。这种意思表示的内容往往不确定，不含有合同得以成立的主要内容，也不含相对人同意后受其约束的表示。比如价目表的寄送、招标公告、商业广告、招股说明书等，即是要约邀请。

商业广告的内容符合要约规定的，视为要约。

3. 要约的撤回和撤销

要约撤回，是指要约在发生法律效力之前，欲使其不发生法律效力而取消要约的意思表示。要约人可以撤回要约，撤回要约的通知应当在要约到达受要约人之前或同时到达受要约人。

要约撤销，是要约在发生法律效力之后，要约人欲使其丧失法律效力而取消该项要约的意思表示。要约可以撤销，撤销要约的通知应当在受要约人发出承诺通知之前到达受要约人。但有下列情形之一的，要约不得撤销：第一，要约人确定承诺期限或者以其他形式明示要约不可撤销；第二，受要约人有理由认为要约是不可撤销，并已经为履行合同做了准备工作。可以认为，要约的撤销是一种特殊的情况，且必须在受要约人发出承诺通知之前到达受要约人。

（二）承诺

1. 承诺的概念和条件

承诺是受要约人作出的同意要约的意思表示。

承诺具有以下条件：

（1）承诺必须由受要约人作出。非受要约人向要约人作出的接受要约的意思表示是一种要约而非承诺。

（2）承诺只能向要约人作出。非要约对象向要约人作出的完全接受要约意思的表示也不是承诺，因为要约人根本没有与其订立合同的愿意。

（3）承诺的内容应当与要约的内容一致。但是，近年来，国际上出现了允许受要约人对要约内容进行非实质性变更的趋势。受要约人对要约的内容作出实质性变更的，视为新要约。有关合同标的、数量、质量、价款和报酬、履行期限和履行地点和方式、违约责任和解决争议方法等的变更，是对要约内容的实质性变更。承诺对要约的内容作出非实质性变更的，除要约人及时反对或者要约表明不得对要约内容作任何变更以外，该承诺有效，合同以承诺的内容为准。

（4）承诺必须在承诺期限内发出。超过期限，除要约人及时通知受要约人该承诺有效外，为新要约。

在建设工程合同的订立过程中，招标人发出中标通知书的行为是承诺。因此，作为中标通知书必须由招标人向投标人发出，并且其内容应当与招标文件、投标文件的内容一致。

2. 承诺的期限

承诺必须以明示的方式，在要约规定的期限内作出。要约没有规定承诺期限的，视要约的方式而定：

（1）要约以对话方式作出的，应当及时作出承诺，但当事人另有约定的除外。

（2）要约以非对话方式作出的，承诺应当在合理期限内到达。

这样的规定主要是表明承诺的期限应当与要约相对应。"合理期限"要根据要约发出的客观情况和交易习惯确定，应当注意双方的利益平衡。要约以信件或者电报作出的，承诺期限自信件载明的日期或者电报交发之日开始计算。信件未载明日期的，自投寄该信件的邮戳日期开始计算。要约以电话、传真等快速通讯方式作出的，承诺期限自要约到达受要约人时开始计算。

受要约人在承诺期限内发出承诺，按照通常情形能够及时到达要约人，但因承诺到达要约人时超过承诺期限的，除要约人及时通知受要约人因承诺超过期限不接受该承诺的以外，该承诺有效。

3. 迟到的承诺

超过承诺期限到达要约人的承诺，按照迟到的原因不同，《合同法》对承诺的有效性作出了不同的区分。

（1）受要约人超过承诺期限发出的承诺。除非要约人及时通知受要约人该承诺有效，否则该超期的承诺视为新要约，对要约人不具备法律效力。

（2）非受要约人责任原因延误到达的承诺。受要约人在承诺期限内发出承诺，按照通常情况能够及时到达要约人，但因其他原因承诺到达要约人时超过了承诺期限。对于这种情况，除非要约人及时通知受要约人因承诺超过期限不接受该承诺，否则承诺有效。

4. 承诺的撤回

承诺的撤回是承诺人阻止或者消灭承诺发生法律效力的意思表示。承诺可以撤回。撤回承诺的通知应当在承诺通知到达要约人之前或者与承诺通知同时到达要约人。

（三）要约和承诺的生效

对于要约和承诺的生效，世界各国有不同的规定，但主要有投邮主义、到达主义和了解主义。对于投邮主义，在现代信息交流方式中可作广义的理解：要约和承诺发出以后，只要要约和承诺已处于要约人和承诺人控制范围之外，要约、承诺即生效。到达主义则要求要约、承诺达到受要约人、要约人时生效。了解主义则不但要求对方收到要约、承诺的意思表示，而且要求真正了解其内容时，该意思表示才生效。目前，世界上大部分国家和

《联合国国际货物销售合同公约》都采用了到达主义。我国也采用了到达主义。要约、承诺的生效与合同成立的许多规定都有关联性，如：只有到达主义可以允许承诺撤回，而投邮主义则不可能撤回承诺。

《合同法》规定，要约到达受要约人时生效。采用数据电文形式订立合同，收件人指定特定系统接收数据电文的，该数据电文进入该特定系统的时间，视为到达时间；未指定特定系统的，该数据电文进入收件人任何系统的首次时间，视为到达时间。承诺应当以通知的方式作出，根据交易习惯或者要约表明可以通过行为作出承诺的除外。承诺的通知送达给要约人时生效。

（四）合同的成立

1. 不要式合同的成立

合同成立是指合同当事人对合同的标的、数量等内容协商一致。如果法律法规、当事人对合同的形式、程序没有特殊的要求，则承诺生效时合同成立。因为承诺生效即意味着当事人对合同的内容达成了一致，对当事人产生约束力。

在一般情况下，要约生效的地点为合同成立的地点。采用数据电文形式订立合同的，收件人的主营业地为合同成立的地点；没有主营业地的，其经常居住地为合同成立的地点。当事人另有约定的，按照其约定。

2. 要式合同的成立

当事人采用合同书形式订立合同的，自双方当事人签字或者盖章时合同成立。需要注意的是，合同书的表现形式是多样的，在很多情况下双方签字、盖章只要具备其中的一项即可。双方签字或者盖章的地点为合同成立的地点。在建设工程施工合同履行中，有合法授权的一方代表签字确认的内容也可以作为合同的内容，这就是这一法律规定在建设工程中的延伸。

当事人采用信件、数据电文等形式订立合同的，可以在合同成立之前要求签订确认书。签订确认书时合同成立。

三、合同示范文本

《合同法》第 12 条规定："当事人可以参照各类合同的示范文本订立合同。"合同示范文本是将各类合同的主要条款、式样等制定出规范的、指导性的文本，在全国范围内积极宣传和推广，引导当事人采用示范文本签订合同，以实现合同签订的规范化。我国推行合同示范文本制度已经有 10 多年了，在 1990 年国务院办公厅就转发了国家工商行政管理局《关于在全国逐步推行经济合同示范文本制度请示》的通知，随后各类合同示范文本纷纷出台，逐步推行。推行合同示范文本的实践证明，示范文本使当事人订立合同更加认真、更加规范，对于当事人在订立合同时明确各自的权利义务、减少合同约定缺款少项、防止合同纠纷，起到了积极的作用。

在建设工程领域，自 1991 年起就陆续颁布了一些示范文本。1999 年 10 月 1 日实施《合同法》后，建设部与国家工商行政管理局联合颁布了《建设工程施工合同（示范文本）》、《建设工程勘察合同（示范文本）》、《建设工程设计合同（示范文本）》、《建设工程委托监理合同（示范文本）》，使这些示范文本更符合市场经济的要求，对完善建设工程合同管理制度起到了极大的推动作用。

四、格式条款

格式条款是指当事人为了重复使用而预先拟定，并在订立合同时未与对方协商即采用的条款。格式条款又被称为标准条款，提供格式条款的相对人只能在接受格式条款和拒绝合同两者之间进行选择。格式条款既可以是合同的部分为格式条款，也可以是合同的所有条款为格式条款。在现代经济生活中，格式条款适应了社会化大生产的需要，提高了交易效率，在日常工作和生活中随处可见。但这类合同的格式条款提供人往往利用自己的有利地位，加入一些不公平、不合理的内容。因此，各国立法都对格式条款提供人进行一定的限制。

提供格式条款的一方应当遵循公平的原则确定当事人之间的权利义务关系，并采取合理的方式提请对方注意免除或限制其责任的条款，按照对方的要求，对该条款予以说明。提供格式条款一方免除其责任、加重对方责任、排除对方主要权利的，该条款无效。

对格式条款的理解发生争议的，应当按照通常的理解予以解释，对格式条款有两种以上解释的，应当作出不利于提供格式条款的一方的解释。在格式条款与非格式条款不一致时，应当采用非格式条款。

五、缔约过失责任

（一）缔约过失责任的概念

缔约过失责任，是指在合同缔结过程中。当事人一方或双方因自己的过失而使合同不成立、无效或被撤销，应对信赖其合同为有效成立的相对人赔偿基于此项信赖而发生的损害。缔约过失责任既不同于违约责任，也有别于侵权责任，是一种独立的责任。现实生活中确实存在由于过失给当事人造成损失、但合同尚未成立的情况。缔约过失责任的规定能够解决这种情况的责任承担问题。

（二）缔约过失责任的构成

缔约过失责任是针对合同尚未成立应当承担的责任，其成立必须具备一定的要件，否则将极大地损害当事人协商订立合同的积极性。

1. 缔约一方受有损失

损害事实是构成民事赔偿责任的首要条件，如果没有损害事实的存在，也就不存在损害赔偿责任。缔约过失责任的损失是一种信赖利益的损失，即缔约人信赖合同有效成立，但因法定事由发生，致使合同不成立、无效或被撤销等而造成的损失。

2. 缔约当事人有过错

承担缔约过失责任一方应当有过错，包括故意行为和过失行为导致的后果责任。这种过错主要表现为违反先合同义务。所谓"先合同义务"，是指自缔约人双方为签订合同而互相接触磋商开始但合同尚未成立，逐渐产生的注意义务（或称附随义务），包括协助、通知、照顾、保护、保密等义务，它自要约生效开始产生。

3. 合同尚未成立

这是缔约过失责任有别于违约责任的最重要原因。合同一旦成立，当事人应当承担的是违约责任或者合同无效的法律责任。

4. 缔约当事人的过错行为与该损失之间有因果关系

缔约当事人的过错行为与该损失之间有因果关系，即该损失是由违反先合同义务引起的。

（三）承担缔约过失责任的情形

1. 假借订立合同，恶意进行磋商

恶意磋商，是指一方没有订立合同的诚意，假借订立合同与对方磋商而导致另一方遭受损失的行为。如甲施工企业知悉自己的竞争对手在协商与乙企业联合投标，为了与对手竞争，遂与乙企业谈判联合投标事宜，在谈判中故意拖延时间，使竞争对手失去与乙企业联合的机会，之后宣布谈判终止，致使乙企业遭受重大损失。

2. 故意隐瞒与订立合同有关的重要事实或提供虚假情况

故意隐瞒重要事实或者提供虚假情况，是指对涉及合同成立与否的事实予以隐瞒或者提供与事实不符的情况而引诱对方订立合同的行为。如代理人隐瞒无权代理这一事实而与相对人进行磋商；施工企业不具有相应的资质等级而谎称具有；没有得到进（出）口许可而谎称获得；故意隐瞒标的物的瑕疵等。

3. 有其他违背诚实信用原则的行为

其他违背诚实信用原则的行为主要指当事人一方对附随义务的违反，即违反了通知、保护、说明等义务。

4. 违反缔约中的保密义务

当事人在订立合同过程中知悉的商业秘密，无论合同是否成立，均不得泄露或者不正当使用。泄露或者不正当使用该商业秘密给对方造成损失的，应当承担损害赔偿责任。例如，发包人在建设工程招标投标中或者合同谈判中知悉对方的商业秘密，如果泄露或者不正当使用，给承包人造成损失的，应当承担损害赔偿责任。

第三节 合 同 的 效 力

一、合同的生效

（一）合同生效应当具备的条件

合同生效是指合同对双方当事人的法律约束力的开始。合同成立后，必须具备相应的法律条件才能生效，否则合同是无效的。合同生效应当具备下列条件。

1. 当事人具有相应的民事权利能力和民事行为能力

订立合同的人必须具备一定的独立表达自己的意思和理解自己行为的性质和后果的能力，即合同当事人应当具有相应的民事权利能力和民事行为能力。对于自然人而言，民事权利能力始于出生，完全民事行为能力人可以立一切法律允许自然人作为合同主体的合同。法人和其他组织的权利能力就是它们的经营、活动范围，民事行为能力则与它们的权利能力相一致。

在建设工程合同中，合同当事人一般都应当具有法人资格，并且承包人还应当具备相应的资质等级。否则，当事人就不具有相应的民事权利能力和民事行为能力，订立的建设工程合同无效。

2. 意思表示真实

合同是当事人意思表示一致的结果，因此，当事人的意思表示必须真实。但是，意思表示真实是合同的生效条件而非合同的成立条件。意思表示不真实包括意思与表示不一致、不自由的意思表示两种。含有意思表示不真实的合同是不能取得法律效力的。如建设工程合同的订立，一方采用欺诈、胁迫的手段订立的合同，就是意思表示不真实的合同，这样的合同就欠缺生效的条件。

3. 不违反法律或者社会公共利益

不违反法律或者社会公共利益，是合同有效的重要条件。所谓不违反法律或者社会公共利益，是就合同的目的和内容而言。合同的目的，是指当事人订立合同的直接内心原因；合同的内容，是指合同中的权利义务及其指向的对象。不违反法律或者社会公共利益，实际是对合同自由的限制。

（二）合同的生效时间

1. 合同生效时间的一般规定

一般说来，依法成立的合同，自成立时生效。具体地讲：口头合同自受要约人承诺时生效；书面合同自当事人双方签字或者盖章时生效；法律规定应当采用书面形式的合同，当事人虽然未采用书面形式但已经履行全部或者主要义务的，可以视为合同有效。合同中有违反法律或社会公共利益的条款的，当事人取消或改正后，不影响合同其他条款的效力。

法律、行政法规规定应当办理批准、登记等手续生效的，依照其规定。

2. 附条件和附期限合同的生效时间

当事人，可以对合同生效约定附条件或者附期限。附条件的合同，包括附生效条件的合同和附解除条件的合同两类。附生效条件的合同，自条件成就时生效；附解除条件的合同，自条件成就时失效。当事人为了自己的利益不正当阻止条件成就的，视为条件已经成就；不正当促成条件成就的，视为条件不成就。附生效期限的合同，自期限届至时生效；附终止期限合同，自期限届满时失效。

附条件合同的成立与生效不是同一时间，合同成立后虽然并未开始履行，但任何一方不得撤销要约和承诺，否则应承担缔约过失责任，赔偿对方因此而受到的损失；合同生效后，当事人双方必须忠实履行合同约定的义务，如果不履行或未正确履行义务，应按违约责任条款的约定追究责任。一方不正当地阻止条件成就，视为合同已生效，同样要追究其违约责任。

（三）合同效力与仲裁条款

合同成立后，合同中的仲裁条款是独立存在的，合同的无效、变更、解除、终止，不影响仲裁协议的效力。如果当事人在施工合同中约定通过仲裁解决争议，不能认为合同无效将导致仲裁条款无效。若因一方的违约行为，另一方按约定的程序终止合同而发生了争议，仍然应当由双方选定的仲裁委员会裁定施工合同是否有效及对争议的处理。

（四）效力待定的合同

有些合同的效力较为复杂，不能直接判断是否生效，而与合同的一些后续行为有关，这类合同即为效力待定的合同。

1. 限制民事行为能力人订立的合同

无民事行为能力人不能订立合同，限制行为能力人一般情况下也不能独立订立合同。

限制民事行为能力人立的合同，经法定代理人追认以后，合同有效。限制民事行为能力人的监护人是其法定代理人。相对人可以催告法定代理人在1个月内予以追认，法定代理人未作表示的，视为拒绝追认。合同被追认之前，善意相对人有撤销的权利。撤销应当以通知的方式作出。

2. 无代理权人订立的合同

行为人没有代理权、超越代理权或者代理权终止后以被代理人的名义订立的合同，未经被代理人追认，对被代理人不发生效力，由行为人承担责任。相对人可以催告被代理人在1个月内予以追认。被代理人未作表示的，视为拒绝追认。合同被追认之前，善意相对人有撤销的权利。撤销应当以通知的方式作出。行为人没有代理权、超越代理权或者代理权终止后以被代理人的名义订立的合同，相对人有理由相信行为人有代理权的，该代理行为有效。

3. 表见代理人订立的合同

"表见代理"是善意相对人通过被代理人的行为足以相信无权代理人具有代理权的代理。基于此项信赖，该代理行为有效。善意第三人与无权代理人进行的交易行为（订立合同），其后果由被代理人承担。表见代理的规定，其目的是保护善意的第三人。在现实生活中，较为常见的表见代理是采购员或者推销员拿着盖有单位公章的空白合同文本，超越授权范围与其他单位订立合同。此时其他单位如果不知采购员或者推销员的授权范围，即为善意第三人。此时订立的合同有效。

表见代理一般应当具备以下条件：①表见代理人并未获得被代理人的书面明确授权，是无权代理；②客观上存在让相对人相信行为人具备代理权的理由；③相对人善意且无过失。

有些情况下，表见代理与无权代理的区分十分困难。

4. 法定代表人、负责人越权订立的合同

法人或其他组织的法定代表人、负责人超越权限订立的合同，除相对人知道或应当知道其超越权限以外，该代表行为有效。

5. 无处分权人处分他人财产订立的合同

无处分权人处分他人财产订立的合同，一般情况下是无效的。但是，在下列两种情况下合同有效：①无处分权人处分他人财产，经权利人追认，订立的合同有效；②无处分权人通过订立合同取得处分权的合同有效。如在房地产开发项目的施工中，施工企业对房地产是没有处分权的，如果施工企业将施工的商品房卖给他人，则该买卖合同无效。但是，如果房地产开发商追认该买卖行为，则买卖合同有效；或者事后施工企业与房地产开发商达成该商品房折抵工程款，则该买卖合同也有效。

二、无效合同

（一）无效合同的概念

无效合同是指当事人违反了法律规定的条件而订立的，国家不承认其效力，不给予法律保护的合同。无效合同从订立之时起就没有法律效力，不论合同履行到什么阶段，合同被确认无效后，这种无效的确认要溯及到合同订立时。

在计划经济时期，由于国家对合同的干预较多，合同有效的条件也较多，因此，无效合同的比例较高。新《合同法》颁布之前,在我国的经济合同中,据不完全统计,无效经济合同约占经济合同总量的 10%～15%。这种情况实际上对我国的经济发展带来了相当大的负面影响。新《合同法》适应市场经济发展和与国际经济接轨的需要,树立全新的立法观念,以鼓励交易、尊重当事人意思自治为目标,立法上大大缩小无效合同的范围,把无效合同限定在违反法律和行政法规的强制性规定以及损害国家利益和社会公共利益的范围内。

(二)合同无效的情形

1. 无效合同

(1)一方以欺诈、胁迫的手段订立,损害国家利益的合同。"欺诈"是指一方当事人故意告知对方虚假情况,或者故意隐瞒真实情况,诱使对方当事人作出错误意思表示的行为。如施工企业伪造资质等级证书与发包人签订施工合同。"胁迫"是以给自然人及其亲友的生命健康、荣誉、名誉、财产等造成损害或者以给法人的荣誉、名誉、财产等造成损害为要挟,迫使对方作出违背真实意思表示的行为。如材料供应商以败坏施工企业名誉为要挟,迫使施工企业与其订立材料买卖合同。以欺诈、胁迫的手段订立合同,如果损害国家利益,则合同无效。

(2)恶意串通,损害国家、集体或第三人利益的合同。这种情况在建设工程领域中较为常见的是投标人串通投标或者招标人与投标人串通,损害国家、集体或第三人利益,投标人、招标人通过这样的方式订立的合同无效。

(3)以合法形式掩盖非法目的的合同。如果合同要达到的目的是非法的,即使其以合法的形式作掩护,也是无效的。如企业之间为了达到借款的非法目的,即使设计了合法的形式也属于无效合同。

(4)损害社会公共利益。如果合同违反公共秩序和善良风俗(即公序良俗),就损害了社会公共利益,这样的合同也是无效的。例如,施工单位在劳动合同中规定雇员应当接受搜身检查的条款,或者在施工合同的履行中规定以债务人的人身作为担保的约定,都属于无效的合同条款。

(5)违反法律、行政法规的强制性规定的合同。违反法律、行政法规的强制性规定的合同也是无效的。如建设工程的质量标准是《标准化法》、《建筑法》规定的强制性标准,如果建设工程合同当事人约定的质量标准低于国家标准,则该合同是无效的。

2. 无效合同的免责条款

合同免责条款,是指当事人约定免除或者限制其未来责任的合同条款。当然,并不是所有的免责条款都无效,合同中的下列免责条款无效:

(1)造成对方人身伤害的。

(2)因故意或者重大过失造成对方财产损失的。

上述两种免责条款具有一定的社会危害性,双方即使没有合同关系也可追究对方的侵权责任。因此这两种免责条款无效。

(三)无效合同的确认

无效合同的确认权归人民法院或者仲裁机构,合同当事人或其他任何机构均无权认定合同无效。

（四）无效合同的法律后果

合同被确认无效后，合同规定的权利义务即为无效。履行中的合同应当终止履行，尚未履行的不得继续履行。对因履行无效合同而产生的财产后果应当依法进行处理。

1. 返还财产

由于无效合同自始没有法律约束力，因此，返回财产是处理无效合同的主要方式。合同被确认无效后，当事人依据该合同所取得的财产，应当返还给对方；不能返还的，应当作价补偿。建设工程合同如果无效一般都无法返还财产，因为无论是勘察设计成果还是工程施工，承包人的付出都是无法返还的，因此，一般应当采用作价补偿的方法处理。

2. 赔偿损失

合同被确认无效后，有过错的一方应赔偿对方因此而受到的损失。如果双方都有过错，应当根据过错的大小各自承担相应的责任。

3. 追缴财产，收归国有

双方恶意串通，损害国家或者第三人利益的，国家采取强制性措施将双方取得的财产收归国库或者返还第三人。无效合同不影响善意第三人取得合法权益。

三、可变更或可撤销的合同

（一）可变更或可撤销合同的概念和种类

可变更或可撤销的合同，是指欠缺生效条件，但一方当事人可依照自己的意思使合同的内容变更或者使合同的效力归于消灭的合同。如果合同当事人对合同的可变更或可撤销发生争议，只有人民法院或者仲裁机构有权变更或者撤销合同。可变更或可撤销的机构不得主动变更或者撤销合同。当事人如果只要求变更，人民法院或者仲裁机构不得撤销其合同。

有下列情形之一的，当事人一方有权请求人民法院或者仲裁机构变更或者撤销其合同。

1. 因重大误解而订立的合同

重大误解是指由于合同当事人一方本身的原因，对合同主要内容发生误解，产生错误认识。由于建设工程合同订立的程序较为复杂，当事人发生重大误解的可能性很小，但在建设工程合同的履行或者变更的具体问题上仍有发生重大误解的可能性。如在工程师发布的指令中，或者建设工程涉及的买卖合同中等。行为人因对行为的性质、对方当事人、标的物的品种、质量、规格和数量等的错误认识，使行为的后果与自己的意思相悖，并造成较大损失时，可以认定为重大误解。当然，这里的重大误解必须是当事人在订立合同时已经发生的误解，如果是合同订立后发生的事实，且一方当事人订立时由于自己的原因而没有预见到，则不属于重大误解。

2. 在订立合同时显失公平的合同

一方当事人利用优势或者利用对方没有经验，致使双方的权利与义务明显违反公平原则的，可以认定为显失公平。最高人民法院的司法解释认为，民间借贷（包括公民与企业之间的借贷）约定的利息高于银行同期同种贷款利率的 4 倍，为显失公平。但在其他方面，显失公平尚无定量的规定。

3. 欺诈、胁迫等手段或者乘人之危，使对方在违背真实意思的情况下订立的合同

一方以欺诈、胁迫等手段或者乘人之危，使对方在违背真实意思的情况下订立的合同，受损害方有权请求人民法院或者仲裁机构变更或者撤销。

（二）合同撤销权的消灭

由于可撤销的合同只是涉及当事人意思表示不真实的问题，因此法律对撤销权的行使有一定的限制。有下列情形之一的，撤销权消灭：

（1）具有撤销权的当事人自知道或者应当知道撤销事由之日起 1 年内没有行使撤销权。

（2）具有撤销权的当事人知道撤销事由后明确表示或者以自己的行为放弃撤销权。

（三）合同被撤销后的法律后果

合同被撤销后的法律后果与合同无效的法律后果相同，也是返还财产，赔偿损失，追缴财产和收归国有三种。

【例 5 - 1】从事家电销售业务的甲到 A 商场购物，将1套售价为 7200 元的音响看成 1200 元 1 套。该柜台售货员乙参加工作不久，也将售价看成了 1200 元 1 套。于是甲以 1200 元 1 套购买了两套。A 商场发现问题后找到甲，要求甲支付差价或者退货。问：

（1）如果音响尚在甲处且完好无损，应当如何处理？为什么？

（2）如果音响已经由甲销售给丙，且无法找到丙，应当如何处理？为什么？

解答：（1）由于乙的销售行为是职务行为，可以代表 A 商场，因此可以理解为甲和 A 商场都对这一买卖行为存在重大误解，故这一买卖合同是可变更或者可撤销的合同。因此，如果音响尚在甲处且完好无损，甲应当支付差价（变更合同）或者退货（撤销合同）。

（2）如果音响已经由甲销售给丙，且无法找到丙，这意味着这一可变更或者可撤销的合同已经给当事人造成损失。有过错一方应当承担赔偿责任，如果是双方共同过错，则应当共同承担赔偿责任。当然，在买卖合同中，对价格的重大误解，卖方（A 商场）应当承担主要、甚至全部过错。如果考虑甲是从事家电销售业务的，可以认为其有丰富的经验，也可以要求其承担一定的责任。

四、当事人名称或者法定代表人变更不对合同效力产生影响

当事人名称或者法定代表人变更不会对合同的效力产生影响。因此，合同生效后，当事人不得因姓名、名称的变更或者法定代表人、负责人、承办人的变动而不履行合同义务。有些单位因为名称或者法定代表人变更而拒绝承担合同义务，是没有法律依据的。

五、当事人合并或分立后对合同效力的影响

在现实的市场经济活动中，经常由于资产的优化或重组而产生法人的合并或分立，但不应影响合同的效力。按照《合同法》的规定，订立合同后当事人与其他法人或组织合并，合同的权利和义务由合并后的新法人或组织继承，合同仍然有效。

订立合同后分立的，分立的当事人应及时通知对方，并告知合同权利和义务的继承人，双方可以重新协商合同的履行方式。如果分立方没有告知或分立方的该合同责任归属通过协商对方当事人仍不同意，则合同的权利义务由分立后的法人或组织连带负责，即享有连带债权，承担连带债务。

第四节　合同的履行、变更和转让

一、合同的履行

（一）合同履行的概念

合同履行，是指合同各方当事人按照合同的规定，全面履行各自的义务，实现各自的权利，使各方的目的得以实现的行为。合同依法成立，当事人就应当按照合同的约定，全部履行自己的义务。签订合同的目的在于履行，通过合同的履行而取得某种权益。合同的履行以有效的合同为前提和依据，因为无效合同从订立之时起就没有法律效力，不存在合同履行的问题。合同履行是该合同具有法律约束力的首要表现。建设工程合同的目的也是履行，因此，合同订立后同样应当严格履行各自的义务。

（二）合同履行的原则

1. 全面履行的原则

当事人应当按照约定全面履行自己的义务。即按合同约定的标的、价款、数量、质量、地点、期限、方式等全面履行各自的义务。按照约定履行自己的义务，既包括全面履行义务，也包括正确适当履行合同义务。建设工程合同订立后，双方应当严格履行各自的义务，不按期支付预付款、工程款，不按照约定时间开工、竣工，都是违约行为。

合同有明确约定的，应当依约定履行。但是，合同约定不明确并不意味着合同无须全面履行或约定不明确部分可以不履行。

合同生效后，当事人就质量、价款或者报酬、履行地点等内容没有约定或者约定不明的，可以协议补充。不能达成补充协议的，按照合同有关条款或者交易习惯确定。按照合同有关条款或者交易习惯确定，一般只能适用于部分常见条款欠缺或者不明确的情况，因为只有这些内容才能形成一定的交易习惯。如果按照上述办法仍不能确定合同如何履行的，适用下列规定进行履行：

（1）质量要求不明的，按国家标准、行业标准履行，没有国家、行业标准的，按通常标准或者符合合同目的的特定标准履行。作为建设工程合同中的质量标准，大多是强制性的国家标准，因此，当事人的约定不能低于国家标准。

（2）价款或报酬不明的，按订立合同时履行地的市场价格履行；依法应当执行政府定价或政府指导价的，按规定履行。在建设工程施工合同中，合同履行地是不变的，肯定是工程所在地。因此，约定不明确时，应当执行工程所在地的市场价格。

（3）履行地点不明确的，给付货币的，在接收货币一方所在地履行；交付不动产的，在不动产所在地履行；其他标的在履行义务一方所在地履行。

（4）履行期限不明确的，债务人可以随时履行，债权人也可以随时要求履行，但应当给对方必要的准备时间。

（5）履行方式不明确的，按照有利于实现合同目的的方式履行。

（6）履行费用的负担不明确的，由履行义务一方承担。

合同在履行中既可能按照市场行情约定价格，也可能执行政府定价或政府指导价。如果是按照市场行情约定价格履行，则市场行情的波动不应影响合同价，合同仍执行原价格。

如果执行政府定价或政府指导价的，在合同约定的交付期限内政府价格调整时，按照交付时的价格计价。逾期交付标的物的，遇价格上涨时按照原价格执行；遇价格下降时，按新价格执行。逾期提取标的物或者逾期付款的，遇价格上涨时，按新价格执行；价格下降时，按原价格执行。

2. 诚实信用原则

当事人应当遵循诚实信用原则，根据合同性质、目的和交易习惯履行通知、协助和保密的义务。当事人首先要保证自己全面履行合同约定的义务，并为对方履行义务创造必要的条件。当事人双方应关心合同履行情况，发现问题应及时协商解决。一方当事人在履行过程中发生困难，另一方当事人应在法律允许的范围内给予帮助。在合同履行过程中应信守商业道德，保守商业秘密。

（三）合同履行中的抗辩权

抗辩权是指在双方合同的履行中，双方都应当履行自己的债务，一方不履行或者有可能不履行时，另一方可以据此拒绝对方的履行要求。

1. 同时履行抗辩权

当事人互负债务，没有先后履行顺序的，应当同时履行。同时履行抗辩权包括：一方在对方履行之前有权拒绝其履行要求；一方在对方履行债务不符合约定时，有权拒绝其相应的履行要求。如施工合同中期付款时，对承包人施工质量不合格部分，发包人有权拒付该部分的工程款；如果发包人拖欠工程款，则承包人可以放慢施工进度，甚至停止施工。产生的后果，由违约方承担。

同时履行抗辩权的适用条件是：①由同一双务合同产生互负的对价给付债务；②合同中未约定履行的顺序；③对方当事人没有履行债务或者没有正确履行债务；④对方的对价给付是可能履行的义务。所谓对价给付是指一方履行的义务和对方履行的义务之间具有互为条件、互为牵连的关系并且在价格上基本相等。

2. 后履行抗辩权

后履行抗辩权也包括两种情况：当事人互负债务，有先后履行顺序的，应当先履行的一方未履行时，后履行的一方有权拒绝其对本方的履行要求；应当先履行的一方履行债务不符合规定的，后履行的一方也有权拒绝其相应的履行要求。如材料供应合同按照约定应由供货方先行交付订购的材料后，采购方再行付款结算，若合同履行过程中供货方交付的材料质量不符合约定的标准，采购方有权拒付货款。

后履行抗辩权应满足的条件为：①由同一双务合同产生互负的对价给付债务；②合同中约定了履行的顺序；③应当先履行的合同当事人没有履行债务或者没有正确履行债务；④应当先履行的对价给付是可能履行的义务。

3. 先履行抗辩权

先履行抗辩权，又称不安抗辩权，是指合同中约定了履行的顺序，合同成立后发生了应当后履行合同一方财务状况恶化的情况，应当先履行合同一方在对方未履行或者提供担保前有权拒绝先为履行。设立不安抗辩权的目的在于，预防合同成立后情况发生变化而损害合同另一方的利益。

应当先履行合同的一方有确切证据证明对方有下列情形之一的，可以中止履行：

（1）经营状况严重恶化。

（2）转移财产、抽逃资金，以逃避债务的。

（3）丧失商业信誉。

（4）有丧失或者可能丧失履行债务能力的其他情形。

当事人中止履行合同的，应当及时通知对方。对方提供适当的担保时应当恢复履行。中止履行后，对方在合理的期限内未恢复履行能力并且未提供适当的担保，中止履行一方可以解除合同。当事人没有确切证据就中止履行合同的应承担违约责任。

（四）合同不当履行的处理

1. 因债权人致使债务人履行困难的处理

合同生效后，当事人不得因姓名、名称的变更或法定代表人、负责人、承办人的变动而不履行合同义务。债权人分立、合并或者变更住所应当通知债务人。如果没有通知债务人，会使债务人不知向谁履行债务或者不知在何地履行债务，致使履行债务发生困难。出现这些情况，债务人可以中止履行或者将标的物提存。

中止履行是指债务人暂时停止合同的履行或者延期履行合同。提存是指由于债权人的原因致使债务人无法向其交付标的物，债务人可以将标的物交给有关机关保存以此消灭合同的制度。

2. 提前或者部分履行的处理

提前履行是指债务人在合同规定的履行期限到来之前就开始履行自己的义务。部分履行是指债务人没有按照合同约定履行全部义务而只履行了自己的一部分义务。提前或者部分履行会给债权人行使权利带来困难或者增加费用。

债权人可以拒绝债务人提前或部分履行债务，由此增加的费用由债务人承担。但不损害债权人利益且债权人同意的情况除外。

3. 合同不当履行中的保全措施

保全措施是指为防止因债务人的财产不当减少而给债权人带来危害时，允许债权人为确保其债权的实现而采取的法律措施。这措施包括代位权和撤销权两种。

（1）代位权。代位权是指因债务人怠于行使其到期债权，对债权人造成损害，债权人可以向人民法院请求以自己的名义代位行使债务人的债权。但该债权专属于债务人时不能行使代位权。代位权的行使范围以债权人的债权为限，其发生的费用由债务人承担。

（2）撤销权。撤销权是指因债务人放弃其到期债权或者无偿转让财产，对债权人造成损害的，债权人可以请求人民法院撤销债务人的行为。债务人以明显不合理低价转让财产，对债权人造成损害的，并且受让人知道该情形的，债权人可以请求人民法院撤销债务人的行为。撤销权的行使范围以债权人的债权为限，其发生的费用由债务人承担。撤销权自债权人知道或者应当知道撤销事由之日起 1 年内行使。自债务人的行为发生之日起 5 年内没有行使撤销权的，该撤销权消灭。

二、合同的变更

合同变更是指当事人对已经发生法律效力，但尚未履行或者尚未完全履行的合同，进行修改或补充所达成的协议。《合同法》规定，当事人协商一致可以变更合同（在这里合同变更是狭义的，仅指合同内容的变更，不包括合同主体的变更）。

合同变更必须针对有效的合同，协商一致是合同变更的必要条件，任何一方都不得擅自变更合同。由于合同签订的特殊性，有些合同需要有关部门的批准或登记，对于此类合同的变更需要重新登记或审批。合同的变更一般不涉及已履行的内容。

有效的合同变更必须要有明确的合同内容的变更。如果当事人对合同的变更约定不明确，视为没有变更。

合同变更后原合同债消灭，产生新的合同债。因此，合同变更后，当事人不得再按原合同履行，而须按变更后的合同履行。

三、合同履行中的债权转让和债务转移

合同内可以约定，履行过程中由债务人向第三人履行债务或由第三人向债权人履行债务，但合同当事人之间的债权和债务关系并不因此而改变。

（一）债务人向第三人履行债务

合同内可以约定由债务人向第三人履行部分义务。如某设备采购合同定购了 5 台设备，合同约定供货方向定购方交付 3 台，向另一不是合同当事人单位交付 2 台。这种情况的法律关系的特点表现为：

（1）债权的转让在合同内有约定，但不改变当事人之间的权利义务关系。

（2）在合同履行期限内，第三人可以向债务人请求履行，债务人不得拒绝。

（3）对第三人履行债务原则上不能增加履行的难度和履行费用，否则增加费用部分应由合同当事人的债权人给予补偿。

（4）债务人未向第三人履行债务或履行债务不符合约定，应向合同当事人的债权人承担违约责任，即仍由合同当事人依据合同追究对方的违约责任，第三人没有此项权利，他只能将违约的事实和证据提交给合同的债权人。

（二）由第三人向债权人履行债务

合同内可以约定由第三人向债权人履行部分义务，如施工合同的分包。这种情况的法律关系特点表现为：

（1）部分义务由第三人履行属于合同内的约定，但当事人之间的权利义务关系并不因此而改变。

（2）在合同履行期限内，债权人可以要求第三人履行债务，但不能强迫第三人履行债务。

（3）第三人不履行债务或履行债务不符合约定，仍由合同当事人的债务方承担违约责任，即债权人不能直接追究第三人的违约责任。

四、合同的转让

合同转让是指合同一方将合同的权利、义务全部或部分转让给第三人的法律行为。《民法通则》规定："合同一方将合同的权利、义务全部或者部分转让给第三人的，应当取得合同另一方的同意，并不得牟利。依照法律规定应当由国家批准的合同，需经原批准机关批准。但是，法律另有规定或者原合同另有约定的除外。"合同的权利、义务的转让，除另有约定外，原合同的当事人之间以及转让人与受让人之间应当采用书面形式。转让合同权利、义务约定不明确的，视为未转让。合同的权利义务转让给第三人后，该第三人取

代原当事人在合同中的法律地位。合同的转让包括债权转让和债务承担两种情况，当事人也可将权利义务一并转让。

（一）债权转让

债权转让是指合同债权人通过协议将其债权全部或者部分转让给第三人的行为。债权人可以将合同的权利全部或者部分转让给第三人。法律、行政法规规定转让权利应当办理批准、登记手续的，应当办理批准、登记手续。但下列情形债权不可以转让：

（1）根据合同性质不得转让。

（2）根据当事人约定不得转让。

（3）依照法律规定不得转让。

债权人转让权利的，应当通知债务人。未经通知的，该转让对债务人不发生效力。且转让权利的通知不得撤销，除经受让人同意。受让人取得权利后，同时拥有与此权利相对应的从权利。若从权利与原债权人不可分割，则从权利不随之转让。债务人对债权人的抗辩同样可以针对受让人。

（二）债务承担

债务承担是指债务人将合同的义务全部或者部分转移给第三人的情况。债务人将合同的义务全部或部分转移给第三人的必须经债权人的同意，否则，这种转移不发生法律效力。法律、行政法规规定转移义务应当办理批准、登记手续的，应当办理批准、登记手续。

债务人转移义务的，新债务人可以主张原债务人对债权人的抗辩。债务人转移义务的，新债务人应当承担与主债务有关的从债务，但该从债务专属于原债务人自身的除外。

（三）权利和义务同时转让

当事人一方经对方同意，可以将自己在合同中的权利和义务一并转让给第三人。

当事人订立合同后合并的，由合并后的法人或者其他组织行使合同权利，履行合同义务。当事人订立合同后分立的，除债权人和债务人另有约定外，由分立的法人或其他组织对合同的权利和义务享有连带债权，承担连带债务。

第五节　合同的终止

一、合同终止概述

合同权利义务的终止也称合同终止，指当事人之间根据合同确定的权利义务在客观上不复存在，据此合同不再对双方具有约束力。合同终止是随着一定法律事实发生而发生的，与合同中止不同之处在于，合同中止只是在法定的特殊情况下，当事人暂时停止履行合同，当这种特殊情况消失以后，当事人仍然承担继续履行的义务；而合同终止是合同关系的消灭，不可能恢复。按照《合同法》的规定，有下列情形之一的，合同的权利义务终止：①债务已经按照约定履行；②合同解除；③债务相互抵销；④债务人依法将标的物提存；⑤债权人免除债务；⑥债权债务同归于一人；⑦法律规定或者当事人约定终止的其他情形。

二、债务已按照约定履行

债务已按照约定履行即是债的清偿，是按照合同约定实现债权目的的行为。其含义与履行相同，但履行侧重于合同动态的过程，而清偿则侧重于合同静态的实现结果。

清偿是合同权利义务终止最主要和最常见的原因。建设工程合同也不例外，双方当事人按照合同的约定，各自完成了自己的义务、实现了自己的权利，就是清偿。清偿一般由债务人为之，但不以债务人为限，也可能由债务人的代理人或者第三人进行合同的清偿。清偿的标的物一般是合同规定的标的物，但是债权人同意，也可用合同规定的标的物以外的物品来清偿其债务。

三、合同解除

（一）合同解除的概念

合同解除，是指对已经发生法律效力、但尚未履行或者尚未完全履行的合同，因当事人一方的意思表示或者双方的协议而使债权债务关系提前归于消灭的行为。合同解除可分为约定解除和法定解除两类。

合同一经成立即具有法律约束力，任何一方都不得擅自解除合同。但是，当事人在订立合同后，由于主观和客观情况的变化，有时会发生原合同的全部履行或部分履行成为不必要或不可能的情况，需要解除合同，以减少不必要的经济损失或收到更好的经济效益，以有利于稳定和维护正常的社会主义市场经济秩序。因此，在符合法定条件下，允许当事人依照法定程序解除合同。

合同解除后，尚未履行的，终止履行。合同解除可以溯及既往的消灭基于合同的债权债务关系，如果已经履行的，根据履行情况和合同性质，当事人可以请求恢复原状，采取其他补救措施，并有权要求赔偿损失。

（二）约定解除

约定解除是当事人通过行使约定的解除权或者双方协商决定而进行的合同解除。当事人协商一致可以解除合同，即合同的协商解除。当事人也可以约定一方解除合同的条件，解除合同条件成就时，解除权人可以解除合同，即合同约定解除权的解除。

合同的这两种约定解除有很大的不同。合同的协商解除一般是合同已开始履行后进行的约定，且必然导致合同的解除；而合同约定解除权的解除则是合同履行前的约定，它不一定导致合同的真正解除，因为解除合同的条件不一定成立。

（三）法定解除

法定解除是解除条件直接由法律规定的合同解除。当法律规定的解除条件具备时，当事人可以解除合同。它与合同约定解除权的解除都是具备一定解除条件时，由一方行使解除权，区别则在于解除条件的来源不同。

有下列情形之一的，当事人可以解除合同：

（1）因不可抗力致使不能实现合同目的的。

（2）在履行期限届满之前，当事人一方明确表示或者以自己的行为表明不履行主要债务。

（3）当事人一方延迟履行主要债务，经催告后在合理的期限内仍未履行。

（4）当事人一方延迟履行债务或者有其他违法行为，致使不能实现合同目的的。

（5）法律规定的其他情形。

（四）合同解除的法律后果

当事人一方依照法定解除的规定主张解除合同，应当通知对方。合同自通知到达对方时解除。对方有异议的，可以请求人民法院或者仲裁机构确认解除合同的效力。法律、行政法规规定解除合同应当办理批准、登记等手续的，则应当在办理完相应手续后解除。

合同解除后，尚未履行的，终止履行；已经履行的，根据履行情况和合同性质，当事人可以要求恢复原状、采取其他补救措施，并有权要求赔偿损失。合同的权利义务终止，不影响合同中结算和清理条款的效力。

四、债务相互抵销

债务相互抵销是指两个人彼此互负债务，各以其债权充当债务的清偿，使双方的债务在等额范围内归于消灭。债务抵销可以分为约定债务抵销和法定债务抵销两类。

（一）法定债务抵销

法定债务抵销是指当事人互负到期债务，该债务标的物的种类、品质相同，任何一方可以将自己的债务与对方的债务抵销。法定债务抵销的条件比较严格，要求必须是互负到期债务，且债务标的物的种类、品质相同。符合这些条件的互负债务，除了法律规定或者合同性质决定不能抵销的以外，当事人都可以互相抵销。

当事人主张抵销的，应当通知对方。通知自到达对方时生效。抵销不得附条件或者附期限。

（二）约定债务抵销

约定债务抵销是指当事人经协商一致而发生的抵销。约定债务抵销的债务要求不高，标的物的种类、品质可以不相同，但要求当事人必须协商一致。

第六节 违 约 责 任

一、违约责任的概念

违约责任，是指当事人任何一方不履行合同义务或者履行合同义务不符合约定而应当承担的法律责任。违约行为的表现形式包括不履行和不适当履行。不履行是指当事人不能履行或者拒绝履行合同义务。不能履行合同的当事人一般也应承担违约责任。不适当履行则包括不履行以外的其他所有违约情况。当事人一方不履行合同义务，或履行合同义务不符合约定的，应当承担继续履行、采取补救措施或者赔偿损失等违约责任。当事人双方都违反合同的，应各自承担相应的责任。

对于违约产生的后果，并非一定要等到合同义务全部履行后才追究违约方的责任，按照《合同法》的规定对于预期违约的，当事人也应当承担违约责任。所谓"预期违约"，指在履行期限届满之前，当事人一方明确表示或者以自己的行为表明不履行合同的义务，对方可以在履行期限届满之前要求其承担违约责任。这是《合同法》严格责任原则的重要体现。

违约责任制度，在合同法律制度中具有重要地位。《合同法》对此作了详细的规定，其目的在于用法律强制力督促当事人认真地履行合同，保护当事人的合法权益，维护社会经济秩序。

（一）加强合同当事人履行合同的责任心

违约责任的规定，是运用国家强制力保障合同法律效力最有力的手段。合同订立后，当事人如果不履行或者不完全履行合同，国家的审判机关或仲裁机构就会依法追究其经济责任，并强制违约方向对方支付违约金、赔偿金或承担其他的法律责任。通过这种法制手段，促使合同当事人全面履行合同，避免违约行为的发生。

（二）保护当事人的合法权益

违约责任制度规定，依法追究违约方的经济责任，对违约方进行经济惩罚，以补偿受害方的经济损失，从而使被侵权者的合法权益得到保护，维护社会经济秩序。

（三）预防和减少违反合同现象的发生

对违约责任者以法律制裁，对当事人签订和履行合同的行为有着严厉的警示和制约作用。它要求当事人在签订合同时要严肃认真，既要考虑到所签合同的合法性、真实性，更要注意到履约的可能性，任何一方到期不能履行合同义务，都要承担违约责任，促使当事人慎重签约，减少违反合同现象的发生。

二、承担违约责任的条件和原则

（一）承担违约责任的条件

当事人承担违约责任的条件，是指当事人承担违约责任应当具备的要件。按照《合同法》规定，承担违约责任的条件采用严格责任原则，只要当事人有违约行为，即当事人不履行合同或者履行合同不符合约定的条件，就应当承担违约责任。

严格责任原则还包括，当事人一方因第三人的原因造成违约时，应当向对方承担违约责任。第三方造成的违约行为虽然不是当事人的过错，但客观上导致了违约行为，只要不是不可抗力原因造成的，应属于当事人可能预见的情况。为了严格合同责任，故就签订的合同而言应归于当事人应承担的违约责任范围。承担违约责任后，与第三人之间的纠纷再按照法律或当事人与第三人之间的约定解决。如施工过程中，承包人因发包人委托设计单位提供的图纸错误而导致损失后，发包人应首先给承包人以相应损失的补偿，然后再依据设计合同追究设计承包人的违约责任。

当然，违反合同而承担的违约责任，是以合同有效为前提的。无效合同从订立之时起就没有法律效力，所以谈不上违约责任问题。但对部分无效合同中有效条款的不履行，仍应承担违约责任。所以，当事人承担违约责任的前提，必须是违反了有效的合同或合同条款的有效部分。

（二）承担违约责任的原则

《合同法》规定的承担违约责任以补偿性为原则。补偿性是指违约责任旨在弥补或者补偿因违约行为造成的损失。对于财产损失的赔偿范围，《合同法》规定，赔偿损失额应当相当于因违约行为所造成的损失，包括合同履行后可获得的利益。

但是，违约责任在有些情况下也具有惩罚性。如：合同约定了违约金，违约行为没有造成损失或者损失小于约定的违约金；约定了定金，违约行为没有造成损失或者损失小于约定的定金等。

三、承担违约责任的方式

（一）继续履行

继续履行是指违反合同的当事人不论是否承担了赔偿金或者承担了其他形式的违约责任，都必须根据对方的要求，在自己能够履行的条件下，对合同未履行的部分继续履行。因为订立合同的目的就是通过履行实现当事人的目的，从立法的角度，应当鼓励和要求合同的实际履行。承担赔偿金或者违约金责任不能免除当事人的履约责任。

特别是金钱债务，违约方必须继续履行，因为金钱是一般等价物，没有别的方式可以替代履行。因此，当事人一方未支付价款或者报酬的，对方可以要求其支付价款或者报酬。

当事人一方不履行非金钱债务或者履行非金钱债务不符合约定的，对方也可以要求继续履行。但有下列情形之一的除外：

（1）法律上或者事实上不能履行。

（2）债务的标的不适于强制履行或者履行费用过高。

（3）债权人在合理期限内未要求履行。

当事人就迟延履行约定违约金的，违约方支付违约金后，还应当履行债务。这也是承担继续履行违约责任的方式。如施工合同中约定了延期竣工的违约金，承包人没有按照约定期限完成施工任务，承包人应当支付延期竣工的违约金，但发包人仍然有权要求承包人继续施工。

（二）采取补救措施

所谓的补救措施主要是指《民法通则》和《合同法》中所确定的，在当事人违反合同的事实发生后，为防止损失发生或者扩大，而由违反合同一方依照法律规定或者约定采取的修理、更换、重新制作、退货、减少价格或者报酬等措施，以给权利人弥补或者挽回损失的责任形式。采取补救措施的责任形式，主要发生在质量不符合约定的情况下。建设工程合同中，采取补救措施是施工单位承担违约责任常用的方法。

采取补救措施的违约责任，在应用时应把握以下问题：第一，对于质量不合格的违约责任，有约定的，从其约定；没有约定或约定不明的，双方当事人可再协商确定；如果不能通过协商达成违约责任的补充协议的，则按照合同有关条款或者交易习惯确定，以上方法都不能确定违约责任时，可适用《合同法》的规定，即质量要求不明确的，按照国家标准、行业标准履行；没有国家标准、行业标准的，按照通常标准或者符合合同目的的特定标准履行。但是，由于建设工程中的质量标准往往都是强制性的，因此，当事人不能约定低于国家标准、行业标准的质量标准。第二，在确定具体的补救措施时，应根据建设项目性质以及损失的大小，选择适当的补救方式。

（三）赔偿损失

当事人一方不履行合同义务或者履行合同义务不符合约定，给对方造成损失的，应当赔偿对方的损失。损失赔偿额应当相当于因违约所造成的损失，包括合同履行后可以获得的利益，但不得超过违反合同一方订立合同时预见或应当预见的因违反合同可能造成的损失。这种方式是承担违约责任的主要方式。因为违约一般都会给当事人造成损失，赔偿损失是守约者避免损失的有效方式。

当事人一方不履行合同义务或履行合同义务不符合约定的,在履行义务或采取补救措施后,对方还有其他损失的,应承担赔偿责任。当事人一方违约后,对方应当采取适当措施防止损失的扩大,没有采取措施致使损失扩大的,不得就扩大的损失请求赔偿,当事人因防止损失扩大而支出的合理费用,由违约方承担。

(四)支付违约金

当事人可以约定一方违约时应当根据违约情况向对方支付一定数额的违约金,也可以约定因违约产生的损失额的赔偿办法。约定违约金低于造成损失的,当事人可以请求人民法院或仲裁机构予以增加;约定违约金过分高于造成损失的,当事人可以请求人民法院或仲裁机构予以适当减少。

违约金和赔偿损失不能同时采用。如果当事人约定了违约金,则应当按照支付违约金承担违约责任。

(五)定金罚则

当事人可以约定一方向对方给付定金作为债权的担保。债务人履行债务后定金应当抵作价款或收回。给付定金的一方不履行约定债务的,无权要求返还定金;收受定金的一方不履行约定债务的,应当双倍返还定金。

当事人既约定违约金,又约定定金的,一方违约时,对方可以选择适用违约金或定金条款。但是,这两种违约责任不能合并使用。

四、因不可抗力无法履约的责任承担

因不可抗力不能履行合同的,根据不可抗力的影响,部分或全部免除责任。当事人延迟履行后发生的不可抗力,不能免除责任。当事人因不可抗力不能履行合同的,应当及时通知对方,以减轻给对方造成的损失,并应当在合理的期限内提供证明。

当事人可以在合同中约定不可抗力的范围。为了公平的目的,避免当事人滥用不可抗力的免责权,约定不可抗力的范围是必要的。在有些情况下还应当约定不可抗力的风险分担责任。

第七节 合同争议的解决

一、解决合同争议的方法

合同争议也称合同纠纷,是指合同当事人对合同规定的权利和义务产生了不同的理解。合同争议的解决方式有和解、调解、仲裁、诉讼四种。在这四种解决争议的方式中,和解和调解的结果没有强制执行的法律效力,要靠当事人的自觉履行。当然,这里所说的和解和调解是狭义的,不包括仲裁和诉讼程序中在仲裁庭和法院的主持下的和解和调解。这两种情况下的和解和调解属于法定程序,其解决方法仍有强制执行的法律效力。

(一)和解

和解是合同纠纷当事人在自愿友好的基础上,互相沟通、互相谅解,从而解决纠纷的一种方式。

合同发生纠纷时,当事人应首先考虑通过和解解决纠纷。事实上,在合同的履行过程中,绝大多数纠纷都可以通过和解解决。合同纠纷和解解决有以下优点:

（1）简便易行，能经济、及时地解决纠纷。

（2）有利于维护合同双方的友好合作关系，使合同能更好地得到履行。

（3）有利于和解协议的执行。

（二）调解

调解，是合同当事人对合同所约定的权利、义务发生争议，不能达成和解协议时，在经济合同管理机关或有关机关、团体等的主持下，通过对当事人进行说服教育，促使双方互相作出适当的让步，平息争端，自愿达成协议，以求解决经济合同纠纷的方法。

合同纠纷的调解往往是当事人经过和解仍不能解决纠纷后采取的方式，因此与和解相比，它面临的纠纷要大一些。与诉讼、仲裁相比，仍具有与和解相似的优点：它能够较经济、较及时地解决纠纷；有利于消除合同当事人的对立情绪，维护双方的长期合作关系。

（三）仲裁

仲裁，亦称"公断"，是当事人双方在争议发生前或争议发生后达成协议，自愿将争议交给第三者作出裁决，并负有自动履行义务的一种解决争议的方式。这种争议解决方式必须是自愿的，因此必须有仲裁协议。如果当事人之间有仲裁协议，争议发生后又无法通过和解和调解解决，则应及时将争议提交仲裁机构仲裁。

（四）诉讼

诉讼，是指合同当事人依法请求人民法院行使审判权，审理双方之间发生的合同争议，作出有国家强制保证实现其合法权益，从而解决纠纷的审判活动。合同双方当事人如果未约定仲裁协议，则只能以诉讼作为解决争议的最终方式。

二、仲裁

（一）仲裁的原则

1．自愿原则

解决合同争议是否选择仲裁方式以及选择仲裁机构本身并无强制力。当事人采用仲裁方式解决纠纷，应当贯彻双方自愿原则，达成仲裁协议。如有一方不同意进行仲裁的，仲裁机构即无权受理合同纠纷。

2．公平合理原则

仲裁的公平合理，是仲裁制度的生命力所在。这一原则要求仲裁机构要充分搜集证据，听取纠纷双方的意见。仲裁应当根据事实。同时，仲裁应当符合法律规定。

3．仲裁依法独立进行原则

仲裁机构是独立的组织，相互间也无隶属关系。仲裁依法独立进行，不受行政机关、社会团体和个人的干涉。

4．一裁终局原则

由于仲裁是当事人基于对仲裁机构的信任作出的选择，因此其裁决是立即生效的。裁决作出后，当事人就同一纠纷要申请仲裁或者向人民法院起诉的，仲裁委员会或者人民法院不予受理。

（二）仲裁委员会

仲裁委员会可以在直辖市和省、自治区人民政府所在地的市设立，在其他设区的市设立，不按行政区划层层设立。

仲裁委员会由主任 1 人、副主任 2 至 4 人和委员 7 至 11 人组成。从公道正派的人员中聘任仲裁员。

仲裁委员会独立于行政机关,与行政机关没有隶属关系。仲裁委员会之间也没有隶属关系。

(三)仲裁协议

1. 仲裁协议的内容

仲裁协议是纠纷当事人愿意将纠纷提交仲裁机构仲裁的协议。它应包括以下内容:

(1)请求仲裁的意思表示。

(2)仲裁事项。

(3)选定的仲裁委员会。

在以上 3 项内容中,选定的仲裁委员会具有特别重要的意义。因为仲裁没有法定管辖,如果当事人不约定明确的仲裁委员会,仲裁将无法操作,仲裁协议将是无效的。至于请求仲裁的意思表示和仲裁事项则可以通过默示的方式来体现。可以认为在合同中选定仲裁委员会就是希望通过仲裁解决争议,同时,合同范围内的争议就是仲裁事项。

2. 仲裁协议的作用

(1)合同当事人均受仲裁协议的约束。

(2)是仲裁机构对纠纷进行仲裁的先决条件。

(3)排除了法院对纠纷的管辖权。

(4)仲裁机构应按仲裁协议进行仲裁。

(四)仲裁庭的组成

仲裁庭的组成有两种方式。

1. 当事人约定由 3 名仲裁员组成仲裁庭

当事人如果约定由 3 名仲裁员组成仲裁庭,应当各自选定或者各自委托仲裁委员会主任指定 1 名仲裁员,第 3 名仲裁员由当事人共同选定或者共同委托仲裁委员会主任指定。第 3 名仲裁员是首席仲裁员。

2. 当事人约定由 1 名仲裁员组成仲裁庭

仲裁庭也可以由 1 名仲裁员组成。当事人如果约定由 1 名仲裁员组成仲裁庭的,应当由当事人共同选定或者共同委托仲裁委员会主任指定仲裁员。

(五)开庭和裁决

1. 开庭

仲裁应当开庭进行。当事人协议不开庭的,仲裁庭可以根据仲裁申请书、答辩书以及其他材料作出裁决,仲裁不公开进行。当事人协议公开的,可以公开进行,但涉及国家秘密的除外。

申请人经书面通知,无正当理由不到庭或者未经仲裁庭许可中途退庭的,可以视为撤回仲裁申请。被申请人经书面通知,无正当理由不到庭或者未经仲裁庭许可中途退庭的,可以缺席裁决。

2. 证据

当事人应当对自己的主张提供证据。仲裁庭对专门性问题认为需要鉴定的,可以交由当事人约定的鉴定部门鉴定，也可以由仲裁庭指定的鉴定部门鉴定。根据当事人的请求或者仲裁庭的要求，鉴定部门应当派鉴定人参加开庭。当事人经仲裁庭许可，可以向鉴定人提问。

建设工程合同纠纷往往涉及工程质量、工程造价等专门性的问题，一般需要进行鉴定。

3. 辩论

当事人在仲裁过程中有权进行辩论。辩论终结时，首席仲裁员或者独任仲裁员应当征询当事人的最后意见。

4. 裁决

裁决应当按照多数仲裁员的意见作出，少数仲裁员的不同意见可以记入笔录。仲裁庭不能形成多数意见时，裁决应当按照首席仲裁员的意见作出。

仲裁庭仲裁纠纷时，其中一部分事实已经清楚，可以就该部分先行裁决。

对裁决书中的文字、计算错误或者仲裁庭已经裁决但在裁决书中遗漏的事项，仲裁庭应当补正；当事人自收到裁决书之日起 30 日内，可以请求仲裁补正。

裁决书自作出之日起发生法律效力。

（六）申请撤销裁决

当事人提出证据证明裁决有下列情形之一的，可以向仲裁委员会所在地的中级人民法院申请撤销裁决：

（1）没有仲裁协议的。

（2）裁决的事项不属于仲裁协议的范围或者仲裁委员会无权仲裁的。

（3）仲裁庭的组成或者仲裁的程序违反法定程序的。

（4）裁决所根据的证据是伪造的。

（5）对方当事人隐瞒了足以影响公正裁决的证据的。

（6）仲裁员在仲裁该案时有索贿受贿，徇私舞弊，枉法裁决行为的。

人民法院经组成合议庭审查核实裁决有前款规定情形之一的，应当裁定撤销。当事人申请撤销裁决的，应当自收到裁决书之日起 6 个月内提出。人民法院应当在受理撤销裁决申请之日起 2 个月内作出撤销裁决或者驳回申请的裁定。

人民法院受理撤销裁决的申请后，认为可以由仲裁庭重新仲裁的，通知仲裁庭在一定期限内重新仲裁，并裁定中止撤销程序。仲裁庭拒绝重新仲裁的，人民法院应当裁定恢复撤销程序。

（七）执行

仲裁裁决的执行。仲裁委员会的裁决作出后，当事人应当履行。由于仲裁委员会本身并无强制执行的权力，因此，当一方当事人不履行仲裁裁决时，另一方当事人可以依照《民事诉讼法》的有关规定向人民法院申请执行。接受申请的人民法院应当执行。

三、诉讼

如果当事人没有在合同中约定通过仲裁解决争议，则只能通过诉讼作为解决争议的最终方式。人民法院审理民事案件，依照法律规定实行合议、回避、公开审判和两审终审制度。

（一）建设工程合同纠纷的管辖

建设工程合同纠纷的管辖，既涉及级别管辖，也涉及地域管辖。

1. 级别管辖

级别管辖是指不同级别人民法院受理第一审建设工程合同纠纷的权限分工。一般情况下基层人民法院管辖第一审民事案件。中级人民法院管辖以下案件：重大涉外案件、在本辖区有重大影响的案件、最高人民法院确定由中级人民法院管辖的案件。在建设工程合同纠纷中，判断是否在本辖区有重大影响的依据主要是合同争议的标的额。由于建设工程合同纠纷争议的标的额往往较大，甚至由高级人民法院受理一审诉讼。

2. 地域管辖

地域管辖是指同级人民法院在受理第一审建设工程合同纠纷的权限分工。对于一般的合同争议，由被告住所地或合同履行地人民法院管辖。《民事诉讼法》也允许合同当事人在书面协议中选择被告住所地、合同履行地、合同签订地、原告住所地、标的物所在地人民法院管辖。对于建设工程合同的纠纷一般都适用不动产所在地的专属管辖，由工程所在地人民法院管辖。

（二）诉讼中的证据

证据有下列几种：

（1）书证。

（2）物证。

（3）视听资料。

（4）证人证言。

（5）当事人的陈述。

（6）鉴定结论。

（7）勘验笔录。

当事人对自己提出的主张，有责任提供证据。当事人及其诉讼代理人因客观原因不能自行收集的证据，或者人民法院认为审理案件需要的证据，人民法院应当调查收集。人民法院应当按照法定程序，全面地、客观地审查核实证据。

证据应当在法庭上出示，并由当事人互相质证。对涉及国家秘密、商业秘密和个人隐私的证据应当保密，需要在法庭出示的，不得在公开开庭时出示。经过法定程序公证证明的法律行为、法律事实和文书，人民法院应当作为认定事实的根据。但有相反证据足以推翻公证证明的除外。书证应当提交原件。物证应当提交原物。提交原件或者原物有困难的，可以提交复制品、照片、副本、节录本。提交外文书证，必须附有中文译本。

人民法院对视听资料，应当辨别真伪，并结合本案的其他证据，审查确定能否作为认定事实的根据。

人民法院对专门性问题认为需要鉴定的，应当交由法定鉴定部门鉴定；没有法定鉴定部门的，由人民法院指定的鉴定部门鉴定。鉴定部门及其指定的鉴定人有权了解进行鉴定所需要的案件材料，必要时可以询问当事人、证人。鉴定部门和鉴定人应当提出书面鉴定结论，在鉴定书上签名或者盖章。与仲裁中的情况相似，建设工程合同纠纷往往涉及工程质量、工程造价等专门性的问题，在诉讼中一般也需要进行鉴定。

思　考　题

1. 简述合同的分类。
2. 为什么我国《合同法》对合同形式采用不要式原则？
3. 要约应当符合哪些条件？要约与要约邀请有什么区别？
4. 哪些合同是可变更或者可撤销的合同？
5. 《合同法》对格式条款的提供人有哪些限制？
6. 承担缔约过失责任的情形有哪些？
7. 哪些情形之当事人一方有权请求人民法院或者仲裁机构变更或者撤销其合同？
8. 合同当事人在哪些情形下可以行使不安抗辩权？
9. 承担违约责任的方式有哪些？
10. 解决合同争议的方法有哪些？
11. 仲裁的原则有哪些？
12. 仲裁庭如何组成？

第六章 建设工程合同管理

第一节 施 工 合 同 管 理

一、建设工程施工合同概述

（一）建设工程施工合同的概念和特点

建设工程施工合同是发包人与承包人就完成具体工程项目的建筑施工、设备安装、设备调试、工程保修等工作内容，确定双方权利和义务的协议。施工合同是建设工程合同的一种，它与其他建设工程合同一样是双方有偿合同，在订立时应遵守自愿、公平、诚实信用等原则。

建设工程施工合同是建设工程的主要合同之一，其标的是将设计图纸变为满足功能、质量、进度、投资等发包人投资预期目的的建筑产品。建设工程施工合同还具有以下特点。

1. 合同标的的特殊性

施工合同的标的是各类建筑产品，建筑产品是不动产，建造过程中往往受到自然条件、地质水文条件、社会条件、人为条件等因素的影响。这就决定了每个施工合同的标的物不同于工厂批量生产的产品，具有单件性的特点。所谓"单件性"指不同地点建造的相同类型和级别的建筑，施工过程中所遇到的情况不尽相同，在甲工程施工中遇到的困难在乙工程不一定发生，而在乙工程施工中可能出现甲工程没有发生过的问题，相互间具有不可替代性。

2. 合同履行期限的长期性

建筑物的施工由于结构复杂、体积大，建筑材料类型多、工作量大，使得工期都较长（与一般工业产品的生产相比）。在较长的合同期内，双方履行义务往往会受到不可抗力、履行过程中法律法规政策的变化、市场价格的浮动等因素的影响，必然导致合同的内容约定、履行管理都很复杂。

3. 合同内容的复杂性

虽然施工合同的当事人只有两方，但履行过程中涉及的主体却有许多，内容的约定还需与其他相关合同相协调，如设计合同、供货合同、本工程的其他施工合同等。

（二）建设工程施工合同范本简介

1. 合同范本的作用

鉴于施工合同的内容复杂、涉及面宽，为了避免施工合同的编制者遗漏某些方面的重要条款，或条款约定责任不够公平合理，建设部和国家工商行政管理局于1999年12月24日印发了《建设工程施工合同（示范文本）》〔GF-1999-0201〕（以下简称示范文本）。

　　施工合同文本的条款内容不仅涉及各种情况下双方的合同责任和规范化的履行管理程序，而且涵盖了非正常情况的处理原则，如变更、索赔、不可抗力、合同的被迫终止、争议的解决等方面。

　　示范文本中的条款属于推荐使用，应结合具体工程的特点加以取舍、补充，最终形成责任明确、操作性强的合同。

　　2. 建设工程施工合同范本

　　作为推荐使用的施工合同范本由《协议书》、《通用条款》、《专用条款》三部分组成，并附有三个附件。

　　（1）协议书。合同协议书是施工合同的总纲性法律文件，经过双方当事人签字盖章后合同即成立。标准化的协议书格式文字量不大，需要结合承包工程特点填写的约定主要内容包括：工程概况、工程承包范围、合同工期、质量标准、合同价款、合同生效时间，并明确对双方有约束力的合同文件组成。

　　（2）通用条款。"通用"的含义是，所列条款的约定不区分具体工程的行业、地域、规模等特点，只要属于建筑安装工程均可适用。通用条款是在广泛总结国内工程实施中成功经验和失败教训基础上，参考 FIDIC 编写的《土木工程施工合同条件》相关内容的规定，编制的规范承发包双方履行合同义务的标准化条款。通用条件包括：词语定义及合同文件；双方一般权利和义务；施工组织设计和工期；质量与检验；安全施工；合同价款与支付；材料设备供应；工程变更；竣工验收与结算；违约、索赔和争议；其他十一部分，共 47 个条款。通用条款在使用时不作任何改动，原文照搬。

　　（3）专用条款。由于具体实施工程项目的工作内容各不相同，施工现场和外部环境条件各异，因此还必须有反映招标工程具体特点和要求的专用条款的约定。合同范本中的"专用条款"部分只为当事人提供了编制具体合同时应包括内容的指南，具体内容由当事人根据发包工程的实际要求细化。

　　具体工程项目编制专用条款的原则是，结合项目特点，针对通用条款的内容进行补充或修正，达到相同序号的通用条款和专用条款共同组成对某一方面问题内容完备的约定。因此，专用条款的序号不必依次排列，通用条件已构成完善的部分不需重复抄录，只需对通用条款部分需要补充、细化甚至弃用的条款做相应说明后，按照通用条款对该问题的编号顺序排列即可。

　　（4）附件。范本中为使用者提供了"承包人承揽工程项目一览表"、"发包人供应材料设备一览表"和"房屋建筑工程质量保修书"三个标准化附件，如果具体项目的实施为包工包料承包，则可以不使用发包人供应材料设备表。

　　（三）合同管理涉及的有关各方

　　1. 合同当事人

　　（1）发包人。通用条款规定，发包人指在协议书中约定，具有工程发包主体资格和支付工程价款能力的当事人以及取得该当事人资格的合法继承人。

　　（2）承包人。通用条款规定，承包人指在协议书中约定，被发包人接受具有工程施工承包主体资格的当事人以及取得该当事人资格的合法继承人。

　　从以上两个定义可以看出，施工合同签订后，当事人任何一方均不允许转让合同。因为承包人是发包人通过复杂的招标选中的实施者；发包人则是承包人在投标前出于对其信誉和支付能力的信任才参与竞争取得合同。因此，按照诚实信用原则，订立合同后，任何一方都不能将合同转让给第三方。所谓合法继承人是指因资产重组后，合并或分立后的法人或组织可以作为合同的当事人。

2. 工程师

施工合同示范文本定义的工程师包括监理单位委派的总监理工程师或发包人指定的履行合同的负责人两种情况。

（1）发包人委托的监理。发包人可以委托监理单位，全部或者部分负责合同的履行管理。监理单位委派的总监理工程师在施工合同中称为工程师。总监理工程师是经监理单位法定代表人授权，派驻施工现场监理组织的总负责人，行使监理合同赋予监理单位的权利和义务，全面负责受委托工程的监理工作。

发包人应当将委托的监理单位名称、工程师的姓名、监理内容及监理权限以书面形式通知承包人。除合同内有明确约定或经发包人同意外，负责监理的工程师无权解除包人的任何义务。

（2）发包人派驻代表。对于国家未规定实施强制监理的工程施工，发包人也可以派驻代表自行管理。

发包人派驻施工场地履行合同的代表在施工合同中也称工程师。发包人代表是经发包人单位法定代表人授权，派驻施工现场的负责人，其姓名、职务、职责在专用条款内约定，但职责不得与监理单位委派的总监理工程师职责相互交叉。双方职责发生交叉或不明确时，由发包人明确双方职责，并以书面形式通知承包方。

（3）工程师易人。施工过程中，如果发包人需要撤换工程师，应至少于易人前7天以书面形式通知承包人。后任继续履行合同文件的约定及前任的权利和义务，不得更改前任作出的书面承诺。

（四）建设行政主管部门及相关部门对施工合同的监督管理

虽然发包人和承包人订立和履行合同属于当事人自主的市场行为，但建筑工程涉及国家和地区国民经济发展计划的实现，与人民生命财产的安全密切相关，因此必须符合法律和法规的有关规定。

1. 建设行政主管机关对施工合同的监督管理

建设行政主管部门通过对建设活动的监督，主要从质量和安全的角度对工程项目进行管理。主要有以下职责：

（1）颁布规章。依据国家的法律颁布相应的规章，规范建筑市场有关各方的行为。包括推行合同范本制度。

（2）批准工程项目的建设。工程项目的建设，发包人必须履行工程项目报建手续，获取施工许可证，以及取得规划许可和土地使用权的许可。建设项目申请施工许可证应具备以下条件：

1）已经办理该建筑工程用地批准手续。

2）在城市规划区的建筑工程，已经取得建设工程规划许可证。

3）施工场地已经基本具备施工条件，需要拆迁的，其拆迁进度符合施工要求。

4）已经确定施工企业。按照规定应该招标的工程没有招标，应该公开招标的工程没有公开招标，或者肢解发包工程，以及将工程发包给不具备相应资质条件的，所确定的施工企业无效。

5）已满足施工需要的施工图纸及技术资料，施工图设计文件已按规定进行了审查。

6）有保证工程质量和安全的具体措施。施工企业编制的施工组织设计中有根据建筑工程特点制定的相应质量、安全技术措施，专业性较强的工程项目编制的专项质量、安全施工组织设计，并按照规定办理了工程质量、安全监督手续。

7）按照规定应该委托监理的工程已委托监理。

8）建设资金已经落实。建设工期不足一年的，到位资金原则上不得少于工程合同价的50%，建设工期超过1年的，到位资金原则上不得少于工程合同价的30%。建设单位应当提供银行出具的资金到位证明，有条件的可以实行银行付款保函或者其他第三方担保。

9）法律、行政法规规定的其他条件。

（3）对建设活动实施监督。

1）对招标申请保送材料进行审查。

2）对中标结果和合同的备案审查。

3）对工程开工前报送的发包人指定的施工现场总代表人和承包人指定的项目经理的备案材料审查。

4）竣工验收程序和鉴定报告的备案审查。

5）竣工的工程资料备案等。

所谓备案是指这些活动由合同当事人在行政法规要求的条件下自主进行，并将报告或资料提交建设行政主管部门，行政主管部门审查未发现存在违法、违规情况，则当事人的行为有效，将其资料存档。如果发现有问题，则要求当事人予以改正。因此备案不同于批准，当事人享有更多的自主权。

2. 质量监督机构对合同履行的监督

工程质量监督机构是接受建设行政主管部门的委托，负责监督工程质量的中介组织。工程招标工作完成后，领取开工证之前，发包人应到工程所在地的质量监督机构办理质量监督登记手续。质量监督机构对合同履行的工作的监督。分为对工程参建各方主体质量行为的监督和对建设工程的实体质量监督两个方面。

（1）对工程参建各方主体质量行为的监督。

1）对建设单位质量行为的监督。主要包括：工程项目报建审批手续是否齐全；基本建设程序符合有关要求并按规定进行了施工图审查；以及按规定委托监理单位或建设单位自行管理的工程建立工程项目管理机构，配备了相应的专业技术人员；无明示或者暗示勘察、设计单位、监理单位、施工单位违反强制性标准、降低工程质量和迫使承包商任意压缩合理工期等行为；按合同规定，由建设单位采购的建材、构配件和设备必须符合质量要求。

2）对监理单位质量行为的监督。主要包括：监理的工程项目有监理委托手续及合同，监理人员资格证书与承担的任务相符；工程项目的监理机构专业人员配套，责任制落实；

现场监理采取旁站、巡视和平行检验等形式；制订监理规划，并按照监理规划进行监理；按照国家强制性标准或操作工艺对分项工程或工序及时进行验收签认；对现场发现的使用不合格材料、构配件、设备的现象和发生的质量事故，及时督促、配合责任单位调查处理。

3）对施工单位质量行为的监督。主要包括：所承担的任务与其资质相符，项目经理与中标书中相一致，有施工承包手续及合同；项目经理、技术负责人、质检员等专业技术管理人员配套，并具有相应资格及上岗证书；有经过批准的施工组织设计或施工方案并能贯彻执行；按有关规定进行各种检测，对工程施工中出现的质量事故按有关文件要求及时如实上报和认真处理；无违法分包、转包工程项目的行为。

（2）对建设工程的实体质量的监督。实体质量监督以抽查方式为主，并辅以科学的检测手段。地基基础实体必须经监督检查后方可进行主体结构施工；主体结构实体必须经监督检查后方可进行后续工程施工。

1）地基及基础工程抽查的主要内容。包括：质量保证及见证取样送检检测资料；分项、分部工程质量或评定资料及隐蔽工程验收记录；地基检测报告和地基验槽记录；抽查基础砌体、混凝土和防水等施工质量。

2）主体结构工程抽查的主要内容。包括：质量保证及见证取样送检检测资料；分项、分部工程质量评定资料及隐蔽工程验收记录；结构安全重点部位的砌体、混凝土、钢筋施工质量抽查情况和检测；混凝土构件、钢结构构件制作和安装质量。

3）竣工工程抽查的主要内容。包括：工程质量保证资料及有见证取样检测报告；分项、分部和单位工程质量评定资料和隐蔽工程验收记录；地基基础、主体结构及工程安全检测报告和抽查检测；水、电、暖、通等工程重要部位、使用功能试验资料及使用功能抽查检测记录；工程观感质量。

（3）工程竣工验收的监督。建设工程质量监督机构在工程竣工验收监督时，重点对工程竣工验收的组织形式、验收程序、执行验收规范情况等实行监督。

3. 金融机构对施工合同的管理

金融机构对施工合同的管理，通过对信贷管理、结算管理、当事人的账户管理进行。金融机构还有义务协助执行已生效的法律文书，保护当事人的合法权益。

二、建设工程施工合同的订立

（一）工期和合同价格

1. 工期

在合同协议书内应明确注明开工日期、竣工日期和合同工期总日历天数。如果是招标选择的承包人，工期总日历天数应为投标书内承包人承诺的天数，不一定是招标文件要求的天数。因为招标文件通常规定本招标工程最长允许的完工时间，而承包人为了竞争，申报的投标工期往往短于招标文件限定的最长工期，此项因素通常也是评标比较的一项内容。因此，在中标通知书中已注明发包人接受的投标工期。

合同内如果有发包人要求分阶段移交的单位工程或部分工程时，在专用条款内还需明确约定中间交工工程的范围和竣工时间。此项约定也是判定承包人是否按合同履行了义务的标准。

2. 合同价款

（1）合同约定的合同价款。在合同协议书内同样要注明合同价款。虽然中标通知书中已写明了来源于投标书的中标合同价款，但考虑到某些工程可能不是通过招标选择的承包人，如合同价值低于法规要求必须招标的小型工程或出于保密要求直接发包的工程等，因此，标准化合同协议书内仍要求填写合同价款。非招标工程的合同价款，由当事人双方依据工程预算书协商后，填写在协议书内。

（2）追加合同价款。在合同的许多条款内涉及"费用"和"追加合同价款"两个专用术语。追加合同价款是指，合同履行中发生需要增加合同价款的情况，经发包人确认后，按照计算合同价款的方法，给承包人增加的合同价款。费用指不包含在合同价款之内的应当由发包人或承包人承担的经济支出。

（3）合同的计价方式。通用条款中规定有三类可选择的计价方式，本合同采用哪种方式需在专用条款中说明。可选择的计价方式有：

1）固定价格合同，是指在约定的风险范围内价款不再调整的合同。这种合同的价款并不是绝对不可调整，而是约定范围内的风险由承包人承担。工程承包活动中采用的总价合同和单价合同均属于此类合同。双方需在专用条款内约定合同价款包含的风险范围、风险费用的计算方法和承包风险范围以外对合同价款影响的调整方法，在约定的风险范围内合同价款不再调整。

2）可调价格合同，是针对固定价格而言，通常用于工期较长的施工合同。如工期在18个月以上的合同，发包人和承包人在招投标阶段和签订合同时不可能合理预见到一年半以后物价浮动和后续法规变化对合同价款的影响，为了合理分担外界因素影响的风险，应采用可调价合同。对于工期较短的合同，专用条款内也要约定因外部条件变化对施工产生成本影响可以调整合同价款的内容。可调价合同的计价方式与固定价格合同基本相同，只是增加可调价的条款，因此在专用条款内应明确约定调价的计算方法。

3）成本加酬金合同，是指发包人负担全部工程成本，对承包人完成的工作支付相应酬金的计价方式。这类计价方式通常用于紧急工程施工，如灾后修复工程；或采用新技术新工艺施工，双方对施工成本均心中无底，为了合理分担风险采用此种方式。合同双方应在专用条款内约定成本构成和酬金的计算方法。

具体工程承包的计价方式不一定是单一的方式，只要在合同内明确约定具体工作内容采用的计价方式，也可以采用组合计价方式。如工期较长的施工合同，主体工程部分采用可调价的单价合同；而某些较简单的施工部位采用不可调价的固定总价承包；涉及用使用新工艺施工部位或某项工作，用成本加酬金方式结算该部分的工程款。

（4）工程预付款的约定。施工合同的支付程序中是否有预付款，取决于工程的性质、承包工程量的大小以及发包人在招标文件中的规定。预付款是发包人为了帮助承包人解决工程施工前期资金紧张的困难，提前给付的一笔款项。在专用条款内应约定预付款总额、一次或分阶段支付的时间及每次付款的比例（或金额）、扣回的时间及每次扣回的计算方法、是否需要承包人提供预付款保函等相关内容。

（5）支付工程进度款的约定。在专用条款内约定工程进度款的支付时间和支付方式。工程进度款支付可以采用按月计量支付、按里程碑完成工程的进度分阶段支付或完成工程后一次性支付等方式。对合同内不同的工程部位或工作内容可以采用不同的支付方式，只要在专用条款中具体明确即可。

（二）对双方有约束力的合同文件

1. 合同文件的组成

在协议书和通用条款中规定，对合同当事人双方有约束力的合同文件包括签订合同时已形成的文件和履行过程中构成对双方有约束力的文件两大部分。

（1）订立合同时已形成的文件。主要包括：施工合同协议书；中标通知书；投标书及其附件；施工合同专用条款；施工合同通用条款；标准、规范及有关技术文件；图纸；工程量清单；工程报价单或预算书。

（2）合同履行过程中形成的文件。合同履行过程中，双方有关工程的洽商、变更等书面协议或文件也构成对双方有约束力的合同文件，将其视为协议书的组成部分。

2. 对合同文件中矛盾或歧义的解释

（1）合同文件的优先解释次序。通用条款规定，上述合同文件原则上应能够互相解释、互相说明。但当合同文件中出现含糊不清或不一致时，上面各文件的序号就是合同的优先解释顺序。由于履行合同时双方达成一致的洽商、变更等书面协议发生时间在后，且经过当事人签署，因此作为协议书的组成部分，排序放在第一位。如果双方不同意这种次序安排，可以在专用条款内约定本合同的文件组成和解释次序。

（2）合同文件出现矛盾或歧义的处理程序。按照通用条款的规定，当合同文件内容含糊不清或不一致时，在不影响工程正常进行的情况下，由发包人和承包人协商解决。双方也可以提请负责监理的工程师作出解释。双方协商不成或不同意负责监理的工程师的解释时，按合同约定的解决争议的方式处理。对于实行"小业主、大监理"的工程，可以在专用条款中约定工程师做出的解释对双方都有约束力，如果任何一方不同意工程师的解释，再按合同争议的方式解决。

（三）标准和规范

标准和规范是检验承包人施工应遵循的准则以及判定工程质量是否满足要求的标准。国家规范中的标准是强制性标准，合同约定的标准不得低于强制性标准，但发包人从建筑产品功能要求出发，可以对工程或部分工程部位提出更高的质量要求。在专用条款内必须明确规定本工程及主要部位应达到的质量要求，以及施工过程中需要进行质量检测和试验的时间、试验内容、试验地点和方式等具体约定。

对于采用新技术、新工艺施工的部分，如果国内没有相应标准、规范时，在合同内也应约定对质量检验的方式、检验的内容及应达到的指标要求，否则无从判定施工的质量是否合格。

（四）发包人和承包人的工作

1. 发包人的义务

通用条款规定以下工作属于发包人应完成的工作：

（1）办理土地征用、拆迁补偿、平整施工场地等工作，使施工场地具备施工条件，并在开工后继续解决以上事项的遗留问题。专用条款内需要约定施工场地具备施工条件的要求及完成的时间，以便承包人能够及时接收适用的施工现场，按计划开始施工。

（2）将施工所需水、电、电信线路从施工场地外部接至专用条款约定地点、并保证施工期间需要。专用条款内需要约定三通的时间、地点和供应要求。某些偏僻地域的工程或大型工程，可能要求承包人自己从水源地（如附近的河中取水）或自己用柴油机发电解决施工用电，则也应在专用条款内明确，说明通用条款的此项规定本合同不采用。

（3）开通施工场地与城乡公共道路的通道，以及专用条款约定的施工场地内的主要交通干道，保证施工期间的畅通，满足施工运输的需要。专用条款内需要约定移交给承包人交通通道或设施的开通时间和应满足的要求。

（4）向承包人提供施工场地的工程地质和地下管线资料，保证数据真实，位置准确。专用条款内需要约定向承包人提供工程地质和地下管线资料的时间。

（5）办理施工许可证和临时用地、停水、停电、中断道路交通、爆破作业以及可能损坏道路、管线、电力、通讯等公共设施法律、法规规定的申请批准手续及其他施工所需的证件（证明承包人自身资质的证件除外）。专用条款内需要约定发包人提供施工所需证件、批件的名称和时间，以便承包人合理进行施工组织。

（6）确定水准点和坐标控制点，以书面形式交给承包人，并进行现场交验。专用条款内需要分项明确约定放线依据资料的交验要求，以便合同履行过程中合理地区分放线错误的责任归属。

（7）组织承包人和设计单位进行图纸会审和设计交底。专用条款内需要约定具体的时间。

（8）协调处理施工现场周围地下管线和邻近建筑物、构筑物（包括文物保护建筑）、古树名木的保护工作，并承担有关费用。专用条款内需要约定具体的范围和内容。

（9）发包人应做的其他工作，双方在专用条款内约定。专用条款内需要根据项目的特点和具体情况约定相关的内容。

虽然通用条款内规定上述工作内容属于发包人的义务，但发包人可以将上述部分工作委托承包方办理，具体内容可以在专用条款内约定，其费用由发包人承担。属于合同约定的发包人义务，如果出现不按合同约定完成，导致工期延误或给承包人造成损失时，发包人应赔偿承包人的有关损失，延误的工期相应顺延。

2. 承包人义务

通用条款规定，以下工作属于承包人的义务：

（1）根据发包人的委托，在其设计资质允许的范围内，完成施工图设计或与工程配套的设计，经工程师确认后使用，发生的费用由发包人承担。如果属于设计施工总承包合同或承包工作范围内包括部分施工图设计任务，则专用条款内需要约定承担设计任务单位的设计资质等级及设计文件的提交时间和文件要求（可能属于施工承包人的设计分包人）。

（2）向工程师提供年、季、月工程进度计划及相应进度统计报表。专用条款内需要约定应提供计划、报表的具体名称和时间。

（3）按工程需要提供和维修非夜间施工使用的照明、栅栏设施，并负责安全保卫。专用条款内需要约定具体的工作位置和要求。

（4）按专用条款约定的数量和要求，向发包人提供在施工现场办公和生活的房屋及设施，发生的费用由发包人承担。专用条款内需要约定设施名称、要求和完成时间。

（5）遵守有关部门对施工场地交通、施工噪音以及环境保护和安全生产等的管理规定，按管理规定办理有关手续，并以书面形式通知发包人。发包人承担由此发生的费用，因承包人责任造成的罚款除外。专用条款内需要约定需承包人办理的有关内容。

（6）已竣工工程未交付发包人之前，承包人按专用条款约定负责已完成工程的成品保护工作，保护期间发生损坏，承包人自费予以修复。要求承包人采取特殊措施保护的单位工程的部位和相应追加合同价款，在专用条款内约定。

（7）按专用条款的约定做好施工现场地下管线和邻近建筑物、构筑物（包括文物保护建筑）、古树名木的保护工作。专用条款内约定需要保护的范围和费用。

（8）保证施工场地清洁符合环境卫生管理的有关规定。交工前清理现场达到专用条款约定的要求，承担因自身原因违反有关规定造成的损失和罚款。专用条款内需要根据施工管理规定和当地的环保法规，约定对施工现场的具体要求。

（9）承包人应做的其他工作，双方在专用条款内约定。

承包人不履行上述各项义务，造成发包人损失的，应对发包人的损失给予赔偿。

（五）材料和设备的供应

目前很多工程采用包工部分包料承包的合同，主材经常采用由发包人提供的方式。在专用条款中应明确约定发包人提供材料和设备的合同责任。施工合同范本附件提供了标准化的表格格式。

（六）担保和保险

1. 履行合同的担保

合同是否有履约担保不是合同有效的必要条件，按照合同具体约定来执行。如果合同约定有履约担保和预付款担保，则需在专用条款内明确说明担保的种类、担保方式、有效期、担保金额以及担保书的格式。担保合同将作为施工合同的附件。

2. 保险责任

工程保险是转移工程风险的重要手段，如果合同约定有保险的话，在专用条款内应约定投保的险种、保险的内容、办理保险的责任以及保险金额。

（七）解决合同争议的方式

发生合同争议时，应按如下程序解决：双方协商和解解决；达不成一致时请第三方调解解决；调解不成，则需通过仲裁或诉讼最终解决。因此在专用条款内需要明确约定双方共同接受的调解人，以及最终解决合同争议是采用仲裁还是诉讼方式、仲裁委员会或法院的名称。

第二节 施工准备阶段的合同管理

一、施工图纸

（一）发包人提供的图纸

我国目前的建设工程项目通常由发包人委托设计单位负责，在工程准备阶段应完成施工图设计文件的审查。施工图纸经过工程师审核签认后，在合同约定的日期前发放给承包人，以保证承包人及时编制施工进度计划和组织施工。施工图纸可以一次提供，也可以各单位工程开始施工前分阶段提供，只要符合专用条款的约定，不影响承包人按时开工即可。

发包人应免费按专用条款约定的份数供应承包人图纸。承包人要求增加图纸套数时，发包人应代为复制，但复制费用由承包人承担。发放承包人的图纸中，应在施工现场保留一套完整图纸供工程师及有关人员进行工程检查时使用。

（二）承包人负责设计的图纸

有些情况下承包人享有专利权的施工技术，若具有设计资质和能力，可以由其完成部分施工图的设计，或由其委托设计分包人完成。在承包工作范围内，包括部分由承包人负责设计的图纸，则应在合同约定的时间内将按规定的审查程序批准的设计文件提交工程师审核，经过工程师签认后才可以使用。但工程师对承包人设计的认可，不能解除承包人的设计责任。

二、施工进度计划

就合同工程的施工组织而言，招标阶段承包人在投标书内提交的施工方案或施工组织设计的深度相对较浅，签订合同后通过对现场的进一步考察和工程交底，对工程的施工有了更深入的了解，因此，承包人应当在专用条款约定的日期，将施工组织设计和施工进度计划提交工程师。群体工程中采取分阶段进行施工的单项工程，承包人则应按照发包人提供图纸及有关资料的时间，按单项工程编制进度计划，分别向工程师提交。

工程师接到承包人提交的进度计划后，应当予以确认或者提出修改意见，时间限制则由双方在专用条款中约定。如果工程师逾期不确认也不提出书面意见，则视为已经同意。工程师对进度计划和对承包人施工进度的认可，不免除承包人对施工组织设计和工程进度计划本身的缺陷所应承担的责任。进度计划经工程师予以认可的主要目的，是作为发包人和工程师依据计划进行协调和对施工进度控制的依据。

三、双方做好施工前的有关准备工作

开工前，合同双方还应当做好其他各项准备工作。如发包人应当按照专用条款的规定使施工现场具备施工条件、开通施工现场公共道路，承包人应当做好施工人员和设备的调配工作。

对工程师而言，特别需要做好水准点与坐标控制点的交验，按时提供标准、规范。为了能够按时向承包人提供设计图纸，工程师可能还需要做好设计单位的协调工作，按照专用条款的约定组织图纸会审和设计交底。

四、开工

承包人应在专用条款约定的时间按时开工，以便保证在合理工期内及时竣工。但在特殊情况下，工程的准备工作不具备开工条件，则应按合同的约定区分延期开工的责任。

（一）承包人要求的延期开工

如果是承包人要求的延期开工，则工程师有权批准是否同意延期开工。

承包人不能按时开工，应在不迟于协议书约定的开工日期前7天，以书面形式向工程师提出延期开工的理由和要求。工程师在接到延期开工申请后的48h内未予答复，视为同意承包人的要求，工期相应顺延。如果工程师不同意延期要求，工期不予顺延。如果承包人未在规定时间内提出延期开工要求，工期也不予顺延。

（二）发包人原因的延期开工

因发包人的原因施工现场尚不具备施工的条件，影响了承包人不能按照协议书约定的日期开工时，工程师应以书面形式通知承包人推迟开工日期。发包人应当赔偿承包人因此造成的损失，相应顺延工期。

五、工程的分包

施工合同范本的通用条件规定，未经发包人同意，承包人不得将承包工程的任何部分分包；工程分包不能解除承包人的任何责任和义务。

发包人通过复杂的招标程序选择了综合能力最强的投标人，要求其来完成工程的施工，因此合同管理过程中对工程分包要进行严格控制。承包人出于自身能力考虑，可能将部分自己没有实施资质的特殊专业工程分包，也可将部分较简单的工作内容分包。包括在承包人投标书内的分包计划，发包人通过接受投标书已表示了认可，如果施工合同履行过程中承包人又提出分包要求，则需要经过发包人的书面同意。发包人控制工程分包的基本原则是，主体工程的施工任务不允许分包，主要工程量必须由承包人完成。

经过发包人同意的分包工程，承包人选择的分包人需要提请工程师同意。工程师主要审查分包人是否具备实施分包工程的资质和能力，未经工程师同意的分包人不得进入现场参与施工。

虽然对分包的工程部位而言涉及两个合同，即发包人与承包人签订的施工合同和承包人与分包人签订的分包合同，但工程分包不能解除承包人对发包人应承担在该工程部位施工的合同义务。同样，为了保证分包合同的顺利履行，发包人未经承包人同意，不得以任何形式向分包人支付各种工程款项，分包人完成施工任务的报酬只能依据分包合同由承包人支付。对工程分包的合同关系、管理关系详见第八章第三节的论述。

六、支付工程预付款

合同约定有工程预付款的，发包人应按规定的时间和数额支付预付款。为了保证承包人如期开始施工前的准备工作和开始施工，预付时间应不迟于约定的开工日期前7天。

发包人不按约定预付，承包人在约定预付时间7天后向发包人发出要求预付的通知。发包人收到通知后仍不能按要求预付，承包人可在发出通知后7天停止施工，发包人应从约定应付之日起向承包人支付应付款的贷款利息，并承担违约责任。

第三节　施工过程的合同管理

一、对材料和设备的质量控制

为了保证工程项目达到投资建设的预期目的，确保工程质量至关重要。对工程质量进行严格控制，应从使用的材料质量控制开始。工程项目使用的建筑材料和设备按照专用条款约定的采购供应责任，可以由承包人负责，也可以由发包人提供全部或部分材料和设备。

发包人应按照专用条款的材料设备供应一览表，按时、按质、按量将采购的材料和设备运抵施工现场，与承包人共同进行到货清点。

发包人供应材料设备的现场接收。发包人应当向承包人提供其材料设备的产品合格证明，并对这些材料设备的质量负责。发包人在其所供应的材料设备到货前24h，应以书面形式通知承包人，由承包人派人与发包人共同清点。清点的工作主要包括外观质量检查；对照发货单证进行数量清点（检斤、检尺）；大宗建筑材料进行必要的抽样检验（物理、化学试验）等。

材料设备接收后移交承包人保管。发包人供应的材料设备经双方共同清点接收后，由承包人妥善保管，发包人支付相应的保管费用。因承包人的原因发生损坏丢失，由承包人负责赔偿。如发包人不按规定通知承包人验收，发生的损坏丢失由发包人负责。

发包人供应的材料设备与约定不符时，应当由发包人承担有关责任。视具体情况不同，按照以下原则处理：材料设备单价与合同约定不符时，由发包人承担所有差价；材料设备种类、规格、型号、数量、质量等级与合同约定不符时，承包人可以拒绝接收保管，由发包人运出施工场地并重新采购；发包人供应材料的规格、型号与合同约定不符时，承包人可以代为调剂串换，发包方承担相应的费用；到货地点与合同约定不符时发包人负责运至合同约定的地点；供应数量少于合同约定的数量时，发包人将数量补齐；多于合同约定的数量时，发包人负责将多出部分运出施工场地；到货时间早于合同约定时间，发包人承担因此发生的保管费用；到货时间迟于合同约定的供应时间，由发包人承担相应的追加合同价款。发生延误，相应顺延工期，发包人赔偿由此给承包人造成的损失。

承包人负责采购材料设备的，应按照合同专用条款约定及设计要求和有关标准采购，并提供产品合格证明，对材料设备质量负责。承包人在材料设备到货前24h应通知工程师共同进行到货清点。承包人采购的材料设备与设计或标准要求不符时，承包人应在工程师要求的时间内运出施工现场，重新采购符合要求的产品，承担由此发生的费用，延误的工期不予顺延。

为了防止材料和设备在现场储存时间过长或保管不善而导致质量的降低，应在用于永久工程施工前进行必要的检查试验。按照材料设备的供应义务，对合同责任作了如下区分。

发包人供应的材料设备进入施工现场后需要在使用前检验或者试验的，由承包人负责检查试验，费用由发包人负责。按照合同对质量责任的约定，此次检查试验通过后，仍不能解除发包人供应材料设备存在的质量缺陷责任。即承包人检验通过之后，如果又发现材料设备有质量问题时，发包人仍应承担重新采购及拆除重建的追加合同价款，并相应顺延由此延误的工期。

承包人负责采购的材料和设备：①采购的材料设备在使用前，承包人应按工程师的要求进行检验或试验，不合格的不得使用，检验或试验费用由承包人承担；②工程师发现承包人采购并使用不符合设计或标准要求的材料设备时，应要求由承包人负责修复、拆除或重新采购，并承担发生的费用，由此延误的工期不予顺延；承包人需要使用代用材料时，应经工程师认可后才能使用，由此增减的合同价款双方以书面形式议定；由承包人采购的材料设备，发包人不得指定生产厂或供应商。

二、对施工质量的监督管理

工程师在施工过程中应采用巡视、旁站、平行检验等方式监督检查承包人的施工工艺和产品质量，对建筑产品的生产过程进行严格控制。

（一）工程质量标准

1. 工程师对质量标准的控制

承包人施工的工程质量应当达到合同约定的标准。发包人对部分或者全部工程质量有特殊要求的，应支付由此增加的追加合同价款，对工期有影响的应给予相应顺延。

工程师依据合同约定的质量标准对承包人的工程质量进行检查，达到或超过约定标准的，给予质量认可（不评定质量等级）；达不到要求时，则予拒收。

2. 不符合质量要求的处理

不论何时，工程师一经发现质量达不到约定标准的工程部分，均可要求承包人返工。承包人应当按照工程师的要求返工，直到符合约定标准。因承包人的原因达不到约定标准，由承包人承担返工费用，工期不予顺延。因发包人的原因达不到约定标准，由发包人承担返工的追加合同价款，工期相应顺延。因双方原因达不到约定标准，责任由双方分别承担。

如果双方对工程质量有争议，由专用条款约定的工程质量监督部门鉴定，所需费用及因此造成的损失，由责任方承担。双方均有责任的，由双方根据其责任分别承担。

（二）施工过程中的检查和返工

承包人应认真按照标准、规范和设计要求以及工程师依据合同发出的指令施工，随时接受工程师及其委派人员的检查检验，并为检查检验提供便利条件。工程质量达不到约定标准的部分，工程师一经发现，可要求承包人拆除和重新施工，承包人应按工程师及其委派人员的要求拆除和重新施工，承担由于自身原因导致拆除和重新施工的费用，工期不予顺延。

经过工程师检查检验合格后，又发现因承包人原因出现的质量问题，仍由承包人承担责任，赔偿发包人的直接损失，工期不应顺延。

工程师的检查检验原则上不应影响施工正常进行。如果实际影响了施工的正常进行，其后果责任由检验结果的质量是否合格来区分合同责任。检查检验不合格时，影响正常施工的费用由承包人承担。除此之外，影响正常施工的追加合同价款由发包人承担，相应顺延工期。

因工程师指令失误和其他非承包人原因发生的追加合同价款，由发包人承担。

如果发包人要求承包人使用专利技术或特殊工艺施工，应负责办理相应的申报手续，承担申报、试验、使用等费用。若承包人提出使用专利技术或特殊工艺施工，应首先取得工程师认可，然后由承包人负责办理申报手续并承担有关费用。不论哪一方要求使用他人的专利技术，一旦发生擅自使用侵犯他人专利权的情况时，由责任者依法承担相应责任。

三、隐蔽工程与重新检验

由于隐蔽工程在施工中一旦完成隐蔽，将很难再对其进行质量检查（这种检查往往成本很大），因此必须在隐蔽前进行检查验收。对于中间验收，应在专用条款中约定，对需要进行中间验收的单项工程和部位及时进行检查、试验，不应影响后续工程的施工。发包人应为检验和试验提供便利条件。其检验程序如下。

1. 承包人自检

工程具备隐蔽条件或达到专用条款约定的中间验收部位，承包人进行自检，并在隐蔽或中间验收前48h以书面形式通知工程师验收。通知包括隐蔽和中间验收的内容、验收时间和地点。承包人准备验收记录。

2. 共同检验

工程师接到承包人的请求验收通知后，应在通知约定的时间与承包人共同进行检查或试验。检测结果表明质量验收合格，经工程师在验收记录上签字后，承包人可进行工程隐蔽和继续施工。验收不合格，承包人应在工程师限定的时间内修改后重新验收。

如果工程师不能按时进行验收，应在承包人通知的验收时间前24h，以书面形式向承包人提出延期验收要求，但延期不能超过48h。

若工程师未能按以上时间提出延期要求，又未按时参加验收，承包人可自行组织验收。承包人经过验收的检查、试验程序后，将检查、试验记录送交工程师。本次检验视为工程师在场情况下进行的验收，工程师应承认验收记录的正确性。

经工程师验收，工程质量符合标准、规范和设计图纸等要求，验收24h后，工程师不在验收记录上签字，视为工程师已经认可验收记录，承包人可进行隐蔽或继续施工。

3. 重新检验

无论工程师是否参加了验收，当其对某部分的工程质量有怀疑，均可要求承包人对已经隐蔽的工程进行重新检验。承包人接到通知后，应按要求进行剥离或开孔，并在检验后重新覆盖或修复。

重新检验表明质量合格，发包人承担由此发生的全部追加合同价款，赔偿承包人损失，并相应顺延工期；检验不合格，承包人承担发生的全部费用，工期不予顺延。

四、施工进度管理

工程开工后，合同履行即进入施工阶段，直至工程竣工。这一阶段工程师进行进度管理的主要任务是控制施工工作按进度计划执行，确保施工任务在规定的合同工期内完成。

（一）按计划施工

开工后，承包人应按照工程师确认的进度计划组织施工，接受工程师对进度的检查、监督。一般情况下，工程师每月均应检查一次承包人的进度计划执行情况，由承包人提交一份上月进度计划执行情况和本月的施工方案和措施。同时，工程师还应进行必要的现场实地检查。

（二）承包人修改进度计划

实际施工过程中，由于受到外界环境条件、人为条件、现场情况等的限制，经常出现与承包人开工前编制施工进度计划时预计的施工条件有出入的情况，导致实际施工进度与计划进度不符。不管实际进度是超前还是滞后于计划进度，只要与计划进度不符时，工程师都有权通知承包人修改进度计划，以便更好地进行后续施工的协调管理。承包人应当按照工程师的要求修改进度计划并提出相应措施，经工程师确认后执行。

因承包人自身的原因造成工程实际进度滞后于计划进度，所有的后果都应由承包人自行承担。工程师不对确认后的改进措施效果负责，这种确认并不是工程师对工程延期的批准，而仅仅是要求承包人在合理的状态下施工。因此，如果修改后的进度计划不能按期完工，承包人仍应承担相应的违约责任。

（三）暂停施工

1. 工程师指示的暂停施工

（1）暂停施工的原因。在施工过程中，有些情况会导致暂停施工。虽然暂停施工会影响工程进度，但在工程师认为确有必要时，可以根据现场的实际情况发布暂停施工的指示。发出暂停施工指示的起因可能源于以下情况：外部条件的变化，如后续法规政策的变化导致工程停、缓建；地方法规要求在某一时段内不允许施工等；发包人应承担责任的原因，如发包人未能按时完成后续施工的现场或通道的移交工作；发包人订购的设备不能按时到货；施工中遇到了有考古价值的文物或古迹需要进行现场保护等；协调管理的原因，如同时在现场的几个独立承包人之间出现施工交叉干扰，工程师需要进行必要的协调；承包人的原因，如发现施工质量不合格；施工作业方法可能危及现场或毗邻地区建筑物或人身安全等。

（2）暂停施工的管理程序。不论发生上述何种情况，工程师应当以书面形式通知承包人暂停施工，并在发出暂停施工通知后的 48h 内提出书面处理意见。承包人应当按照工程师的要求停止施工，并妥善保护已完工工程。

承包人实施工程师做出的处理意见后，可提出书面复工要求。工程师应当在收到复工通知后的 48h 内给予相应的答复。如果工程师未能在规定的时间内提出处理意见，或收到承包人复工要求后 48h 内未予答复，承包人可以自行复工。

停工责任在发包人，由发包人承担所发生的追加合同价款，赔偿承包人由此造成的损失，相应顺延工期；如果停工责任在承包人，由承包人承担发生的费用，工期不予顺延。如果因工程师未及时作出答复，导致承包人无法复工，由发包人承担违约责任。

2. 由于发包人不能按时支付工程款的暂停施工

施工合同范本通用条款中对以下两种情况，给予了承包人暂时停工的权利：

（1）延误支付预付款。发包人不按时支付预付款，承包人在约定时间 7 天后向发包人发出预付通知。发包人收到通知后仍不能按要求预付，承包人可在发出通知后 7 天停止施工。发包人应从约定应付之日起，向承包人支付应付款的贷款利息。

（2）拖欠工程进度款。发包人不按合同规定及时向承包人支付工程进度款且双方又未达成延期付款协议时，导致施工无法进行。承包人可以停止施工，由发包人承担违约责任。

（四）工期延误

施工过程中，由于社会条件、人为条件、自然条件和管理水平等因素的影响，可能导致工期延误不能按时竣工。是否应给承包人合理延长工期，应依据合同责任来判定。

1. 可以顺延工期的条件

按照施工合同范本通用条件的规定，以下原因造成的工期延误，经工程师确认后工期相应顺延：发包人不能按专用条款的约定提供开工条件；发包人不能按约定日期支付工程预付款、进度款，致使工程不能正常进行；工程师未按合同约定提供所需指令、批准等，致使施工不能正常进行；设计变更和工程量增加；一周内非承包人原因停水、停电、停气造成停工累计超过 8h；不可抗力；专用条款中约定或工程师同意工期顺延的其他情况。

这些情况工期可以顺延的根本原因在于：这些情况属于发包人违约或者是应当由发包

人承担的风险。反之，如果造成工期延误的原因是承包人的违约或者应当由承包人承担的风险，则工期不能顺延。

2. 工期顺延的确认程序

承包人在工期可以顺延的情况发生后 14 天内，应将延误的工期向工程师提出书面报告。工程师在收到报告后 14 天内予以确认答复，逾期不予答复，视为报告要求已经被确认。

工程师确认工期是否应予顺延，应当首先考察事件实际造成的延误时间，然后依据合同、施工进度计划、工期定额等进行判定。经工程师确认顺延的工期应纳入合同工期，作为合同工期的一部分。如果承包人不同意工程师的确认结果，则按合同规定的争议解决方式处理。

（五）发包人要求提前竣工

施工中如果发包人出于某种考虑要求提前竣工，应与承包人协商。双方达成一致后签订提前竣工协议，作为合同文件的组成部分。提前竣工协议应包括以下方面的内容：提前竣工的时间；发包人为赶工应提供的方便条件；承包人在保证工程质量和安全的前提下，可能采取的赶工措施；提前竣工所需的追加合同价款等。

承包人按照协议修订进度计划和制定相应的措施，工程师同意后执行。发包方为赶工提供必要的方便条件。

五、设计变更管理

施工合同范本中将工程变更分为工程设计变更和其他变更两类。其他变更是指，合同履行中发包人要求变更工程质量标准及其他实质性变更。发生这类情况后，由当事人双方协商解决。工程施工中经常发生设计变更，对此通用条款作出了较详细的规定。

工程师在合同履行管理中应严格控制变更，施工中承包人未得到工程师的同意也不允许对工程设计随意变更。如果由于承包人擅自变更设计，发生的费用和因此而导致的发包人的直接损失，应由承包人承担，延误的工期不予顺延。

（一）工程师指示的设计变更

施工合同范本通用条款中明确规定，工程师依据工程项目的需要和施工现场的实际情况，可以就以下方面向承包人发出变更通知：更改工程有关部分的标高、基线、位置和尺寸；增减合同中约定的工程量；改变有关工程的施工时间和顺序；其他有关工程变更需要的附加工作。

（二）设计变更程序

1. 发包人要求的设计变更

施工中发包人需对原工程设计进行变更，应提前 14 天以书面形式向承包人发出变更通知。变更超过原设计标准或批准的建设规模时，发包人应报规划管理部门和其他有关部门重新审查批准，并由原设计单位提供变更的相应图纸和说明。

工程师向承包人发出设计变更通知后，承包人按照工程师发出的变更通知及有关要求，进行所需的变更。

因设计变更导致合同价款的增减及造成的承包人损失由发包人承担，延误的工期相应顺延。

2. 承包人要求的设计变更

施工中承包人不得因施工方便而要求对原工程设计进行变更。

承包人在施工中提出的合理化建议被发包人采纳，若建议涉及到对设计图纸或施工组织设计的变更及对材料、设备的换用，则须经工程师同意。

未经工程师同意承包人擅自更改或换用，承包人应承担由此发生的费用，并赔偿发包人的有关损失，延误的工期不予顺延。工程师同意采用承包人的合理化建议，所发生费用和获得收益的分担或分享，由发包人和承包人另行约定。

（三）变更价款的确定

1. 确定变更价款的程序

承包人在工程变更确定后14天内，可提出变更涉及的追加合同价款要求的报告，经工程师确认后相应调整合同价款。如果承包人在双方确定变更后的14天内，未向工程师提出变更工程价款的报告，视为该项变更不涉及合同价款的调整。

工程师应在收到承包人的变更合同价款报告后14天内，对承包人的要求予以确认或作出其他答复。工程师无正当理由不确认或答复时，自承包人的报告送达之日起14天后，视为变更价款报告已被确认。

工程师确认增加的工程变更价款作为追加合同价款，与工程进度款同期支付。工程师不同意承包人提出的变更价款，按合同约定的争议条款处理。

因承包人自身原因导致的工程变更，承包人无权要求追加合同价款。如由于承包人原因实际施工进度滞后于计划进度，某工程部位的施工与其他承包人的施工发生干扰，工程师发布指示改变了他的施工时间和顺序导致施工成本的增加或效率降低，承包人无权要求补偿。

2. 确定变更价款的原则

确定变更价款时，应维持承包人投标报价单内的竞争性水平。

合同中已有适用于变更工程的价格，按合同已有的价格变更合同价款；合同中只有类似于变更工程的价格，可以参照类似价格变更合同价款；合同中没有适用或类似于变更工程的价格，由承包人提出适当的变更价格，经工程师确认后执行。

六、工程量的确认

由于签订合同时在工程量清单内列的工程量是估计工程量，实际施工可能与其有差异，因此发包人支付工程进度款前应对承包人完成的实际工程量予以确认或核实，按照承包人实际完成永久工程的工程量进行支付。

1. 承包人提交工程量报告

承包人应按专用条款约定的时间，向工程师提交本阶段（月）已完工程量的报告，说明本期完成的各项工作内容和工程量。

2. 工程量计量

工程师接到承包人的报告后7天内，按设计图纸核实已完工程量，并在现场实际计量前24小时通知承包人共同参加。承包人为计量提供便利条件并派人参加。如果承包人收到通知后不参加计量，工程师自行计量的结果有效，作为工程价款支付的依据。若工程师不按约定时间通知承包人，致使承包人未能参加计量，工程师单方计量的结果无效。

工程师收到承包人报告后 7 天内未进行计量，从第 8 天起，承包人报告中开列的工程量即视为已被确认，作为工程价款支付的依据。

3. 工程量的计量原则

工程师对照设计图纸，只对承包人完成的永久工程合格工程量进行计量。因此，属于承包人超出设计图纸范围（包括超挖、涨线）的工程量不予计量；因承包人原因造成返工的工程量不予计量。

七、支付管理

（一）允许调整合同价款

1. 可以调整合同价款的原因

采用可调价合同，施工中如果遇到以下情况，通用条款规定出现四种情况时，可以对合同价款进行相应的调整：

（1）法律、行政法规和国家有关政策变化影响到合同价款。如施工过程中地方税的某项税费发生变化，按实际发生与订立合同时的差异进行增加或减少合同价款的调整。

（2）工程造价部门公布的价格调整。当市场价格浮动变化时，按照专用条款约定的方法对合同价款进行调整。

（3）一周内非承包人原因停水、停电、停气造成停工累计超过 8h。

（4）双方约定的其他因素。

2. 调整合同价款的管理程序

发生上述事件后，承包人应当在情况发生后的 14 天内，将调整的原因、金额以书面形式通知工程师。

工程师确认调整金额后作为追加合同价款，与工程款同期支付。工程师收到承包人通知后 14 天内不予确认也不提出修改意见，视为已经同意该项调整。

（二）工程进度款

1. 工程进度款的计算

本期应支付承包人的工程进度款的款项计算内容包括：经过确认核实的完成工程量对应工程量清单或报价单的相应价格计算应支付的工程款；设计变更应调整的合同价款；本期应扣回的工程预付款；根据合同允许调整合同价款原因应补偿承包人的款项和应扣减的款项；经过工程师批准的承包人索赔款等。

2. 发包人的支付责任

发包人应在双方计量确认后 14 天内向承包人支付工程进度款。发包人超过约定的支付时间不支付工程进度款，承包人可向发包人发出要求付款的通知。发包人在收到承包人通知后仍不能按要求支付，可与承包人协商签订延期付款协议，经承包人同意后可以延期支付。发包人不按合同约定支付工程款（进度款），双方又未达成延期付款协议，导致施工无法进行，承包人可停止施工，由发包人承担违约责任。

延期付款协议中须明确延期支付时间，以及从计量结果确认后第 15 天起计算应付款的贷款利息。

八、不可抗力

不可抗力事件发生后，对施工合同的履行会造成较大的影响。工程师应当有较强的风险意识，包括及时识别可能发生不可抗力风险的因素；督促当事人转移或分散风险（如投保等）；监督承包人采取有效的防范措施（如减少发生爆炸、火灾等隐患）；不可抗力事件发生后能够采取有效手段尽量减少损失等。

不可抗力，是指合同当事人不能预见、不能避免并且不能克服的客观情况。建设工程施工中的不可抗力包括因战争、动乱、空中飞行物坠落或其他非发包人和承包人责任造成的爆炸、火灾以及专用条款约定的风、雨、雪、洪水、地震等自然灾害。对于自然灾害形成的不可抗力，当事人双方订立合同时应在专用条款内予以约定，如多少级以上的地震、多少级以上持续多少天的大风等。

不可抗力事件发生后，承包人应在力所能及的条件下迅速采取措施，尽量减少损失，并在不可抗力事件结束后48h内向工程师通报受灾情况和损失情况，及预计清理和修复的费用。发包人应尽力协助承包人采取措施。

不可抗力事件继续发生，承包人应每隔7天向工程师报告一次受害情况，并于不可抗力事件结束后14天内，向工程师提交清理和修复费用的正式报告及有关资料。

施工合同范本通用条款规定，合同约定工期内发生的不可抗力，因不可抗力事件导致的费用及延误的工期由双方按以下方法分别承担：工程本身的损害、因工程损害导致第三方人员伤亡和财产损失以及运至施工场地用于施工的材料和待安装的设备的损害，由发包人承担；承发包双方人员的伤亡损失，分别由各自负责；承包人机械设备损坏及停工损失，由承包人承担；停工期间，承包人应工程师要求留在施工场地的必要的管理人员及保卫人员的费用由发包人承担；工程所需清理、修复费用，由发包人承担；延误的工期相应顺延。迟延履行合同期间发生的不可抗力，按照合同法规定的基本原则，因合同一方迟延履行合同后发生不可抗力，不能免除迟延履行方的相应责任。

投保"建筑工程一切险"、"安装工程一切险"和"人身意外伤害险"是转移风险的有效措施。如果工程是发包人负责办理的工程险，当承包人有权获得工期顺延的时间时，发包人应在保险合同有效期届满前办理保险的延续手续；若因承包人原因不能按期竣工，承包人也应自费办理保险的延续手续。对于保险公司的赔偿不能全部弥补损失的部分，则应由合同约定的责任方承担赔偿义务。

九、施工环境管理

工程师应监督现场的正常施工工作，使其符合行政法规和合同的要求，做到文明施工。

施工应遵守政府有关主管部门对施工场地、施工噪音以及环境保护和安全生产等的管理规定。承包人按规定办理有关手续，并以书面形式通知发包人，发包人承担由此发生的费用。

承包人应保证施工场地清洁，符合环境卫生管理的有关规定。交工前清理现场，达到专用条款约定的要求。

承包人应遵守安全生产的有关规定，严格按安全标准组织施工，采取必要的安全防护措施，消除事故隐患。因承包人采取安全措施不力造成事故的责任和因此发生的费用，由承包人承担。发包人应对其在施工场地的工作人员进行安全教育，并对他们的安全负责。发包人不得要求承包人违反安全管理规定进行施工。因发包人原因导致的安全事故，由发包人承担相应责任及发生的费用。

承包人在动力设备、输电线路、地下管道、密封防震车间、易燃易爆地段以及临街交通要道附近施工时，施工开始前应向工程师提出安全防护措施。经工程师认可后实施。防护措施费用，由发包人承担。实施爆破作业，在放射、毒害性环境中施工，及使用毒害性、腐蚀性物品施工时，承包人应在施工前 14 天内以书面形式通知工程师，并提出相应的防护措施。经工程师认可后实施，由发包人承担安全防护措施费用。

第四节　竣工阶段的合同管理

一、工程试车

（一）竣工前的试车

竣工前的试车工作分为单机无负荷试车和联动无负荷试车两类。双方约定需要试车的，试车内容应与承包人承包的安装范围相一致。

1. 试车的组织

单机无负荷试车。由于单机无负荷试车所需的环境条件在承包人的设备现场范围内，因此，安装工程具备试车条件时，由承包人组织试车。承包人应在试车前48h向工程师发出要求试车的书面通知，通知包括试车内容、时间、地点。承包人准备试车记录，发包人根据承包人要求为试车提供必要条件。试车合格，工程师在试车记录上签字。

工程师不能按时参加试车，须在开始试车前 24h 以书面形式向承包人提出延期要求，延期不能超过 48h。工程师未能按以上时间提出延期要求，不参加试车，应承认试车记录。

联动无负荷试车。进行联动无负荷试车时，由于需要外部的配合条件，因此具备联动无负荷试车条件时，由发包人组织试车。发包人在试车前48h书面通知承包人做好试车准备工作。通知包括试车内容、时间、地点和对承包人的要求等。承包人按要求做好准备工作。试车合格，双方在试车记录上签字。

2. 试车中双方的责任

由于设计原因试车达不到验收要求，发包人应要求设计单位修改设计，承包人按修改后的设计重新安装。发包人承担修改设计、拆除及重新安装的全部费用和追加合同价款，工期相应顺延。

由于设备制造原因试车达不到验收要求，由该设备采购一方负责重新购置或修理，承包人负责拆除或重新安装。设备由承包人采购的，由承包人承担修理或重新购置、拆除及重新安装的费用，工期不予顺延；设备由发包人采购的，发包人承担上述各项追加合同价款，工期相应顺延。

由于承包人施工原因试车达不到要求，承包人按工程师要求重新安装和试车，并承担重新安装和试车的费用，工期不予顺延。

试车费用除已包括在合同价款之内或专用条款另有约定外，均由发包人承担。

工程师在试车合格后不在试车记录上签字，试车结束24h后，视为工程师已经认可试车记录，承包人可继续施工或办理竣工手续。

（二）竣工后的试车

投料试车属于竣工验收后的带负荷试车，不属于承包的工作范围，一般情况下承包人不参与此项试车。如果发包人要求在工程竣工验收前进行或需要承包人在试车时予以配合，应征得承包人同意，另行签订补充协议。试车组织和试车工作由发包人负责。

二、竣工验收

工程验收是合同履行中的一个重要工作阶段，工程未经竣工验收或竣工验收未通过的，发包人不得使用。发包人强行使用时，由此发生的质量问题及其他问题，由发包人承担责任。竣工验收分为分项工程竣工验收和整体工程竣工验收两大类，视施工合同约定的工作范围而定。

（一）竣工验收需满足的条件

依据施工合同范本通用条款和法规的规定，竣工工程必须符合下列基本要求：完成工程设计和合同约定的各项内容。施工单位在工程完工后对工程质量进行了检查，确认工程质量符合有关工程建设强制性标准，符合设计文件及合同要求，并提出工程竣工报告。工程竣工报告应经项目经理和施工单位有关负责人审核签字。对于委托监理的工程项目，监理单位对工程进行了质量评价，具有完整的监理资料，并提出工程质量评价报告。工程质量评价报告应经总监理工程师和监理单位有关负责人审核签字。勘察、设计单位对勘察、设计文件及施工过程中由设计单位签署的设计变更通知书进行了确认。有完整的技术档案和施工管理资料。有工程使用的主要建筑材料、建筑构配件和设备合格证及必要的进场试验报告。有施工单位签署的工程质量保修书。有公安消防、环保等部门出具的认可文件或准许使用文件。建设行政主管部门及其委托的工程质量监督机构等有关部门责令整改的问题全部整改完毕。

（二）竣工验收程序

工程具备竣工验收条件，发包人按国家工程竣工验收有关规定组织验收工作。

1. 承包人申请验收

工程具备竣工验收条件，承包人向发包人申请工程竣工验收，递交竣工验收报告并提供完整的竣工资料。实行监理的工程，工程竣工报告必须经总监理工程师签署意见。

2. 发包人组织验收组

对符合竣工验收要求的工程，发包人收到工程竣工报告后28天内，组织勘察、设计、施工、监理、质量监督机构和其他有关方面的专家组成验收组，制定验收方案。

3. 验收步骤

由发包人组织工程竣工验收。验收过程主要包括：发包人、承包人、勘察、设计、监理单位分别向验收组汇报工程合同履约情况和在工程建设各个环节执行法律、法规和工程建设强制性标准的情况；验收组审阅建设、勘察、设计、施工、监理单位提供的工程档案资料；查验工程实体质量；验收组通过查验后，对工程施工、设备安装质量和各管理环节等方面作出总体评价，形成工程竣工验收意见（包括基本合格对不符合规定部分的整改意见）。参与工程竣工验收的发包人、承包人、勘察、设计、施工、监理等各方不能形成一致意见时，应报当地建设行政主管部门或监督机构进行协调，待意见一致后，重新组织工程竣工验收。

4. 验收后的管理

发包人在验收后 14 天内给予认可或提出修改意见。竣工验收合格的工程移交给发包人运行使用，承包人不再承担工程保管责任。需要修改缺陷的部分，承包人应按要求进行修改，并承担由自身原因造成修改的费用。

发包人收到承包人送交的竣工验收报告后 28 天内不组织验收，或验收后 14 天内不提出修改意见，视为竣工验收报告已被认可。同时，从第 29 天起，发包人承担工程保管及一切意外责任。

因特殊原因，发包人要求部分单位工程或工程部位甩项竣工的，双方另行签订甩项竣工协议，明确双方责任和工程价款的支付方法。

中间竣工工程的范围和竣工时间，由双方在专用条款内约定，其验收程序与上述规定相同。

（三）竣工时间的确定

工程竣工验收通过，承包人送交竣工验收报告的日期为实际竣工日期。工程按发包人要求修改后通过竣工验收的，实际竣工日期为承包人修改后提请发包人验收的日期。这个日期的重要作用是用于计算承包人的实际施工期限，与合同约定的工期比较是提前竣工还是延误竣工。

合同约定的工期指协议书中写明的时间与施工过程中遇到合同约定可以顺延工期条件情况后，经过工程师确认应给予承包人顺延工期之和。

承包人的实际施工期限，从开工日起到上述确认为竣工日期之间的日历天数。开工日正常情况下为专用条款内约定的日期，也可能是由于发包人或承包人要求延期开工，经工程师确认的日期。

三、工程保修

承包人应当在工程竣工验收之前，与发包人签订质量保修书，作为合同附件。质量保修书的主要内容包括工程质量保修范围和内容；质量保修期；质量保修责任；保修费用和其他约定 5 部分。

水利工程保修期从工程移交证书写明的工程完工日起一般不少于一年。有特殊要求的工程，其保修期限在合同中规定。工程质量出现永久性缺陷的，承担责任的期限不受以上保修期限制。

水利工程在规定的保修期内，出现工程质量问题，一般由原施工单位承担保修，所需费用由责任方承担。

四、竣工结算

（一）竣工结算程序

1. 承包人递交竣工结算报告

工程竣工验收报告经发包人认可后，承发包双方应当按协议书约定的合同价款及专用条款约定的合同价款调整方式，进行工程竣工结算。

工程竣工验收报告经发包人认可后 28 天，承包人向发包人递交竣工结算报告及完整的结算资料。

2. 发包人的核实和支付

发包人自收到竣工结算报告及结算资料后 28 天内进行核实，给予确认或提出修改意见。发包人认可竣工结算报告后，及时办理竣工结算价款的支付手续。

3. 移交工程

承包人收到竣工结算价款后 14 天内将竣工工程交付发包人，施工合同即告终止。

（二）竣工结算的违约责任

1. 发包人的违约责任

（1）发包人收到竣工结算报告及结算资料后 28 天内无正当理由不支付工程竣工结算价款，从第 29 天起按承包人同期向银行贷款利率支付拖欠工程价款的利息，并承担违约责任。

（2）发包人收到竣工结算报告及结算资料后 28 天内不支付工程竣工结算价款，承包人可以催告发包人支付结算价款。发包人在收到竣工结算报告及结算资料后 56 天内仍不支付，承包人可以与发包人协议将该工程折价，也可以由承包人申请人民法院将该工程依法拍卖，承包人就该工程折价或者拍卖的价款优先受偿。

2. 承包人的违约责任

工程竣工验收报告经发包人认可后 28 天内，承包人未能向发包人递交竣工结算报告及完整的结算资料，造成工程竣工结算不能正常进行或工程竣工结算价款不能及时支付时，如果发包人要求交付工程，承包人应当交付；发包人不要求交付工程，承包人仍应承担保管责任。

第五节　建设工程勘察设计合同管理

一、勘察设计合同概念

建设工程勘察合同是指根据建设工程的要求，查明、分析、评价建设场地的地质地理环境特征和岩土工程条件，编制建设工程勘察文件的协议。建设工程设计合同是指根据建设工程的要求，对建设工程所需的技术、经济、资源、环境等条件进行综合分析、论证，编制建设工程设计文件的协议。为了保证工程项目的建设质量达到预期的投资目的，实施过程必须遵循项目建设的内在规律，即坚持先勘察、后设计、再施工的程序。

发包人通过招标方式与选择的中标人就委托的勘察、设计任务签订合同。订立合同委托勘察、设计任务是发包人和承包人的自主市场行为，但必须遵守《中华人民共和国合同法》、《中华人民共和国建筑法》、《建设工程勘察设计管理条例》、《建设工程勘察设计市场管理规定》等法律、法规和规章的要求。为了保证勘察、设计合同的内容完备、责任明确、风险责任分担合理，建设部和国家工商行政管理局在 2000 年颁布了建设工程勘察合同示范文本和建设工程设计合同示范文本。

二、勘察设计合同示范文本

（一）勘察合同示范文本

勘察合同范本按照委托勘察任务的不同分为两个版本。

1. 建设工程勘察合同（一）[GF-2000-0203]

范本适用于为设计提供勘察工作的委托任务，包括岩土工程勘察、水文地质勘察（含凿井）、工程测量、工程物探等勘察。合同条款的主要内容包括：

（1）工程概况。

（2）发包人应提供的资料。

（3）勘察成果的提交。

（4）勘察费用的支付。

（5）发包人、勘察人责任。

（6）违约责任。

（7）未尽事宜的约定。

（8）其他约定事项。

（9）合同争议的解决。

（10）合同生效。

2. 建设工程勘察合同（二）[GF-2000-0204]

该范本的委托工作内容仅涉及岩土工程，包括取得岩土工程的勘察资料、对项目的岩土工程进行设计、治理和监测工作。由于委托工作范围包括岩土工程的设计、处理和监测，因此，合同条款的主要内容除了上述勘察合同应具备的条款外，还包括变更及工程费的调整；材料设备的供应；报告、文件、治理的工程等的检查和验收等方面的约定条款。

（二）设计合同示范文本

设计合同范本适主要条款包括以下几方面的内容：

（1）订立合同依据的文件。

（2）委托设计任务的范围和内容。

（3）发包人应提供的有关资料和文件。

（4）设计人应交付的资料和文件。

（5）设计费的支付。

（6）双方责任。

（7）违约责任。

（8）其他。

三、勘察设计合同的履行管理

勘察设计合同成立后，当事人双方均需按照诚实信用原则和全面履行原则完成合同约定的本方义务。按照范本条款的规定，合同履行的管理工作应重点注意以下方面的责任。

（一）勘察合同履行管理

1. 发包人的责任

在勘察现场范围内，不属于委托勘察任务而又没有资料、图纸的地区（段），发包人应负责查清地下埋藏物。若因未提供上述资料、图纸，或提供的资料图纸不可靠、地下埋藏物不清，致使勘察人在勘察工作过程中发生人身伤害或造成经济损失时，由发包人承担民事责任。

若勘察现场需要看守，特别是在有毒、有害等危险现场作业时，发包人应派人负责安全保卫工作，按国家有关规定，对从事危险作业的现场人员进行保健防护，并承担费用。

工程勘察前，属于发包人负责提供的材料，应根据勘察人提出的工程用料计划，按时提供各种材料及其产品合格证明，并承担费用和运到现场，派人与勘察人的人员一起验收。

勘察过程中的任何变更，经办理正式变更手续后，发包人应按实际发生的工作量支付勘察费。

为勘察人的工作人员提供必要的生产、生活条件，并承担费用；如不能提供时，应一次性付给勘察人临时设施费。

发包人若要求在合同规定时间内提前完工（或提交勘察成果资料）时，发包人应按每提前一天向勘察人支付计算的加班费。

发包人应保护勘察人的投标书、勘察方案、报告书、文件、资料图纸、数据、特殊工艺（方法）、专利技术和合理化建议。未经勘察人同意，发包人不得复制、泄露、擅自修改、传送或向第三人转让或用于本合同外的项目。

2. 勘察人的责任

勘察人应按国家技术规范、标准、规程和发包人的任务委托书及技术要求进行工程勘察，按合同规定的时间提交质量合格的勘察成果资料，并对其负责。

由于勘察人提供的勘察成果资料质量不合格，勘察人应负责无偿给予补充完善使其达到质量合格。若勘察人无力补充完善，需另委托其他单位时，勘察人应承担全部勘察费用。因勘察质量造成重大经济损失或工程事故时，勘察人除应负法律责任和免收直接受损失部分的勘察费外，并根据损失程度向发包人支付赔偿金。赔偿金由发包人、勘察人在合同内约定实际损失的某一百分比。

勘察过程中，根据工程的岩土工程条件（或工作现场地形地貌、地质和水文地质条件）及技术规范要求，向发包人提出增减工作量或修改勘察工作的意见，并办理正式变更手续。

3. 勘察合同的工期

勘察人应在合同约定的时间内提交勘察成果资料，勘察工作有效期限以发包人下达的开工通知书或合同规定的时间为准。如遇以下特殊情况时，可以相应延长合同工期，如设计变更、工作量变化、不可抗力影响、非勘察人原因造成的停窝工等。

4. 勘察费用的支付

合同中约定的勘察费用，可以采用以下方式中的一种：

（1）按国家规定的现行收费标准取费。

（2）预算包干。

（3）中标价加签证。

（4）实际完成工作量结算等。

勘察费用的支付：合同签订后 3 天内，发包人应向勘察人支付预算勘察费的 20％作为定金；勘察工作外业结束后，发包人向勘察人支付约定勘察费的某一百分比。对于勘察规模大、工期长的大型勘察工程，还可将这笔费用按实际完成的勘察进度分解，向勘察人分阶段支付工程进度款；提交勘察成果资料后 10 天内，发包人应一次付清全部工程费用。

5. 违约责任

(1) 发包人的违约责任。由于发包人未给勘察人提供必要的工作生活条件而造成停、窝工或来回进出场地，发包人应承担的责任包括：付给勘察人停、窝工费，金额按预算的平均工日产值计算；工期按实际延误的工日顺延；补偿勘察人来回的进出场费和调遣费。

合同履行期间，由于工程停建而终止合同或发包人要求解除合同时，勘察人未进行勘察工作的，不退还发包人已付定金；已进行勘察工作的，完成的工作量在 50% 以内时，发包人应向勘察人支付预算额 50% 的勘察费；完成的工作量超过 50% 时，则应向勘察人支付预算额 100% 的勘察费。

发包人未按合同规定时间（日期）拨付勘察费，每超过 1 日，应按未支付勘察费的 1‰ 偿付逾期违约金。

发包人不履行合同时，无权要求返还定金。

(2) 勘察人的违约责任。由于勘察人原因造成勘察成果资料质量不合格，不能满足技术要求时，其返工勘察费用由勘察人承担。交付的报告、成果、文件达不到合同约定条件的部分，发包人可要求承包人返工，承包人按发包人要求的时间返工，直到符合约定条件。返工后仍不能达到约定条件，承包人应承担违约责任，并根据因此造成的损失程度向发包人支付赔偿金，赔偿金额最高不超过返工项目的收费。

由于勘察人原因未按合同规定时间（日期）提交勘察成果资料，每超过 1 日，应减收勘察费的 1‰。

勘察人不履行合同时，应双倍返还定金。

(二) 设计合同履行管理

合同生效：设计合同采用定金担保，合同总价的 20% 为定金。设计合同经双方当事人签字盖章并在发包人向设计人支付定金后生效。发包人应在合同签字后的 3 日内支付该笔款项，设计人收到定金为设计开工的标志。如果发包人未能按时支付，设计人有权推迟开工时间，且交付设计文件的时间相应顺延。

设计期限：设计期限是判定设计人是否按期履行合同义务的标准，除了合同约定的交付设计文件（包括约定分次移交的设计文件）的时间外，还可能包括由于非设计人应承担责任和风险的原因，经过双方补充协议确定应顺延的时间之和，如设计过程中发生影响设计进展的不可抗力事件；非设计人原因的设计变更；发包人应承担责任的事件对设计进度的干扰等。

合同终止：在合同正常履行的情况下，工程施工完成竣工验收工作，或委托专业建设工程设计完成施工安装验收，设计人为合同项目的服务结束。

1. 发包人的责任

(1) 提供设计依据资料。按时提供设计依据文件和基础资料。发包人应当按照合同约定时间，一次性或陆续向设计人提交设计的依据文件和相关资料，以保证设计工作的顺利进行。如果发包人提交上述资料及文件超过规定期限 15 天以内，设计人规定的交付设计文件时间相应顺延；交付上述资料及文件超过规定期限 15 天以上时，设计人有权重新确定提交设计文件的时间。进行专业工程设计时，如果设计文件中需选用国家标准图、部标准图及地方标准图，应由发包人负责解决。

对资料的正确性负责。尽管提供的某些资料不是发包人自己完成的，如作为设计依据的勘察资料和数据等，但就设计合同的当事人而言，发包人仍需对所提交基础资料及文件的完整性、正确性及时限负责。

（2）提供必要的现场工作条件。由于设计人完成设计工作的主要地点不是施工现场，因此，发包人有义务为设计人在现场工作期间提供必要的工作、生活方便条件。发包人为设计人派驻现场的工作人员提供的方便条件可能涉及工作、生活、交通等方面的便利条件，以及必要的劳动保护装备。

（3）外部协调工作。设计的阶段成果（初步设计、技术设计、施工图设计）完成后，应由发包人组织鉴定和验收，并负责向发包人的上级或有管理资质的设计审批部门完成报批手续。

（4）其他相关工作。发包人委托设计配合引进项目的设计任务，从询价、对外谈判、国内外技术考察直至建成投产的各个阶段，应吸收承担有关设计任务的设计人参加。出国费用，除制装费外，其他费用由发包人支付。

发包人委托设计人承担合同约定委托范围之外的服务工作，需另行支付费用。

（5）保护设计人的知识产权。发包人应保护设计人的投标书、设计方案、文件、资料图纸、数据、计算软件和专利技术。未经设计人同意，发包人对设计人交付的设计资料及文件不得擅自修改、复制或向第三人转让或用于本合同外的项目。如发生以上情况，发包人应负法律责任，设计人有权向发包人提出索赔。

（6）遵循合理设计周期的规律。如果发包人从施工进度的需要或其他方面的考虑，要求设计人比合同规定时间提前交付设计文件时，须征得设计人同意。设计的质量是工程发挥预期效益的基本保障，发包人不应严重背离合理设计周期的规律，强迫设计人不合理地缩短设计周期的时间。双方经过协商达成一致并签订提前交付设计文件的协议后，发包人应支付相应的赶工费。

2. 设计人的责任

（1）保证设计质量。保证工程设计质量是设计人的基本责任。设计人应依据批准的可行性研究报告、勘察资料，在满足国家规定的设计规范、规程、技术标准的基础上，按合同规定的标准完成各阶段的设计任务，并对提交的设计文件质量负责。在投资限额内，鼓励设计人采用先进的设计思想和方案。但若设计文件中采用的新技术、新材料可能影响工程的质量或安全，而又没有国家标准时，应当由国家认可的检测机构进行试验、论证，并经国务院有关部门或省（直辖市、自治区）有关部门组织的建设工程技术专家委员会审定后方可使用。

负责设计的建（构）筑物需注明设计的合理使用年限。设计文件中选用的材料、构配件、设备等，应当注明规格、型号、性能等技术指标，其质量要求必须符合国家规定的标准。

对于各设计阶段设计文件审查会提出的修改意见，设计人应负责修正和完善。

设计人交付设计资料及文件后，需按规定参加有关的设计审查，并根据审查结论负责对不超出原定范围的内容做必要的调整补充。

《建设工程质量管理条例》规定，设计单位未根据勘察成果文件进行工程设计，设计单位指定建筑材料、建筑构配件的生产厂、供应商，设计单位未按照工程建设强制性标准进行设计的，均属于违反法律和法规的行为，要追究设计人的责任。

（2）各设计阶段的工作任务。初步设计任务包括：总体布置设计（大型工程）；方案比较及建筑物设计；编制初步设计文件；参加初步设计审查会议；修正初步设计。

技术设计任务包括：提出技术设计计划；编制技术设计文件；参加初步审查，并做必要修正。

施工图设计任务包括：建筑设计；结构设计；设备设计；专业设计的协调；编制施工图设计文件。

（3）对外商的设计资料进行审查。委托设计的工程中，如果有部分属于外商提供的设计，如大型设备采用外商供应的设备，则需使用外商提供的制造图纸，设计人应负责对外商的设计资料进行审查，并负责该合同项目的设计联络工作。

（4）配合施工的义务。设计交底。设计人在建设工程施工前，需向施工承包人和施工监理人说明建设工程勘察、设计意图，解释建设工程勘察、设计文件，以保证施工工艺达到预期的设计水平要求。

设计人按合同规定时限交付设计资料及文件后，本年内项目开始施工，负责向发包人及施工单位进行设计交底、处理有关设计问题和参加竣工验收。如果在1年内项目未开始施工，设计人仍应负责上述工作，但可按所需工作量向发包人适当收取咨询服务费，收费额由双方以补充协议商定。

解决施工中出现的设计问题。设计人有义务解决施工中出现的设计问题，如属于设计变更的范围，按照变更原因确定费用负担责任。

发包人要求设计单位派专人留驻施工现场进行配合与解决有关问题时，双方应另行签订补充协议或技术咨询服务合同。

工程验收。为了保证建设工程的质量，设计人应按合同约定参加工程验收工作。这些约定的工作可能涉及重要部位的隐蔽工程验收、试车验收和竣工验收。

（5）保护发包人的知识产权。设计人应保护发包人的知识产权，不得向第三人泄露、转让发包人提交的产品图纸等技术经济资料。如发生以上情况并给发包人造成经济损失，发包人有权向设计人索赔。

3. 支付管理

（1）定金的支付。设计合同由于采用定金担保，因此合同内没有预付款。发包人应在合同签订后3天内，支付设计费总额的20%作为定金。在合同履行过程中的中期支付中，定金不参与结算，双方的合同义务全部完成进行合同结算时，定金可以抵作设计费或收回。

（2）合同价格。在现行体制下，建设工程勘察、设计发包人与承包人应当执行国家有关建设工程勘察费、设计费的管理规定。签订合同时，双方商定合同的设计费，收费依据和计算方法按国家和地方有关规定执行。国家和地方没有规定的，由双方商定。

如果合同约定的费用为估算设计费，则双方在初步设计审批后，需按批准的初步设计概算核算设计费。工程建设期间如遇概算调整，则设计费也应做相应调整。

（3）设计费的支付与结算。支付管理原则：设计人按合同约定提交相应报告、成果或阶段的设计文件后，发包人应及时支付约定的各阶段设计费；设计人提交最后一部分施工图的同时，发包人应结清全部设计费，不留尾款；实际设计费按初步设计概算核定，多退少补。实际设计费与估算设计费出现差额时，双方需另行签订补充协议；发包人委托设计人承担本合同内容之外的工作服务，另行支付费用。

按设计阶段支付费用的百分比：合同签订后 3 天内，发包人支付设计费总额的 20% 作为定金。此笔费用支付后，设计人可以自主使用；设计人提交初步设计文件后 3 天内，发包人应支付设计费总额的 30%；施工图阶段，当设计人按合同约定提交阶段性设计成果后，发包人应依据约定的支付条件、所完成的施工图工作量比例和时间，分期分批向设计人支付剩余总设计费的 50%。施工图完成后，发包人结清设计费，不留尾款。

4. 设计工作内容的变更

设计合同的变更，通常指设计人承接工作范围和内容的改变。按照发生原因的不同，一般可能涉及以下几个方面的原因。

（1）设计人的工作。设计人交付设计资料及文件后，按规定参加有关的设计审查，并根据审查结论负责对不超出原定范围的内容做必要的调整补充。

（2）委托任务范围内的设计变更。为了维护设计文件的严肃性，经过批准的设计文件不应随意变更。发包人、施工承包人、监理人均不得修改建设工程勘察、设计文件。如果发包人根据工程的实际需要确需修改建设工程勘察、设计文件时，应当首先报经原审批机关批准，然后由原建设工程勘察、设计单位修改。经过修改的设计文件仍需按设计管理程序经有关部门审批后使用。

（3）委托其他设计单位完成的变更。在某些特殊情况下，发包人需要委托其他设计单位完成设计变更工作，如变更增加的设计内容专业性较强；超过了设计人资质条件允许承接的工作范围；或施工期间发生的设计变更，设计人由于资源能力所限，不能在要求的时间内完成等原因。在此情况下，发包人经原建设工程设计人书面同意后，也可以委托其他具有相应资质的建设工程勘察、设计单位修改。修改单位对修改的勘察、设计文件承担相应责任，设计人不再对修改的部分负责。

（4）发包人原因的重大设计变更。发包人变更委托设计项目、规模、条件或因提交的资料错误，或所提交资料有较大修改，以致造成设计人的设计需要返工时，双方除需另行协商签订补充协议（或另订合同）、重新明确有关条款外，发包人应按设计人所耗工作量向设计人增付设计费。

在未签合同前发包人已同意，设计人为发包人所做的各项设计工作，应按收费标准，相应支付设计费。

5. 违约责任

（1）发包人的违约责任。发包人延误支付。发包人应按合同规定的金额和时间向设计人支付设计费，每逾期支付 1 天，应承担应支付金额 2‰ 的逾期违约金，且设计人提交设计文件的时间顺延。逾期 30 天以上时，设计人有权暂停履行下阶段工作，并书面通知发包人。

审批工作的延误。发包人的上级或设计审批部门对设计文件不审批或合同项目停缓建，均视为发包人应承担的风险。设计人提交合同约定的设计文件和相关资料后，按照设计人已完成全部设计任务对待，发包人应按合同规定结清全部设计费。

因发包人原因要求解除合同。在合同履行期间，发包人要求终止或解除合同，设计人未开始设计工作的，不退还发包人已付的定金；已开始设计工作的，发包人应根据设计人已进行的实际工作量，不足 50％时，按该阶段设计费的 50％支付；超过 50％时，按该阶段设计费的全部支付。

（2）设计人的违约责任。设计错误。作为设计人的基本义务，应对设计资料及文件中出现的遗漏或错误负责修改或补充。由于设计人员错误造成工程质量事故损失，设计人除负责采取补救措施外，应免收直接受损失部分的设计费。损失严重的，还应根据损失的程度和设计人责任大小向发包人支付赔偿金。范本中要求设计人的赔偿责任按工程实际损失的百分比计算；当事人双方订立合同时，需在相关条款内具体约定百分比的数额。

设计人延误完成设计任务。由于设计人自身原因，延误了按合同规定交付的设计资料及设计文件的时间，每延误1天，应减收该项目应收设计费的 2‰。

因设计人原因要求解除合同。合同生效后，设计人要求终止或解除合同，设计人应双倍返还定金。

（3）不可抗力事件的影响。由于不可抗力因素致使合同无法履行时，双方应及时协商解决。

第六节　建设工程委托监理合同

一、委托监理合同的概念和特征

建设工程委托监理合同简称监理合同，是指委托人与监理人就委托的工程项目管理内容签订的明确双方权利、义务的协议。

监理合同是委托合同的一种，除具有委托合同的共同特点外，还具有以下特点：

监理合同的当事人双方应当是具有民事权力能力和民事行为能力、取得法人资格的企事业单位、其他社会组织，个人在法律允许的范围内也可以成为合同当事人。委托人必须是具有国家批准的建设项目，落实投资计划的企事业单位、其他社会组织及个人，作为受托人必须是依法成立具有法人资格的监理企业，并且所承担的工程监理业务应与企业资质等级和业务范围相符合。

监理合同委托的工作内容必须符合工程项目建设程序，遵守有关法律、行政法规。监理合同是以对建设工程项目实施控制和管理为主要内容，因此监理合同必须符合建设工程项目的程序，符合国家和建设行政主管部门颁发的有关建设工程的法律、行政法规、部门规章和各种标准、规范要求。

委托监理合同的标的是服务。建设工程实施阶段所签订的其他合同，如勘察设计合同、施工承包合同、物资采购合同、加工承揽合同的标的物是产生新的物质成果或信息成果，而监理合同的标的是服务，即监理工程师凭据自己的知识、经验、技能受业主委托为其所签订其他合同的履行实施监督和管理。

二、建设工程委托监理合同示范文本

《建设工程委托监理合同示范文本》由"工程建设委托监理合同"（下称"合同"）、

"建设工程委托监理合同标准条件"（下称"标准条件"）、"建设工程委托监理合同专用条件"（下称"专用条件"）组成。

（一）工程建设委托监理合同

"合同"是一个总的协议，是纲领性的法律文件。其中明确了当事人双方确定的委托监理工程的概况（工程名称、地点、工程规模、总投资）；委托人向监理人支付报酬的期限和方式；合同签订、生效、完成时间；双方愿意履行约定的各项义务的表示。"合同"是一份标准的格式文件，经当事人双方在有限的空格内填写具体规定的内容并签字盖章后，即发生法律效力。

对委托人和监理人有约束力的合同，除双方签署的"合同"协议外，还包括以下文件：

（1）监理委托函或中标函。

（2）建设工程委托监理合同标准条件。

（3）建设工程委托监理合同专用条件。

（4）在实施过程中双方共同签署的补充与修正文件。

（二）建设工程委托监理合同标准条件

建设工程委托监理合同标准条件，其内容涵盖了合同中所用词语定义，适用范围和法规，签约双方的责任、权利和义务，合同生效变更与终止，监理报酬，争议的解决，以及其他一些情况。它是委托监理合同的通用文件，适用于各类建设工程项目监理。各个委托人、监理人都应遵守。

（三）建设工程委托监理合同的专用条件

由于标准条件适用于各种行业和专业项目的建设工程监理，因此其中的某些条款规定得比较笼统，需要在签订具体工程项目监理合同时，结合地域特点、专业特点和委托监理项目的工程特点，对标准条件中的某些条款进行补充、修正。

所谓"补充"是指标准条件中的条款明确规定，在该条款确定的原则下，专用条件的条款中进一步明确具体内容，使两个条件中相同序号的条款共同组成一条内容完备的条款。如标准条件中规定"建设工程委托监理合同适用的法律是国家法律、行政法规，以及专用条件中议定的部门规章或工程所在地的地方法规、地方章程。"就具体工程监理项目来说，就要求在专用条件的相同序号条款内写入履行本合同必须遵循的部门规章和地方法规的名称，作为双方都必须遵守的条件。如国家大剧院建设工程委托监理合同对合同适用的法规及监理依据在专用条件中作了这样规定：

（1）国家及北京市有关工程建设法规、规章、规定。执行时按北京市、国家的、国外的（经有关方协商确认的）、双方协商的顺序执行。

（2）国家施工验收规范、规程、工程质量验收标准、北京市有关建筑安装工程技术资料管理的规定、国家、北京市档案馆的工程竣工资料规定。

（3）北京市的工程建设概预算定额及有关费用标准、招投标工程中标通知及中标费用标准。

（4）业主与监理公司签订的监理合同文件。

（5）业主与总承包单位签订的施工总承包合同文件。

（6）业主与工程分包单位签订的分包合同，业主与材料设备供应商签订的材料设备采购供应合同。

（7）施工总承包与分包单位所签订的分包合同，施工总承包单位与材料设备供应商签订的材料设备采购供应合同。

（8）本工程的设计文件、设计合同，包括工程施工过程的设计变更洽商文件。

（9）建设施工过程中业主与工程总承包之间签署有关影响工程进度、费用、质量的函件。

（10）本合同在实施过程中如与国家及北京市颁布的新法规有抵触时，按国家当时颁布的新法规执行。

所谓"修改"是指标准条件中规定的程序方面的内容，如果双方认为不合适，可以协议修改。如标准条件中规定"委托人对监理人提交的支付通知书中酬金或部分酬金项目提出异议，应在收到支付通知书24h内向监理人发出异议的通知。"如果委托人认为这个时间太短，在与监理人协商达成一致意见后，可在专用条件的相同序号条款内另行写明具体的延长时间，如改为48h。

三、双方的权利

委托人与监理人签订合同，其根本目的就是为实现合同的标的，明确双方的权利和义务。在合同中的每一条款当中，都反映了这种关系。

（一）委托人权利

1. 授予监理人权限的权利

监理合同是要求监理人对委托人与第三方签订的各种承包合同的履行实施监理，监理人在委托人授权范围内对其他合同进行监督管理，因此在监理合同内除需明确委托的监理任务外，还应规定监理人的权限。在委托人授权范围内，监理人可对所监理的合同自主地采取各种措施进行监督、管理和协调，如果超越权限时，应首先征得委托人同意后方可发布有关指令。委托人授予监理人权限的大小，要根据自身的管理能力、建设工程项目的特点及需要等因素考虑。监理合同内授予监理人的权限，在执行过程中可随时通过书面附加协议予以扩大或减小。

2. 对其他合同承包人的选定权

委托人是建设资金的持有者和建筑产品的所有人，因此对设计合同、施工合同、加工制造合同等的承包单位有选定权和订立合同的签字权。监理人在选定其他合同承包人的过程中仅有建议权而无决定权。监理人协助委托人选择承包人的工作包括：邀请招标时提供有资格和能力的承包人名录；帮助起草招标文件；组织现场考察；参与评标，以及接受委托代理招标等。但标准条件中规定，监理人对设计和施工等总包单位所选定的分包单位，拥有批准权或否决权。

3. 委托监理工程重大事项的决定权

委托人有对工程规模、规划设计、生产工艺设计、设计标准和使用功能等要求的认定权；工程设计变更审批权。

4. 对监理人履行合同的监督控制权

委托人对监理人履行合同的监督权利体现在以下3个方面：

对监理合同转让和分包的监督。除了支付款的转让外，监理人不得将所涉及到的利益或规定义务转让给第三方。监理人所选择的监理工作分包单位必须事先征得委托人的认可。在没有取得委托人的书面同意前，监理人不得开始实行、更改或终止全部或部分服务的任何分包合同。

对监理人员的控制监督。合同专用条款或监理人的投标书内，应明确总监理工程师人选，监理机构派驻人员计划。合同开始履行时，监理人应向委托人报送委派的总监理工程师及其监理机构主要成员名单，以保证完成监理合同专用条件中约定的监理工作范围内的任务。当监理人调换总监理工程师时，须经委托人同意。

对合同履行的监督权。监理人有义务按期提交月、季、年度的监理报告，委托人也可以随时要求其对重大问题提交专项报告，这些内容应在专用条款中明确约定。委托人按照合同约定检查监理工作的执行情况，如果发现监理人员不按监理合同履行职责或与承包方串通，给委托人或工程造成损失，有权要求监理人更换监理人员，直至终止合同，并承担相应赔偿责任。

（二）监理人权利

监理合同中涉及到监理人权利的条款可分为两大类，一类是监理人在委托合同中应享有的权利，另一类是监理人履行委托人与第三方签订的承包合同的监理任务时可行使的权利。

1. 委托监理合同中赋予监理人的权利

完成监理任务后获得酬金的权利。监理人不仅可获得完成合同内规定的正常监理任务酬金，如果合同履行过程中因主、客观条件的变化，完成附加工作和额外工作后，也有权按照专用条件中约定的计算方法，得到额外工作的酬金。正常酬金的支付程序和金额，以及附加与额外工作酬金的计算办法，应在专用条款内写明。获得奖励的权利。监理人在工作过程中作出了显著成绩，如由于监理人提出的合理化建议，使委托人获得实际经济利益，则应按照合同中规定的奖励办法，得到委托人给予的适当物质奖励。奖励办法通常参照国家颁布的合理化建议奖励办法，写明在专用条件相应的条款内。

终止合同的权利。如果由于委托人违约严重拖欠应付监理人的酬金，或由于非监理人责任而使监理暂停的期限超过半年以上，监理人可按照终止合同规定程序，单方面提出终止合同，以保护自己的合法权益。

2. 监理人执行监理业务可以行使的权力

按照范本通用条件的规定，监理委托人和第三方签订承包合同时可行使的权利如下。

（1）建设工程有关事项和工程设计的建议权，建设工程有关事项包括工程规模、设计标准、规划设计，生产工艺设计和使用功能要求。

（2）设计标准和使用功能等方面，向委托人和设计单位的建议权，工程设计是指按照安全和优化方面的要求，就某些技术问题自主向设计单位提出建议。但如果由于提出的建议提高了工程造价，或延长工期，应事先征得委托人的同意，如果发现工程设计不符合建筑工程质量标准或约定的要求，应当报告委托人要求设计单位更改，并向委托人提出书面报告。

（3）对实施项目的质量、工期和费用的监督控制权。主要表现为：对承包人报的工程施工组织设计和技术方案，按照保质量、保工期和降低成本要求，自主进行审批和向承包人提出建议；征得委托人同意，发布开工令、停工令、复工令；对工程上使用的材料和施工质量进行检验；对施工进度进行检查、监督，未经监理工程师签字，建筑材料、建筑构配件和设备不得在工地上使用，施工单位不得进行下一道工序的施工；工程实施竣工日期提前或延误期限的鉴定；在工程承包合同方定的工程范围内，工程款支付的审核和签认权，以及结算工程款的复核确认与否定权。未经监理人签字确认，委托人不支付工程款，不进行竣工验收。

（4）工程建设有关协作单位组织协调的主持权。在业务紧急情况下，为了工程和人身安全，尽管变更指令已超越了委托人授权而又不能事先得到批准时，也有权发布变更指令，但应尽快通知委托人。

（5）审核承包人索赔的权利。

四、订立监理合同需注意的问题

（一）坚持按法定程序签署合同

监理委托合同的签订，意味着委托关系的形成，委托方与被委托方的关系都将受到合同的约束。因而签订合同必须是双方法定代表人或经其授权的代表签署并监督执行。在合同签署过程中，应检验代表对方签字人的授权委托书，避免合同失效或不必要的合同纠纷。不可忽视来往函件。

在合同洽商过程中，双方通常会用一些函件来确认双方达成的某些口头协议或书面交往文件，后者构成招标文件和投标文件的组成部分。为了确认合同责任以及明确双方对项目的有关理解和意图以免将来分歧，签订合同时双方达成一致的部分应写入合同附录或专用条款内。

（二）其他应注意的问题

监理委托合同是双方承担义务和责任的协议，也是双方合作和相互理解的基础，一旦出现争议，这些文件也是保护双方权利的法律基础。因此在签订合同中应做到文字简洁、清晰、严密，以保证意思表达准确。

五、监理合同的履行

（一）监理人应完成的监理工作

虽然监理合同的专用条款内注明了委托监理工作的范围和内容，但从工作性质而言属于正常的监理工作。作为监理人必须履行的合同义务，除了正常监理工作之外，还应包括附加监理工作和额外监理工作。这两类工作属于订立合同时未能或不能合理预见，而合同履行过程中发生需要监理人完成的工作。

1. 附加工作

附加工作是指与完成正常工作相关，在委托正常监理工作范围以外监理人应完成的工作。包括如下两点：

（1）由于委托人、第三方原因，使监理工作受到阻碍或延误，以致增加了工作量或延续时间。

（2）增加监理工作的范围和内容等。如由于委托人或承包人的原因，承包合同不能按期竣工而必须延长的监理工作时间。又如委托人要求监理人就施工中采用新工艺施工部分编制质量检测合格标准等都属于附加监理工作。

2. 额外工作

额外工作是指正常工作和附加工作以外的工作，即非监理人自己的原因而暂停或终止监理业务，其善后共作及恢复监理业务前不超过 42 天的准备工作时间。

如合同履行过程中发生不可抗力，承包人的施工被迫中断，监理工程师应完成的确认灾害发生前承包人已完成工程的合格和不合格部分，指示承包人采取应急措施等，以及灾害消失后恢复施工前必要的监理准备工作。

由于附加工作和额外工作是委托正常工作之外要求监理人必须履行的义务，因此委托人在其完成工作后应另行支付附加监理工作报告酬金和额外监理工作酬金，但酬金的计算办法应在专用条款内予以约定。

（二）合同有效期

尽管双方签订《建设工程委托监理合同》中注明"本合同自×年×月×日开始实施，至×年×月×日完成"，但此期限仅指完成正常监理工作预定的时间，并不一定是监理合同的有效期。监理合同的有效期即监理人的责任期，不以约定的日历天数为准，而是以监理人是否完成了包括附加和额外工作的义务来判定。因此通用条款规定，监理合同的有效期为双方签订合同后，工程准备工作开始，到监理人向委托人办理完竣工验收或工程移交手续，承包人和委托人已签订工程保修责任书，监理收到监理报酬尾款，监理合同才终止。如果保修期间仍需监理人执行相应的监理工作，双方应在专用条款中另行约定。

（三）双方的义务

1. 委托人义务

委托人应负责建设工程的所有外部关系的协调工作，满足开展监理工作所需提供的外部条件。

与监理人做好协调工作。委托人要授权一位熟悉建设工程情况，能迅速作出决定的常驻代表，负责与监理人联系。更换常驻代表要提前通知监理人。

为了不耽搁服务，委托人应在合理的时间内就监理人以书面形式提交的要求作出书面决定。

为监理人顺利履行合同义务，做好协助工作。协助工作包括以下几方面内容：

（1）将授予监理人的监理权利，以及监理人监理机构主要成员的职能分工、监理权限及时书面通知已选定的第三方，并在第三方签订的合同中予以明确。

（2）在双方议定的时间内，免费向监理人提供与工程有关的监理服务所需要的工程资料。

（3）为监理人驻工地监理机构开展正常工作提供协助服务。服务内容包括信息服务、物质服务和人员服务 3 个方面。信息服务是指协助监理人获取工程使用的原材料、构配件、机构设备等生产厂家名录，以掌握产品质量信息，向监理人提供与本工程有关的协作单位、配合单位的名录，以方便监理工作的组织协调；物质服务是指免费向监理人提供合同专用条件约定的设备、设施、生活条件等，一般包括检测试验设备、测量设备、通信设备、交通设备、气象设备、照相录像设备、打字复印设备、办公用房及生活用房等，这些属于委托人财产的设备和物品，在监理任务完成和终止时，监理人应将其交还委托人，如果双方议定某些本应由委托人提供的设备由监理人自备，则应给监理人合理的经济补偿；人员服务是指如果双方议定，委托人应免费向监理人提供职员和服务人员，也应在专用条件中写明提供的人数和服务时间，当涉及监理服务工作时，委托人所提供的职员只应从监理工程师处接受指示，监理人应与这些提供服务人员密切合作，但不对他们的失职行为负责，如委托人选定某一科研机构的实验室负责对材料和工艺质量的检测试验，并与其签订委托合同，试验机构的人员应接受监理工程师的指示完成相应的试验工作，但监理人既不对检测试验数据的错误负责，也不对由此而导致的判断失误负责。

2. 监理人义务

监理人在履行合同的义务期间，应运用合理的技能认真勤奋地工作，公正地维护有关方面的合法权益。当委托人发现监理人员不按监理合同履行监理职责，或与承包人串通给委托人或工程造成损失时，委托人有权要求监理人更换监理人员，直到终止合同并要求监理人承担相应的赔偿责任或连带赔偿责任。

合同履行期间应按合同约定派驻足够的人员从事监理工作。开始执行监理业务前向委托人报送派往该工程项目的总监理工程师及该项目监理机构的人员情况。合同履行过程中如果需要调换总监理工程师，必须首先经过委托人同意，并派出具有相应资质和能力的人员。

在合同期内或合同终止后，未征得有关方同意，不得泄露与本工程、合同业务有关的保密资料。

任何由委托人提供的供监理人使用的设施和物品都属于委托人的财产，监理工作完成或中止时，应将设施和剩余物品归还委托人。

非经委托人书面同意，监理人及其职员不应接受委托监理合同约定以外的与监理工程有关的报酬，以保证监理行为的公正性。

监理人不得参与可能与合同规定的与委托人利益相冲突的任何活动。

在监理过程中，不得泄露委托人申明的秘密，亦不得泄露设计、承包等单位申明的秘密。

负责合同的协调管理工作。在委托工程范围内，委托人或承包人对对方的任何意见和要求（包括索赔要求），均必须首先向监理机构提出，由监理机构研究处置意见，再同双方协商确定。当委托人和承包人发生争议时，监理机构应根据自己的职能，以独立的身份判断，公正地进行调解。当双方的争议由政府行政主管部门调解或仲裁机构仲裁时，应当提供作证的事实材料。

（四）违约责任

1. 违约赔偿

合同履行过程中，由于当事人一方的过错，造成合同不能履行或者不能完全履行，由有过错的一方承担违约责任；如属双方的过错，根据实际情况，由双方分别承担各自的违约责任。为保证监理合同规定的各项权利义务的顺利实现，在《委托监理合同示范文本》中，制定了约束双方行为的条款："委托人责任"和"监理人责任"。

合同责任期内，如果监理人未按合同中要求的职责勤恳认真地服务；或委托人违背了他对监理人的责任时，均应向对方承担赔偿责任。

任何一方对另一方负有责任时的赔偿原则是：委托人违约应承担违约责任，赔偿监理人的经济损失；因监理人过失造成经济损失，应向委托人进行赔偿，累计赔偿额不应超出监理酬金总额（除去税金）；当一方向另一方的索赔要求不成立时，提出索赔的一方应补偿由此所导致的对方各种费用支出。

2. 监理人的责任限度

由于建设工程监理，是以监理人向委托人提供技术服务为特性，在服务过程中，监理人主要凭借自身知识、技术和管理经验，向委托人提供咨询、服务，替委托人管理工程。

同时，在工程项目的建设过程中，会受到多方面因素限制，鉴于上述情况，在责任方面作了如下规定：监理人在责任期内，如果因过失而造成经济损失，要负监理失职的责任；监理人不对责任期以外发生的任何事情所引起的损失或损害负责，也不对第三方违反合同规定的质量要求和完工（交图、交货）时限承担责任。

（五）监理合同的酬金

1. 正常监理工作的酬金

正常的监理酬金的构成，是监理单位在工程项目监理中所需的全部成本，再加上合理的利润和税金。具体应包括直接成本和间接成本。

（1）直接成本。直接成本由四部分组成：监理人员和监理辅助人员的工资，包括津贴、附加工资、奖金等；用于该项工程监理人员的其他专项开支，包括差旅费、补助费等；监理期间使用与监理工作相关的计算机和其他检测仪器、设备的摊销费用；所需的其他外部协作费用。

（2）间接成本。间接成本包括全部业务经营开支和非工程项目的特定开支，具体包括：管理人员、行政人员、后勤服务人员的工资；经营业务费，包括为招揽业务而支出的广告费等；办公费，包括文具、纸张、账表、报刊、文印费用等交通费、差旅费、办公设施费（公司使用的水、电、气、环卫、治安等费用）；固定资产及常用工器具、设备的使用费；业务培训费、图书资料购置费；其他行政活动经费。

我国现行的监理计算方法主要有四种，即国家物价局、建设部颁发的价费字 479 号文《关于发布工程建设监理费有关规定的通知》中规定的：

1）按照监理工程概预算的百分比计收。

2）按照参与监理工作的年度平均人数计算。

3）不宜按 1）、2）两项办法计收的，由委托人和监理人按商定的其他方法计收；

4）中外合资、合作、外商独资的建设工程，工程建设监理收费双方参照国际标准协商确定。

上述 4 种取费方法，其中第 3）、4）种的具体适用范围，已有明确的界定，第 1）、2）两种的使用范围，按照我国目前情况，有如下规定：

第 1）种方法，即按监理工程概预算百分比计收，这种方法比较简便、科学，在国际上也是一种常用的方法，一般情况下，新建、改建、扩建的工程，都应采用这种方式。

第 2）种方法，即按照参与监理工作的年度平均人数计算收费，1994 年 5 月 5 日建设部监理司以建监工便（1994）第 5 号文做了简要说明。这种方法，主要适用于单工种或临时性，或不宜按工程概预算的百分比取监理费的监理项目。

2. 附加监理工作的酬金

增加监理工作时间的补偿酬金按照下式计算

$$C_b = d_f \times \frac{C}{d}$$

式中　　C_b——补偿酬金，元；

　　　　d_f——附加工作天数，天；

　　　　C——合同中约定的报酬，元；

　　　　d——合同中约定的监理服务天数，天。

增加监理工作的范围或内容属于监理合同的变更，双方应另行签订补充协议，并具体商定报酬额或报酬的计算方法。

3. 额外监理工作的酬金

额外监理工作酬金按实际增加工作的天数计算补偿金额，可参照上式计算。

4. 奖金

监理人在监理过程中提出的合理化建议使委托人得到了经济效益，有权按专用条款的约定获得经济奖励。奖金的计算办法是：奖励金额＝工程费用节省额×报酬比率。

5. 支付

在监理合同实施中，监理酬金支付方式可以根据工程的具体情况双方协商确定。一般采取首期支付多少，以后每月（季）等额支付，工程竣工验收后结算尾款。

支付过程中，如果委托人对监理人提交的支付通知书中酬金或部分酬金项目提出异议，应在收到支付通知书24h内向监理人发出表示异议的通知，但不得拖延其他无异议酬金项目支付。

当委托人在议定的支付期限内未予支付的，自规定之日起向监理人补偿应支付酬金的利息。利息按规定支付期限最后1日银行贷款利息率乘以拖欠酬金时间计算。

（六）协调双方关系条款

委托监理合同中对合同履行期间甲乙双方的有关联系、工作程序都作了严格周密的规定，便于双方协调有序地履行合同。这些条款集中在"合同生效、变更与终止"、"其他"和"争议的解决"几节当中。主要内容如下。

1. 合同的生效、变更与终止

（1）生效。自合同签字之日起生效。

（2）开始和完成。以专用条件中注明的监理准备工作开始和完成时间。如果合同履行过程中双方商定延期时间时，完成时间相应顺延。自合同生效时起至合同完成之间的时间为合同的有效期。

（3）变更。任何一方申请并经双方书面同意时，可对合同进行变更。

如果委托人要求，监理人可提出更改监理工作的建议，这类建议的工作和移交应看作1次附加的工作。建设工程中难免出现许多不可预见的事项，因而经常会出现要求修改或变更合同条件的情况。例如改变工作服务范围、工作深度、工作进程等，特别是当出现需要改变服务范围和费用问题时，监理企业应该坚持要求修改合同、口头协议或者临时性交换函件等都是不可取的。在实际履行中，可以采取正式文件、信件协议或委托单等几种方式对合同进行修改，如果变动范围太大，也可重新制定一个合同取代原有合同。

（4）延误。如果由于委托人或第三方的原因使监理工作受到阻碍或延误，以致增加了工程量或持续时间，监理人应将此情况与可能产生的影响及时通知委托人。增加的工作量应视为附加的工作，完成监理业务的时间应相应延长，并得到附加工作酬金。

（5）特殊情况的处理。如果在监理合同签订后，出现了不应由监理人负责的特殊情况，导致监理人不能全部或部分执行监理任务时，监理人应立即通知委托人。在这种情况下，如果不得不暂停执行某些监理任务，则该项服务的完成期限应予以延长，直到这种情况不再持续。当恢复监理工作时，还应增加不超过42天的合理时间，用于恢复执行监理业务，并按双方约定的数量支付监理酬金。

（6）合同的暂停或终止。监理人向委托人办理完竣工验收或工程移交手续，承包人和委托人已签订工程保修合同，监理人收到监理酬金尾款结清监理酬金后，本合同即告终止。

当事人一方要求变更或解除合同时，应当在42天前通知对方，因变更或解除合同使一方遭受损失的，除依法可免除责任者外，应由责任方负责赔偿。

变更或解除合同的通知或协议必须采取书面形式，协议未达成之前，原合同仍然有效。

如果委托人认为监理人无正当理由而又未履行监理义务时，可向监理人发出指明其未履行义务的通知。若委托人在21天内没收到答复，可在第1份通知发出后35天内发出终止监理合同的通知，合同即行终止。

监理人在应当获得监理酬金之日起30天内仍未收到支付单据，而委托人又未对监理人提出任何书面解释，或暂停监理业务期限已超过半年时，监理人可向委托人发出终止合同通知。如果14天内未得到委托人答复，可进一步发出终止合同的通知。如果第2份通知发出后42天内仍未得到委托人答复，监理人可终止合同，也可自行暂停履行部分或全部监理业务。

合同协议的终止并不影响各方应有权利和应承担责任。

2．争议的解决

因违反或终止合同而引起的对损失或损害的赔偿，委托人与监理人应协商解决。如协商未能达成一致，可提交主管部门协调。如仍不能达成一致时，根据双方约定提交仲裁机构仲裁或向人民法院起诉。

第七节　建设工程物资采购合同管理

一、建设工程物资采购合同的概念

建设工程物资采购合同，是指平等主体的自然人、法人、其他组织之间，为实现建设工程物资买卖，设立、变更、终止相互权利义务关系的协议。

建设工程物资采购合同属于买卖合同，具有买卖合同的一般特点：

（1）出卖人与买受人订立买卖合同，是以转移财产所有权为目的。

（2）买卖合同的买受人取得财产所有权，必须支付相应的价款；出卖人转移财产所有权，必须以买受人支付价款为对价。

（3）买卖合同是双务、有偿合同。所谓双务有偿是指合同双方互负一定义务，出卖人应当保质、保量、按期交付合同订购的物资、设备，买受人应当按合同约定的条件接收货物并及时支付货款。

（4）买卖合同是诺成合同。除了法律有特殊规定的情况外，当事人之间意思表示一致，买卖合同即可成立，并不以实物的交付为合同成立的条件。

二、建设工程物资采购合同的特点

建设工程物资采购合同与项目的建设密切相关，其特点主要表现为：

（一）建设工程物资采购合同的当事人

建设工程物资采购合同的买受人即采购人，可以是发包人，也可以是承包人，依据施工合同的承包方式来确定。永久工程的大型设备一般情况下由发包人采购。施工中使用的建筑材料采购责任，按照施工合同专用条款的约定执行。通常分为发包人负责采购供应；承包人负责采购，包工包料承包两种方式。

采购合同的出卖人即供货人，可以是生产厂家，也可以是从事物资流转业务的供应商。

（二）物资采购合同的标的

建设工程物资采购合同的标的品种繁多，供货条件差异较大。

（三）物资采购合同的内容

建设物资采购合同视标的的特点，合同涉及的条款繁简程度差异较大。建筑材料采购合同的条款一般限于物资交货阶段，主要涉及交接程序、检验方式和质量要求、合同价款的支付等。大型设备的采购，除了交货阶段的工作外，往往还需包括设备生产阶段、设备安装调试阶段、设备试运行阶段、设备性能达标检验和保修等方面的条款约定。

（四）货物供应的时间

建设物资采购供应合同与施工进度密切相关，出卖人必须严格按照合同约定的时间交付订购的货物。延误交货将导致工程施工的停工待料，不能使建设项目及时发挥效益。提前交货通常买受人也不同意接受，一方面货物将占用施工现场有限的场地影响施工，另一方面增加了买受人的仓储保管费用。如出卖人提前将 500 吨水泥发运到施工现场，而买受人仓库已满，只好露天存放，为了防潮则需要投入很多物资进行维护保管。

三、材料采购合同的主要内容

按照《合同法》的分类，材料采购合同属于买卖合同。国内物资购销合同的示范文本规定，合同条款应包括以下几方面内容：

（1）产品名称、商标、型号、生产厂家、订购数量、合同金额、供货时间及每次供应数量。

（2）质量要求的技术标准、供货方对质量负责的条件和期限。

（3）交（提）货地点、方式。

（4）运输方式及到站、港和费用的负担责任。

（5）合理损耗及计算方法。

（6）包装标准、包装物的供应与回收。

（7）验收标准、方法及提出异议的期限。

（8）随机备品、配件工具数量及供应办法。

（9）结算方式及期限。

（10）如需提供担保，另立合同担保书作为合同附件。

（11）违约责任。

（12）解决合同争议的方法。

（13）其他约定事项。

四、订购材料的交付

（一）材料的交付方式

订购物资或产品的供应方式，可以分为采购方到合同约定地点自提货物和供货方负责将货物送达指定地点两大类，而供货方送货又可细分为将货物负责送抵现场或委托运输部门代运两种形式。为了明确货物的运输责任，应在相应条款内写明所采用的交（提）货方式、交（接）货物的地点、接货单位（或接货人）的名称。

（二）交货期限

货物的交（提）货期限，是指货物交接的具体时间要求。它不仅关系到合同是否按期履行，还可能会出现货物意外灭失或损坏时的责任承担问题。合同内应对交（提）货期限写明月份或更具体的时间（如旬、日）。如果合同内规定分批交货时，还需注明各批次交货的时间，以便明确责任。

合同履行过程中，判定是否按期交货或提货，依照约定的交（提）货方式的不同，可能有以下几种情况：

（1）供货方送货到现场的交货日期，以采购方接收货物时在货单上签收的日期为准。

（2）供货方负责代运货物，以发货时承运部门签发货单上的戳记日期为准。合同内约定采用代运方式时，供货方必须根据合同规定的交货期、数量、到站、接货人等，按期编制运输作业计划，办理托运、装车（船）、查验等发货手续，并将货运单、合格证等交寄对方，以便采购方在指定车站或码头接货。如果因单证不齐导致采购方无法接货，由此造成的站场存储费和运输罚款等额外支出费用，应由供货方承担。

（3）采购方自提产品，以供货方通知提货的日期为准。但供货方的提货通知中，应给对方合理预留必要的途中时间。采购方如果不能按时提货，应承担逾期提货的违约责任。当供货方早于合同约定日期发出提货通知时，采购方可根据施工的实际需要和仓储保管能力，决定是否按通知的时间提前提货。他有权拒绝提前提货，也可以按通知时间提货后仍按合同规定的交货时间付款。

实际交（提）货日期早于或迟于合同规定的期限，都应视为提前或逾期交（提）货，由有关方承担相应责任。

五、交货检验

（一）验收依据

按照合同的约定，供货方交付产品时，可以作为双方验收依据的资料包括：

（1）双方签订的采购合同。

（2）供货方提供的发货单、计量单、装箱单及其他有关凭证。

（3）合同内约定的质量标准。应写明执行的标准代号、标准名称。

（4）产品合格证、检验单。

（5）图纸、样品或其他技术证明文件。

（6）双方当事人共同封存的样品。

（二）交货数量检验

1. 供货方代运货物的到货检验

由供货方代运的货物，采购方在站场提货地点应与运输部门共同验货，以便发现灭失、短少、损坏等情况时，能及时分清责任。采购方接收后，运输部门不再负责。属于交运前出现的问题，由供货方负责；运输过程中发生的问题，由运输部门负责。

2. 现场交货的到货检验

（1）数量验收的方法。主要包括：

1）衡量法。即根据各种物资不同的计量单位进行检尺、检斤，以衡量其长度、面积、体积、重量是否与合同约定一致。如胶管衡量其长度；钢板衡量其面积；木材衡量其体积；钢筋衡量其重量等。

2）理论换算法。如管材等各种定尺、倍尺的金属材料，量测其直径和壁厚后，再按理论公式换算验收。换算依据为国家规定标准或合同约定的换算标准。

3）查点法。采购定量包装的计件物资，只要查点到货数量即可。包装内的产品数量或重量应与包装物标明的一致，否则应由厂家或封装单位负责。

（2）交货数量的允许增减范围。合同履行过程中，经常会发生发货数量与实际验收数量不符，或实际交货数量与合同约定的交货数量不符的情况。其原因可能是供货方的责任，也可能是运输部门的责任，或运输过程中的合理损耗。前两种情况要追究有关方的责任。第三种情况则应控制在合理的范围之内。有关行政主管部门对通用的物资和材料规定了货物交接过程中允许的合理磅差和尾差界限，如果合同约定供应的货物无规定可循，也应在条款内约定合理的差额界限，以免交接验收时发生合同争议。交付货物的数量在合理的尾差和磅差内，不按多交或少交对待，双方互不退补。超过界限范围时，按合同约定的方法计算多交或少交部分的数量。

合同内对磅差和尾差规定出合理的界限范围，既可以划清责任，还可为供货方合理组织发运提供灵活变通的条件。如果超过合理范围，则按实际交货数量计算。不足部分由供货方补齐或退回不足部分的货款；采购方同意接受的多交付部分，进一步支付溢出数量货物的货款。但在计算多交或少交数量时，应按订购数量与实际交货数量比较，均不再考虑合理磅差和尾差因素。

（三）交货质量检验

1. 质量责任

不论采用何种交接方式，采购方均应在合同规定的由供货方对质量负责的条件和期限内，对交付产品进行验收和试验。某些必须安装运转后才能发现内在质量缺陷的设备，应于合同内规定缺陷责任期或保修期。在此期限内，凡检测不合格的物资或设备，均由供货方负责。如果采购方在规定时间内未提出质量异议，或因其使用、保管、保养不善而造成质量下降，供货方不再负责。

2. 质量要求和技术标准

产品质量应满足规定用途的特性指标，因此合同内必须约定产品应达到的质量标准。约定质量标准的一般原则是：

（1）按颁布的国家标准执行。

（2）无国家标准而有部颁标准的产品，按部颁标准执行。

（3）没有国家标准和部颁标准作为依据时，可按企业标准执行。

（4）没有上述标准，或虽有上述某一标准但采购方有特殊要求时，按双方在合同中商定的技术条件、样品或补充的技术要求执行。

3. 验收方法

合同内应具体写明检验的内容和手段，以及检测应达到的质量标准。对于抽样检查的产品，还应约定抽检的比例和取样的方法，以及双方共同认可的检测单位。质量验收的方法可以采用：

（1）经验鉴别法。即通过目测、手触或以常用的检测工具量测后，判定质量是否符合要求。

（2）物理试验。根据对产品的性能检验目的，可以进行拉伸试验、压缩试验、冲击试验、金相试验及硬度试验等。

（3）化学实验。即抽出一部分样品进行定性分析或定量分析的化学试验，以确定其内在质量。

4. 对产品提出异议的时间和办法

合同内应具体写明采购方对不合格产品提出异议的时间和拒付货款的条件。采购方提出的书面异议中，应说明检验情况，出具检验证明和对不符合规定产品提出具体处理意见。凡因采购方使用、保管、保养不善原因导致的质量下降，供货方不承担责任。在接到采购方的书面异议通知后，供货方应在 10 天内（或合同商定的时间内）负责处理，否则即视为默认采购方提出的异议和处理意见。

如果当事人双方对产品的质量检测、试验结果发生争议，应按《标准化法》的规定，请标准化管理部门的质量监督检验机构进行仲裁检验。

六、合同的变更或解除

合同履行过程中，如需变更合同内容或解除合同，都必须依据《合同法》的有关规定执行。一方当事人要求变更或解除合同时，在未达成新的协议前，原合同仍然有效。要求变更或解除合同一方应及时将自己的意图通知对方，对方也应在接到书面通知后的 15 天或合同约定的时间内予以答复，逾期不答复的视为默认。

物资采购合同变更的内容可能涉及订购数量的增减、包装物标准的改变、交货时间和地点的变更等方面。采购方对合同内约定的订购数量不得少要或不要，否则要承担中途退货的责任。只有当供货方不能按期交付货物，或交付的货物存在严重质量问题而影响工程使用时，采购方认为继续履行合同已成为不必要，才可以拒收货物，甚至解除合同关系。如果采购方要求变更到货地点或接货人，应在合同规定的交货期限届满前 40 天通知供货方，以便供货方修改发运计划和组织运输工具。迟于上述规定期限，双方应当立即协商处理。如果已不可能变更或变更后会发生额外费用支出，其后果均应由采购方负责。

七、支付结算管理

（一）货款结算

1. 支付货款的条件

合同内需明确是验单付款还是验货后付款，然后再约定结算方式和结算时间。验单付款是指委托供货方代运的货物，供货方把货物交付承运部门并将运输单证寄给采购方，采购方在收到单证后合同约定的期限内即应支付的结算方式。尤其对分批交货的物资，每批交付后应在多少天内支付货款也应明确注明。

2. 结算支付的方式

结算方式可以是现金支付、转账结算或异地托收承付。现金结算只适用于成交货物数量少，且金额小的购销合同；转账结算适用于同城市或同地区内的结算；托收承付适用于合同双方不在同一城市的结算方式。

（二）拒付货款

采购方拒付货款，应当按照中国人民银行结算办法的拒付规定办理。采用托收承付结算时，如果采购方的拒付手续超过承付期，银行不予受理。采购方对拒付货款的产品必须负责接收，并妥为保管不准动用。如果发现动用，由银行代供货方扣收货款，并按逾期付款对待。

采购方有权部分或全部拒付货款的情况大致包括：

（1）交付货物的数量少于合同约定，拒付少交部分的货款。

（2）拒付质量不符合合同要求部分货物的货款。

（3）供货方交付的货物多于合同规定的数量且采购方不同意接收部分的货物，在承付期内可以拒付。

八、违约责任

（一）违约金的规定

当事人任何一方不能正确履行合同义务时，均应以违约金的形式承担违约赔偿责任。双方应通过协商，将具体采用的比例数写在合同条款内。

（二）供货方的违约责任

1. 未能按合同约定交付货物

这类违约行为可能包括不能供货和不能按期供货两种情况，由于这两种错误行为给对方造成的损失不同，因此承担违约责任的形式也不完全一样。

（1）如果因供货方的原因导致不能全部或部分交货，应按合同约定的违约金比例乘以不能交货部分货款计算违约金。若违约金不足以偿付采购方所受到的实际损失时，可以修改违约金的计算方法，使实际受到的损害能够得到合理的补偿。如施工承包人为了避免停工待料，不得不以较高价格紧急采购不能供应部分的货物而受到的价差损失等。

（2）供货方不能按期交货的行为，又可以进一步区分为逾期交货和提前交货两种情况：

1）逾期交货。不论合同内规定由他将货物送达指定地点交接，还是采购方去自提，均要按合同约定依据逾期交货部分货款总价计算违约金。对约定由采购方自提货物而不能按期交付时，若发生采购方的其他额外损失，这笔实际开支的费用也应由供货方承担。如采购方已按期派车到指定地点接收货物，而供货方又不能交付时，则派车损失应由供货方支付费用。发生逾期交货事件后，供货方还应在发货前与采购方就发货的有关事宜进行协商。采购方仍需要时，可继续发货照数补齐，并承担逾期交货责任；如果采购方认为已不再需要，有权在接到发货协商通知后的 15 天内，通知供货方办理解除合同手续。但逾期不予答复视为同意供货方继续发货。

2）提前交付货物。属于约定由采购方自提货物的合同，采购方接到对方发出的提前提货通知后，可以根据自己的实际情况拒绝提前提货；对于供货方提前发运或交付的货物，采购方仍可按合同规定的时间付款，而且对多交货部分，以及品种、型号、规格、质量等不符合合同规定的产品，在代为保管期内实际支出的保管、保养等费用由供货方承担。代为保管期内，不是因采购方保管不善原因而导致的损失，仍由供货方负责。

（3）交货数量与合同不符。交付的数量多于合同规定，且采购方不同意接受时。可在承付期内拒付多交部分的货款和运杂费。合同双方在同一城市，采购方可以拒收多交部分；双方不在同一城市，采购方应先把货物接收下来并负责保管，然后将详细情况和处理意见在到货后的 10 天内通知对方。当交付的数量少于合同规定时，采购方凭有关的合法证明在承付期内可以拒付少交部分的货款，也应在到货后的 10 天内将详情和处理意见通知对方。供货方接到通知后应在 10 天内答复，否则视为同意对方的处理意见。

2. 产品的质量缺陷

交付货物的品种、型号、规格、质量不符合合同规定，如果采购方同意利用，应当按质论价；当采购方不同意使用时，由供货方负责包换或包修。不能修理或调换的产品，按供货方不能交货对待。

3. 供货方的运输责任

主要涉及包装责任和发运责任两个方面。

（1）合理的包装是安全运输的保障，供货方应按合同约定的标准对产品进行包装。凡因包装不符合规定而造成货物运输过程中的损坏或灭失，均由供货方负责赔偿。

（2）供货方如果将货物错发到货地点或接货人时，除应负责运交合同规定的到货地点或接货人外，还应承担对方因此多支付的一切实际费用和逾期交货的违约金。供货方应按合同约定的路线和运输工具发运货物，如果未经对方同意私自变更运输工具或路线，要承担由此增加的费用。

（三）采购方的违约责任

1. 不按合同约定接受货物

合同签订以后或履行过程中，采购方要求中途退货，应向供货方支付按退货部分货款总额计算的违约金。对于实行供货方送货或代运的物资，采购方违反合同规定拒绝接货，要承担由此造成的货物损失和运输部门的罚款。约定为自提的产品，采购方不能按期提货，除需支付按逾期提货部分货款总值计算延期付款的违约金之外，还应承担逾期提货时间内供货方实际发生的代为保管、保养费用。逾期提货，可能是未按合同约定的日期提货；也可能是已同意供货方逾期交付货物，而接到提货通知后未在合同规定的时限内去提货两种情况。

2. 逾期付款

采购方逾期付款，应按照合同内约定的计算办法，支付逾期付款利息。按照中国人民银行有关延期付款的规定，延期付款利率一般按每天万分之五计算。

3. 货物交接地点错误的责任

不论是由于采购方在合同内错填到货地点或接货人，还是未在合同约定的时限内及时将变更的到货地点或接货人通知对方，导致供货方送货或代运过程中不能顺利交接货物，所产生的后果均由采购方承担。责任范围包括，自行运到所需地点或承担供货方及运输部门按采购方要求改变交货地点的一切额外支出。

九、大型设备采购合同管理

（一）设备采购合同的主要内容

大型设备采购合同指采购方（通常为业主，也可能是承包人）与供货方（大多为生产厂家，也可能是供货商）为提供工程项目所需的大型复杂设备而签订的合同。大型设备采购合同的标的物可能是非标准产品，需要专门加工制作，也可能虽为标准产品，但技术复杂而市场需求量较小，一般没有现货供应，待双方签订合同后由供货方专门进行加工制作，因此属于承揽合同的范畴。一个较为完备的大型设备采购合同，通常由合同条款和附件组成。

1. 合同条款的主要内容

当事人双方在合同内根据具体订购设备的特点和要求，约定以下几方面的内容：合同中的词语定义；合同标的；供货范围；合同价格；付款；交货和运输；包装与标记；技术服务；质量监造与检验；安装、调试、时运和验收；保证与索赔；保险；税费；分包与外购；合同的变更、修改、中止和终止；不可抗力；合同争议的解决；其他。

2. 主要附件

为了对合同中某些约定条款涉及内容较多部分作出更为详细的说明，还需要编制一些附件作为合同的一个组成部分。附件通常可能包括：技术规范；供货范围；技术资料的内容和交付安排；交货进度；监造、检验和性能验收试验；价格表；技术服务的内容；分包和外购计划；大部件说明表等。

（二）承包的工作范围

大型复杂设备的采购在合同内约定的供货方承包范围包括：

（1）按照采购方的要求对生产厂家定型设计图纸的局部修改。

（2）设备制造。

（3）提供配套的辅助设备。

（4）设备运输。

（5）设备安装（或指导安装）。

（6）设备调试和检验。

（7）提供备品、备件。

（8）对采购方运行的管理和操作人员的技术培训等。

（三）设备监理的主要工作内容

设备制造监理实践中也称设备监造，指采购方委托有资质的监造单位对供货方提供合同设备的制造、施工和过程进行监督和协调。但质量监造不解除供货方对合同设备质量应负的责任。

1. 设备制造前的监理工作

设备制造前，供货方向监理提交订购设备的设计和制造、检验的标准，包括与设备监造有关的标准、图纸、资料、工艺要求。在合同约定的时间内，监理应组织有关方面和人员进行会审后尽快给予同意与否的答复。尤其对生产厂家定型设计的图纸需要作部分改动要求时，对修改后的设计进行慎重审查。

2. 设备制造阶段的监理工作

（1）设备监造方式。监理对设备制造过程的监造实行现场见证和文件见证。

现场见证的形式包括：以巡视的方式监督生产制造过程，检查使用的原材料、元件质量是否合格，制造操作工艺是否符合技术规范的要求等；接到供货方的通知后，参加合同内规定的中间检查试验和出厂前的检查试验；在认为必要时，有权要求进行合同内没有规定的检验。如对某一部分的焊接质量有疑问，可以对该部分进行无损探伤试验。

文件见证指对所进行的检查或检验认为质量达到合同规定的标准后，在检查或试验记录上签署认可意见，以及就制造过程中有关问题发给供货方的相关文件。

（2）对制造质量的监督。监督检验的内容。采购方和供货方应在合同内约定设备监造的内容，监理依据合同的规定进行检查和试验。具体内容可能包括监造的部套（以订购范围确定）；每套的监造内容；监造方式（可以是现场见证、文件见证或停工待检之一）；检验的数量等。

检查和试验的范围包括：原材料和元器件的进厂检验；部件的加工检验和实验；出厂前预组装检验；包装检验。

（3）制造质量责任。监理在监造中对发现的设备和材料质量问题，或不符合规定标准的包装，有权提出改正意见并暂不予以签字时，供货方需采取相应改进措施保证交货质量。无论监理是否要求和是否知道，供货方均有义务主动及时地向其提供设备制造过程中出现的较大的质量缺陷和问题，不得隐瞒，在监理不知道的情况下供货方不得擅自处理。

监造代表发现重大问题要求停工检验时，供货方应当遵照执行。

不论监理是否参与监造与出厂检验，或者参加了监造与检验并签署了监造与检验报告，均不能被视为免除供方对设备质量应负的责任。

（4）监理工作应注意的事项。制造现场的监造检验和见证，尽量结合供货方工厂实际生产过程进行，不应影响正常的生产进度（不包括发现重大问题时的停工检验）。

监理应按时参加合同规定的检查和实验。若监理不能按供货方通知时间及时到场，供货方工厂的试验工作可以正常进行，试验结果有效。但是监理有权事后了解、查阅、复制检查试验报告和结果（转为文件见证）。若供货方未及时通知监造代表而单独检验，监理不承认该检验结果，供货方应在监理在场的情况下进行该项试验。

供货方供应的所有设备、部件（包括分包与外购部分），在生产过程中都需进行严格的检验和试验，出厂前还需进行部套或整机总装试验。所有检验、试验和总装（装配）必须有正式的记录文件。只有以上所有工作完成后才能出厂发运。这些正式记录文件和合格证明提交给监理，作为技术资料的一部分存档。此外，供货方还应在随机文件中提供合格证和质量证明文件。

（5）对生产进度的监督。对供货方在合同设备开始投料制造前提交的整套设备的生产计划进行审查并签字认可。

每个月末供货方均应提供月报表，说明本月包括制造工艺过程和检验记录在内的实际生产进度，以及下一月的生产、检验计划。中间检验报告需说明检验的时间、地点、过程、试验记录，以及不一致性原因分析和改进措施。监理审查同意后，作为对制造进度控制和与其他合同及外部关系进行协调的依据。

3. 设备运抵现场的监理工作

（1）做好接货的准备工作。供货方应在发运前按合同约定的时间内向采购方发出通知，监理在接到发运通知后及时组织有关人员做好现场接货的准备工作，包括通行的道路、储存方案、场地清理、保管工作等。

供货方在每批货物备妥及装运车辆（船）发出24h内，应以电报或传真将该批货物的如下内容通知采购方：合同号；机组号；货物备妥发运日；货物名称及编号和价格；货物总毛重；货物总体积；总包装件数；交运车站（码头）的名称、车号（船号）和运单号；重量超过20t或尺寸超过9m×3m×3m的每件特大型货物的名称、重量、体积和件数，对每件该类设备（部件）还必须标明重心和吊点位置，并附有草图。接到发运通知后，监理应组织做好卸货的准备工作，包括卸货的机械和人员、安全措施、维护保养等。

如果是发运到铁路或水运站场，应组织人员按时到运输部门提货。

如果由于采购方或现场条件原因要求供货方推迟设备发货时，应及时通知对方，并承担推迟期间的仓储费和必要的保养费。

（2）到货检验。货物到达目的地后，采购方向供货方发出到货检验通知，监理应与对方代表共同进行检验。

货物清点。双方代表共同根据运单和装箱单对货物的包装、外观和件数进行清点。如果发现任何不符之处，经过双方代表确认属于供货方责任后，由供货方处理解决。

开箱检验。货物运到现场后，监理应尽快与供货方共同进行开箱检验，如果采购方未通知供货方而自行开箱或每一批设备到达现场后在合同规定时间内不开箱，产生的后果由采购方承担。双方共同检验货物的数量、规格和质量，检验结果和记录对双方有效，并作为采购方向供货方提出索赔的证据。

损害、缺陷、短少的合同责任包括：

1）现场检验时，如发现设备由于供货方原因（包括运输）有任何损坏、缺陷、短少或不符合合同中规定的质量标准和规范时，应做好记录，并由双方代表签字，各执1份，作为采购方向供货方提出修理或更换索赔的依据。如果供货方要求采购方修理损坏的设备，所有修理设备的费用由供货方承担。

2）由于采购方的原因，发现损坏或短缺，供货方在接到采购方通知后，应尽快提供或替换相应的部件，但费用由采购方自负。

3）供货方如对采购方提出修理、更换、索赔的要求有异议，应在接到采购方书面通知后合同约定的时间内提出，否则上述要求即告成立。如有异议，供货方应在接到通知后派代表赴现场同采购方代表共同复验。

4）双方代表在共同检验中对检验记录不能取得一致意见时，可由双方委托的权威第三方检验机构进行裁定检验。检验结果对双方都有约束力，检验费用由责任方负担。

5）供货方在接到采购方提出的索赔通知后，应按合同约定的时间尽快修理、更换或补发短缺部分，由此产生的制造、修理和运费及保险费均应由责任方负担。

4．施工阶段的监理工作

（1）监督供货方的施工或现场服务。按照合同约定不同，设备安装工作可以由供货方负责，也可以在供货方提供必要的技术服务条件下由采购方承担。如果由采购方负责设备安装，供货方应提供的现场服务内容可能包括：

1）派出必要的现场服务人员。供货方现场服务人员的职责包括指导安装和调试；处理设备的质量问题；参加试车和验收试验等。

2）技术交底。安装和调试前，供货方的技术服务人员应向安装施工人员进行技术交底，讲解和示范将要进行工作的程序和方法。对合同约定的重要工序，供货方的技术服务人员要对施工情况进行确认和签证，否则采购方不能进行下一道工序。经过确认和签证的工序，如果因技术服务人员指导错误而发生问题，由供货方负责。

（2）监督安装、调试的工序。整个安装、调试过程应在供货方现场技术服务人员指导下进行，重要工序须经监理签字确认。安装、调试过程中，若采购方未按供货方的技术资料规定和现场技术服务人员指导、未经供货方现场技术服务人员签字确认而出现问题，采购方自行负责（设备质量问题除外）；若采购方按供货方技术资料规定和现场技术服务人员的指导、供货方现场技术服务人员签字确认而出现问题，供货方承担责任。

设备安装完毕后的调试工作由供货方的技术人员负责，或采购方的人员在其指导下进行。供货方应尽快解决调试中出现的设备问题，其所需时间应不超过合同约定的时间，否则将视为延误工期。

5．设备验收阶段的监理工作

（1）启动试车。安装调试完毕后，双方共同参加启动试车的检验工作。试车分成无负荷空运和带负荷试运行两个步骤进行，且每一阶段均应按技术规范要求的程序维持一定的持续时间，以检验设备的质量。试验合格后，监理及合同双方在验收文件上签字，正式移交采购方进行生产运行。若检验不合格，属于设备质量原因，由供货方负责修理、更换并承担全部费用；如果是由于工程施工质量问题，由采购方负责拆除后纠正缺陷。不论何种原因试车不合格，经过修理或更换设备后再次进行试车试验，直到满足合同规定的试车质量要求为止。

（2）性能验收。性能验收又称性能指标达标考核。启动试车只是检验设备安装完毕后是否能够顺利、安全运行，但各项具体的技术性能指标是否达到供货方在合同内承诺的保证值还无法判定，因此合同中均要约定设备移交试生产稳定运行多少个月后进行性能测试。由于合同规定的性能验收时间采购方已正式投产运行，这项验收试验由采购方负责，供货方参加。

试验大纲由采购方准备，监理与供货方讨论后确定。试验现场和所需的人力、物力由供货方提供。监理应组织供货方人员提供试验所需的测点、一次性元件和装设的试验仪表，以及做好技术配合和人员配合工作。

性能验收试验完毕，每套设备都达到合同规定的各项性能保证值指标后，监理与采购方与供货方共同会签设备初步验收证书。

如果合同设备经过性能测试检验，表明未能达到合同约定的一项或多项保证指标时，监理与双方共同协商后，可以根据缺陷或技术指标试验值与供货方在合同内的承诺值偏差程度，按下列原则区别对待：

1）在不影响合同设备安全、可靠运行的条件下，如有个别微小缺陷，供货方在双方商定的时间内免费修理，监理可同意签署初步验收证书。

2）如果第一次性能验收试验达不到合同规定的一项或多项性能保证值，则监理与双方应共同分析原因，划清责任，由责任一方采取措施，并在第一次验收试验结束后合同约定的时间内进行第二次验收试验。如能顺利通过，则签署初步验收证书。

3）在第二次性能验收试验后，如仍有一项或多项指标未能达到合同规定的性能保证值，按责任的原因分别对待。即属于采购方原因，设备应被认为初步验收通过，监理签署初步验收证书，此后供货方仍有义务与采购方一起采取措施，使设备性能达到保证值；属于供货方原因，则应按照合同约定的违约金计算方法赔偿采购方的损失。

4）在合同设备稳定运行规定的时间后，如果由于采购方原因造成性能验收试验的延误超过约定的期限，监理也应签署设备初步验收证书，视为初步验收合格。

初步验收证书只是证明供货方所提供的合同设备性能和参数截至出具初步验收证明时可以按合同要求予以接受，但不能视为供货方对合同设备中存在的可能引起合同设备损坏的潜在缺陷所应负责任解除的证据。所谓潜在缺陷指在正常情况下不能在制造过程中被发现的设备隐患，对于潜在缺陷，供货方应承担纠正缺陷责任。供货方的质量缺陷责任期时间，应保证到合同规定的保证期终止后或到第一次大修时。当发现这类潜在缺陷时，供货方应按照合同的规定进行修理或调换。

（3）最终验收。合同内应约定具体的设备保证期限。保证期从签发初步验收证书之日起开始计算。

在保证期内的任何时候，当供货方提出由于其责任原因性能未达标而需要进行检查、试验、再试验、修理或调换，监理应作好安排和组织配合，以便进行上述工作。供货方应负担修理或调换的费用，并按实际修理或更换使设备停运所延误的时间将质量保证期限作相应延长。

合同保证期满后，监理在合同规定时间内应向供货方出具合同设备最终验收证书。条件是此前供货方已完成监理在保证期满前提出的各项合理要求，设备的运行质量符合合同的约定。

每套合同设备最后一批交货到达现场之日起，如果因采购方原因在合同约定的时间内未能进行试运行和性能验收试验，期满后即视为通过最终验收。监理应与采购方和供货方共同协商后签发合同设备的最终验收证书。

（四）合同价格与支付

1. 合同价格

设备采购合同通常采用固定总价合同，在合同交货期内为不变价格。合同价内包括合同设备（含备品备件、专用工具）、技术资料、技术服务等费用，还包括合同设备的税费、运杂费、保险费等与合同有关的其他费用。

2. 付款

支付的条件、支付的时间和费用内容应在合同内具体约定。目前大型设备采购合同较多采用如下的程序。

（1）支付条件。合同生效后，供货方提交金额为约定的合同设备价格某一百分比不可撤销的履约保函，作为采购方支付合同款的先决条件。

（2）支付程序。合同设备款的支付。订购的合同设备价格分3次支付：设备制造前供货方提交履约保函和金额为合同设备价格10%的商业发票后，采购方支付合同设备价格的10%作为预付款；供货方按交货顺序在规定的时间内将每批设备（部组件）运到交货地点，并将该批设备的商业发票、清单、质量检验合格证明、货运提单提供给采购方，支付该批设备价格的80%；剩余合同设备价格的10%作为设备保证金，待每套设备保证期满没有问题，采购方签发设备最终验收证书后支付。

技术服务费的支付。合同约定的技术服务费分两次支付：第一批设备交货后，采购方支付给供货方该套合同设备技术服务费的30%；每套合同设备通过该套机组性能验收试验，初步验收证书签署后，采购方支付该套合同设备技术服务费的70%。

运杂费的支付。运杂费在设备交货时由供货方分批向采购方结算，结算总额为合同规定的运杂费。

（3）采购方的支付责任。付款时间以采购方银行承付日期为实际支付日期，若此日期晚于规定的付款日期，即从规定的日期开始，按合同约定计算迟付款违约金。

（五）违约责任

为了保证合同双方的合法权益，虽然在前述条款中已说明责任的划分，如修理、置换、补足短少部件等规定，但还应在合同内约定承担违约责任的条件、违约金的计算办法和违约金的最高赔偿限额。违约金通常包括以下几方面内容。

1. 供货方的违约责任

（1）延误责任的违约金。

1）设备延误到货的违约金计算办法。

2）未能按合同规定时间交付严重影响施工的关键技术资料的违约金的计算办法。

3）因技术服务的延误、疏忽或错误导致工程延误违约金的计算办法。

（2）质量责任的违约金。经过2次性能试验后，一项或多项性能指标仍达不到保证指标时，各项具体性能指标违约金的计算办法。

（3）由于供货方责任采购方人员的返工费。如果供货方委托采购方施工人员进行加工、修理、更换设备，或由于供货方设计图纸错误以及因供货方技术服务人员的指导错误造成返工，供货方应承担因此所发生合理费用的责任。向采购方支付的费用可按发生时的费率水平用如下公式计算：

$$P = em + J + iq$$

式中　P——总费用，元；

　　　e——人工费，元/h·人；

　　　m——人员工时，h·人；

　　　　J——材料费，元；

　　　　i——机械台班数，台·班；

　　　　q——每台机械设备的台班费，元/（台·班）。

　　（4）不能供货的违约金。合同履行过程中，如果因供货方原因不能交货，按不能交货部分设备约定价格的某一百分比计算违约金。

　　2. 采购方的违约责任。

　　（1）延期付款违约金的计算办法。

　　（2）延期付款利息的计算办法。

　　（3）如果采购方中途要求退货，按退货部分设备约定价格的某一百分比计算违约金。

　　在违约责任条款内还应分别列明任何一方严重违约时，对方可以单方面终止合同的条件、终止程序和后果责任。

思 考 题

　　1. 监理合同示范文本的标准条件与专用条件有何关系？

　　2. 监理合同当事人双方都有哪些权利？

　　3. 监理合同要求监理人必须完成的工作包括哪几类？

　　4. 监理人执行监理业务过程中，发生哪些情况不应由他承担责任？

　　5. 建设工程物资采购合同有哪些特点？

　　6. 材料采购合同如何进行交货的检验？

　　7. 材料采购合同履行过程中，如果出现供货方提前交货应如何处理？

　　8. 设备制造监理应做好哪些方面的工作？

第七章　建设工程施工索赔

第一节　建设工程施工索赔概述

一、施工索赔的概念及特征

（一）施工索赔的概念

索赔是当事人在合同实施过程中，根据法律、合同规定及惯例，对不应由自己承担责任的原因造成的损失，向合同的另一方当事人提出给予赔偿或补偿要求的行为。在工程建设的各个阶段，都有可能发生索赔，但在施工阶段索赔发生较多。

对施工合同的双方来说，都有通过索赔维护自己合法利益的权利，依据双方约定的合同责任，构成正确履行合同义务的制约关系。

（二）索赔的特征

从索赔的基本含义，可以看出索赔具有以下基本特征。

（1）索赔是双向的，不仅承包人可以向发包人索赔，发包人同样也可以向承包人索赔。由于实践中发包人向承包人索赔发生的频率相对较低，而且在索赔处理中，发包人始终处于主动和有利地位，对承包人的违约行为他可以直接从应付工程款中扣抵、扣留保留金或通过履约保函向银行索赔来实现自己的索赔要求。因此在工程实践中大量发生的、处理比较困难的是承包人向发包人的索赔，也是工程师进行合同管理的重点内容之一。承包人的索赔范围非常广泛，一般只要因非承包人自身责任造成其工期延长或成本增加，都有可能向发包人提出索赔。有时发包人违反合同，如未及时交付施工图纸和合格的施工现场、决策错误等造成工程修改、停工、返工、窝工，未按合同规定支付工程款等，承包人可向发包人提出赔偿要求；也可能由于发包人应承担风险的原因，如恶劣气候条件影响、国家法规修改等造成承包人损失或损害时，也会向发包人提出补偿要求。

（2）只有实际发生了经济损失或权利损害，一方才能向对方索赔。经济损失是指因对方因素造成合同外的额外支出，如人工费、材料费、机械费、管理费等额外开支；权利损害是指虽然没有经济上的损失，但造成了一方权利上的损害，如由于恶劣气候条件对工程进度的不利影响，承包人有权要求工期延长等。因此发生了实际的经济损失或权利损害，应是一方提出索赔的一个基本前提条件。有时上述两者同时存在，如发包人未及时交付合格的施工现场，既造成承包人的经济损失，又侵犯了承包人的工期权利，因此，承包人既要求经济赔偿，又要求工期延长；有时两者则可单独存在，如恶劣气候条件影响、不可抗力事件等，承包人根据合同规定或惯例则只能要求工期延长，不应要求经济补偿。

（3）索赔是一种未经对方确认的单方行为。它与我们通常所说的工程签证不同。在施工过程中签证是承发包双方就额外费用补偿或工期延长等达成一致的书面证明材料和补充协议，它可以直接作为工程款结算或最终增减工程造价的依据，而索赔则是单方面行为，对对方尚未形成约束力，这种索赔要求能否得到最终实现，必须要通过确认（如双方协商、谈判、调解或仲裁、诉讼）后才能实现。

许多人一听到"索赔"两字，很容易联想到争议的仲裁、诉讼或双方激烈的对抗，因此往往认为应当尽可能避免索赔，担心因索赔而影响双方的合作或感情。实质上索赔是一种正当的权利或要求，是合情、合理、合法的行为，它是在正确履行合同的基础上争取合理的偿付，不是无中生有，无理争利。索赔同守约、合作并不矛盾、对立，索赔本身就是市场经济中合作的一部分，只要是符合有关规定的、合法的或者符合有关惯例的，就应该理直气壮地、主动地向对方索赔。大部分索赔都可以通过协商谈判和调解等方式获得解决，只有在双方坚持己见而无法达成一致时，才会提交仲裁或诉诸法院求得解决，即使诉诸法律程序，也应当被看成是遵法守约的正当行为。

二、施工索赔分类

（一）按索赔的合同依据分类

1. 合同中明示的索赔

合同中明示的索赔是指承包人所提出的索赔要求，在该工程项目的合同文件中有文字依据，承包人可以据此提出索赔要求，并取得经济补偿。这些在合同文件中有文字规定的合同条款，称为明示条款。

2. 合同中默示的索赔

合同中默示的索赔，即承包人的该项索赔要求，虽然在工程项目的合同条款中没有专门的文字叙述，但可以根据该合同的某些条款的含义，推论出承包人有索赔权。这种索赔要求，同样有法律效力，有权得到相应的经济补偿。这种有经济补偿含义的条款，在合同管理工作中被称为"默示条款"或称为"隐含条款"。

默示条款是一个广泛的合同概念，它包含合同明示条款中没有写入，但符合双方签订合同时设想的愿望和当时环境条件的一切条款。这些默示条款，或者从明示条款所表述的设想愿望中引申出来，或者从合同双方在法律上的合同关系引申出来，经合同双方协商一致，或被法律和法规所指明，都成为合同文件的有效条款，要求合同双方遵照执行。

（二）按索赔目的分类

1. 工期索赔

由于非承包人责任的原因而导致施工进程延误，要求批准顺延合同工期的索赔，称之为工期索赔。工期索赔形式上是对权利的要求，以避免在原定合同竣工日不能完工时，被发包人追究拖期违约责任。一旦获得批准合同工期顺延后，承包人不仅免除了承担拖期违约赔偿费的严重风险，而且可能提前工期得到奖励，最终仍反映在经济收益上。

2. 费用索赔

费用索赔的目的是要求经济补偿。当施工的客观条件改变导致承包人增加开支，要求对超出计划成本的附加开支给予补偿，以挽回不应由他承担的经济损失。

（三）按索赔事件的性质分类

1. 工程延误索赔

因发包人未按合同要求提供施工条件，如未及时交付设计图纸、施工现场、道路等，或因发包人指令工程暂停或不可抗力事件等原因造成工期拖延的，承包人对此提出索赔。这是工程中常见的一类索赔。

2. 工程变更索赔

由于发包人或监理工程师指令增加或减少工程量或增加附加工程、修改设计、变更工程顺序等，造成工期延长和费用增加，承包人对此提出索赔。

3. 合同被迫终止的索赔

由于发包人或承包人违约以及不可抗力事件等原因造成合同非正常终止，无责任的受害方因其蒙受经济损失而向对方提出索赔。

4. 工程加速索赔

由于发包人或工程师指令承包人加快施工速度，缩短工期，引起承包人人、财、物的额外开支而提出的索赔。

5. 意外风险和不可预见因素索赔

在工程实施过程中，因人力不可抗拒的自然灾害、特殊风险以及一个有经验的承包人通常不能合理预见的不利施工条件或外界障碍，如地下水、地质断层、溶洞、地下障碍物等引起的索赔。

6. 其他索赔

如因货币贬值、汇率变化、物价、工资上涨、政策法令变化等原因引起的索赔。

三、索赔的起因

引起工程索赔的原因非常多和复杂，主要有以下方面。

（1）工程项目的特殊性。现代工程规模大、技术性强、投资额大、工期长、材料设备价格变化快。工程项目的差异性大、综合性强、风险大，使得工程项目在实施过程中存在许多不确定因素，而合同则必须在工程开始前签订，它不可能对工程项目所有的问题都能作出合理的预见和规定，而且发包人在实施过程中还会有许多新的决策，这一切使得合同变更极为频繁，而合同变更必然会导致项目工期和成本的变化。

（2）工程项目内外部环境的复杂性和多变性。工程项目的技术环境、经济环境、社会环境、法律环境的变化，诸如地质条件变化、材料价格上涨、货币贬值、国家政策、法规的变化等，会在工程实施过程中经常发生，使得工程的计划实施过程与实际情况不一致，这些因素同样会导致工程工期和费用的变化。

（3）参与工程建设主体的多元性。由于工程参与单位多，一个工程项目往往会有发包人、总包人、工程师、分包人、指定分包人、材料设备供应商等众多参加单位。各方面的技术、经济关系错综复杂，相互联系又相互影响，只要一方失误，不仅会造成自己的损失，而且会影响其他合作者，造成他人损失，从而导致索赔。

（4）工程合同的复杂性及易出错性。建设工程合同文件多且复杂，经常会出现措词不当、缺陷、图纸错误，以及合同文件前后自相矛盾或者可作不同解释等问题，容易造成合同双方对合同文件理解不一致，从而出现索赔。以上这些问题会随着工程的逐步开展而不断暴露出来，必然使工程项目受到影响，导致工程项目成本和工期的变化，这就是索赔形成的根源。因此，索赔的发生，不仅是一个索赔意识或合同观念的问题，从本质上讲，索赔也是一种客观存在。

第二节 索 赔 程 序

一、承包人的索赔

承包人的索赔程序通常可分为以下几个步骤，见图 7-1。

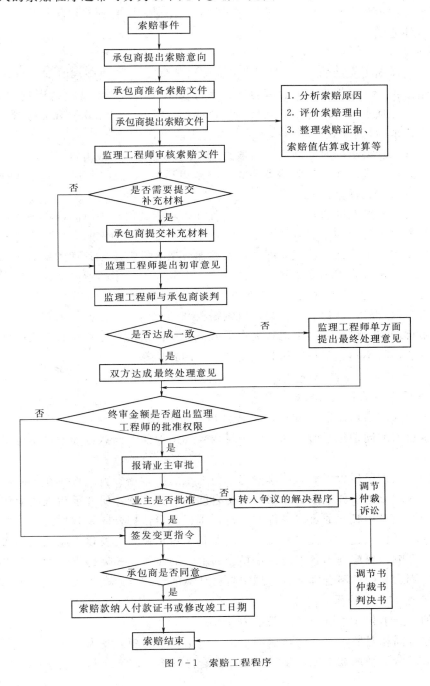

图 7-1 索赔工程程序

（一）承包人提出索赔要求

1. 发出索赔意向通知

索赔事件发生后，承包人应在索赔事件发生后的 28 天内向工程师递交索赔意向通知，声明将对此事件提出索赔。该意向通知是承包人就具体的索赔事件向工程师和发包人表示的索赔愿望和要求。如果超过这个期限，工程师和发包人有权拒绝承包人的索赔要求。索赔事件发生后，承包人有义务做好现场施工的同期纪录，工程师有权随时检查和调阅，以判断索赔事件造成的实际损害。

2. 递交索赔报告

索赔意向通知提交后的 28 天内，或工程师可能同意的其他合理时间，承包人应递送正式的索赔报告。索赔报告的内容应包括：事件发生的原因，对其权益影响的证据资料，索赔的依据，此项索赔要求补偿的款项和工期展延天数的详细计算等有关材料。

如果索赔事件的影响持续存在，28 天内还不能算出索赔额和工期展延天数时，承包人应按工程师合理要求的时间间隔（一般为 28 天），定期陆续报出每一个时间段内的索赔证据资料和索赔要求。在该项索赔事件的影响结束后的 28 天内，报出最终详细报告，提出索赔论证资料和累计索赔额。

承包人发出索赔意向通知后，可以在工程师指示的其他合理时间内再报送正式索赔报告，也就是说，工程师在索赔事件发生后有权不马上处理该项索赔。如果事件发生时，现场施工非常紧张，工程师不希望立即处理索赔而分散各方抓施工管理的精力，可通知承包人将索赔的处理留待施工不太紧张时再去解决。但承包人的索赔意向通知必须在事件发生后的 28 天内提出，包括因对变更估价双方不能取得一致意见，而先按工程师单方面决定的单价或价格执行时，承包人提出的保留索赔权利的意向通知。如果承包人未能按时间规定提出索赔意向和索赔报告，则他就失去了就该项事件请求补偿的索赔权力。此时他所受到损害的补偿，将不超过工程师认为应主动给予的补偿额。

（二）工程师审核索赔报告

1. 工程师审核承包人的索赔申请

接到承包人的索赔意向通知后，工程师应建立自己的索赔档案，密切关注事件的影响，检查承包人的同期纪录时，随时就记录内容提出他的不同意见或他希望应予以增加的记录项目。

在接到正式索赔报告以后，认真研究承包人报送的索赔资料。首先在不确认责任归属的情况下，客观分析事件发生的原因，重温合同的有关条款，研究承包人的索赔证据，并检查他的同期纪录；其次通过对事件的分析，工程师再依据合同条款划清责任界限，必要时还可以要求承包人进一步提供补充资料。尤其是对承包人与发包人或工程师都负有一定责任的事件影响，更应划出各方应该承担合同责任的比例。最后再审查承包人提出的索赔补偿要求，剔除其中的不合理部分，拟定自己计算的合理索赔款额和工期顺延天数。

2. 判定索赔成立的原则

工程师判定承包人索赔成立的条件为：

（1）与合同相对照，事件已造成了承包人施工成本的额外支出，或总工期延误。

（2）造成费用增加或工期延误的原因，按合同约定不属于承包人应承担的责任，包括行为责任或风险责任。

(3) 承包人按合同规定的程序提交了索赔意向通知和索赔报告。

上述三个条件没有先后主次之分，应当同时具备。只有工程师认定索赔成立后，才可处理应给予承包人的补偿额。

3. 对索赔报告的审查

(1) 事态调查。通过对合同实施的跟踪、分析了解事件经过、前因后果，掌握事件详细情况。

(2) 损害事件原因分析。即分析索赔事件是由何种原因引起，责任应由谁来承担。在实际工作中，损害事件的责任有时是多方面原因造成，故必须进行责任分解，划分责任范围。按责任大小，承担损失。

(3) 分析索赔理由。主要依据合同文件判明索赔事件是否属于未履行合同规定义务或未正确履行合同义务导致，是否在合同规定的赔偿范围之内。只有符合合同规定的索赔要求才有合法性、才能成立。例如，某合同规定，在工程总价5％范围内的工程变更属于承包人承担的风险。则发包人指令增加工程量在这个范围内，承包人不能提出索赔。

(4) 实际损失分析。即分析索赔事件的影响，主要表现为工期的延长和费用的增加。如果索赔事件不造成损失，则无索赔可言。损失调查的重点是分析、对比实际和计划的施工进度，工程成本和费用方面的资料，在此基础核算索赔值。

(5) 证据资料分析。主要分析证据资料的有效性、合理性、正确性，这也是索赔要求有效的前提条件。如果在索赔报告中提不出证明其索赔理由、索赔事件的影响、索赔值的计算等方面的详细资料，索赔要求是不能成立的。如果工程师认为承包人提出的证据不能足以说明其要求的合理性时，可以要求承包人进一步提交索赔的证据资料。

(三) 确定合理的补偿额

1. 工程师与承包人协商补偿

工程师核查后初步确定应予以补偿的额度往往与承包人的索赔报告中要求的额度不一致，甚至差额较大。主要原因大多为对承担事件损害责任的界限划分不一致，索赔证据不充分，索赔计算的依据和方法分歧较大等，因此双方应就索赔的处理进行协商。

对于持续影响时间超过28天以上的工期延误事件，当工期索赔条件成立时，对承包人每隔28天报送的阶段索赔临时报告审查后，每次均应作出批准临时延长工期的决定，并于事件影响结束后28天内承包人提出最终的索赔报告后，批准顺延工期总天数。应当注意的是，最终批准的总顺延天数，不应少于以前各阶段已同意顺延天数之和。规定承包人在事件影响期间必须每隔28天提出一次阶段索赔报告，可以使工程师能及时根据同期纪录批准该阶段应予顺延工期的天数，避免事件影响时间太长而不能准确确定索赔值。

2. 工程师索赔处理决定

在经过认真分析研究，与承包人、发包人广泛讨论后，工程师应该向发包人和承包人提出自己的"索赔处理决定"。工程师收到承包人送交的索赔报告和有关资料后，于28天内给予答复或要求承包人进一步补充索赔理由和证据。《建设工程施工合同示范文本》规定，工程师收到承包人递交的索赔报告和有关资料后，如果在28天内既未予答复，也未对承包人作进一步要求的话，则视为承包人提出的该项索赔要求已经认可。

工程师在"工程延期审批表"和"费用索赔审批表"中应该简明地叙述索赔事项、理由和建议给予补偿的金额及延长的工期,论述承包人索赔的合理方面及不合理方面。通过协商达不成共识时,承包人仅有权得到所提供的证据满足工程师认为索赔成立那部分的付款和工期顺延。不论工程师与承包人协商达到一致,还是他单方面作出的处理决定,批准给予补偿的款额和顺延工期的天数如果在授权范围之内,则可将此结果通知承包人,并抄送发包人。补偿款将计入下月支付工程进度款的支付证书内,顺延的工期加到原合同工期中去。如果批准的额度超过工程师权限,则应报请发包人批准。

通常,工程师的处理决定不是终局性的,对发包人和承包人都不是有强制性的约束力。承包人对工程师的决定不满意,可以按合同中的争议条款提交约定的仲裁机构仲裁或诉讼。

(四)发包人审查索赔处理

当工程师确定的索赔额超过其权限范围时,必须报请发包人批准。

发包人首先根据事件发生的原因、责任范围、合同条款审核承包人的索赔申请和工程师的处理报告,再依据工程建设的目的、投资控制、竣工投产日期要求以及针对承包人在施工中的缺陷或违反合同规定等的有关情况,决定是否同意工程师的处理意见。例如,承包人某项索赔理由成立,工程师根据相应条款规定,既同意给予一定的费用补偿,也批准顺延相应的工期。但发包人权衡了施工的实际情况和外部条件的要求后,可能不同意顺延工期,而宁可给承包人增加费用补偿额,要求他采取赶工措施,按期或提前完工。这样的决定只有发包人才有权作出。

索赔报告经发包人同意后,工程师即可签发有关证书。

(五)承包人是否接受最终索赔处理

承包人接受最终的索赔处理决定,索赔事件的处理即告结束。如果承包人不同意,就会导致合同争议。通过协商双方达到互谅互让的解决方案,是处理争议的最理想方式。如达不成谅解,承包人有权提交仲裁或诉讼解决。

二、发包人的索赔

《建设工程施工合同(示范文本)》规定,承包人未能按合同约定履行自己的各项义务或发生错误而给发包人造成损失时,发包人也应按合同约定向承包人提出索赔。

FIDIC《施工合同条件》中,业主的索赔主要限于施工质量缺陷和拖延工期等违约行为导致的业主损失。合同内规定业主可以索赔的条款涉及十方面,见表7-1。

表 7-1　　　　　　　　　FIDIC《施工合同条件》中业主可以索赔的条款

序号	条款号	内　容
1	7.5	拒收不合格的材料和工程
2	7.6	承包人未能按照工程师的指示完成缺陷补救工作
3	8.6	由于承包人的原因修改进度计划导致业主有额外投入
4	8.7	拖期违约赔偿
5	2.5	业主为承包人提供的电、气、水等应收款项

续表

序号	条款号	内　　容
6	9.4	未能通过竣工检验
7	11.3	缺陷通知期的延长
8	11.4	未能补救缺陷
9	15.4	承包人违约终止合同后的支付
10	18.2	承包人办理保险未能获得补偿的部分

第三节　工程师的索赔管理

一、工程师对工程索赔的影响

在发包人与承包人之间的索赔事件的处理和解决过程中，工程师是个核心。在整个合同的形成和实施过程中，工程师对工程索赔有如下影响：

（一）工程师受发包人委托进行工程项目管理

如果工程师在工作中出现问题、失误或行使施工合同赋予的权力造成承包人的损失，发包人必须承担合同规定的相应赔偿责任。承包人索赔有相当一部分原因是由工程师引起的。

（二）工程师有处理索赔问题的权力

（1）在承包人提出索赔意向通知以后，工程师有权检查承包人的现场同期纪录。

（2）对承包人的索赔报告进行审查分析，反驳承包人不合理的索赔要求，或索赔要求中不合理的部分。可指令承包人作出进一步解释，或进一步补充资料，提出审查意见。

（3）在工程师与承包人共同协商确定给承包人的工期和费用的补偿量达不成一致时，工程师有权单方面作出处理决定。

（4）对合理的索赔要求，工程师有权将它纳入工程进度付款中，签发付款证书，发包人应在合同规定的期限内支付。

（三）在争议的仲裁和诉讼过程中作为见证人

如果合同一方或双方对工程师的处理不满意，都可以按合同规定提交仲裁，也可以按法律程序提出诉讼。在仲裁或诉讼过程中，工程师作为工程全过程的参与者和管理者，可以作为见证人提供证据。

在一个工程中，发生索赔的频率、索赔要求和索赔的解决结果等，与工程师的工作能力、经验、工作的完备性、作出决定的公平合理性等有直接的关系。所以在工程项目施工过程中，工程师也必须有"风险意识"，必须重视索赔问题。

二、工程师的索赔管理任务

索赔管理是工程师进行工程项目管理的主要任务之一，他的索赔管理任务包括：

（一）预测和分析导致索赔的原因和可能性

在施工合同的形成和实施过程中，工程师为发包人承担了大量具体的技术、组织和管理工作。如果在这些工作中出现疏漏，对承包人施工造成干扰，则产生索赔。承包人的合同管理人员常常在寻找着这些疏漏，寻找索赔机会。所以工程师在工作中应能预测到自己行为的后果，堵塞漏洞。起草文件、下达指令、作出决定、答复请示时都应注意到完备性和严密性；颁发图纸、作出计划和实施方案时都应考虑其正确性和周密性。

（二）通过有效的合同管理减少索赔事件发生

工程师应以积极的态度和主动的精神管理好工程，为发包人和承包人提供良好的服务。在施工中，工程师作为双方的纽带，应做好协调、缓冲工作，为双方建立一个良好的合作气氛。通常合同实施越顺利，双方合作得越好，索赔事件越少，越易于解决。

工程师应对合同实施进行有力的控制，这是他的主要工作。通过对合同的监督和跟踪，不仅可以及早发现干扰事件，也可以及早采取措施降低干扰事件的影响，减少双方损失，还可以及早了解情况，为合理地解决索赔提供条件。

（三）公平合理地处理和解决索赔

合理解决发包人和承包人之间的索赔纠纷，不仅符合工程师的工作目标，使承包人按合同得到支付，而且符合工程总目标。索赔的合理解决，是指承包人得到按合同规定的合理补偿，而又不使发包人投资失控，合同双方都心悦诚服，对解决结果满意，继续保持友好的合作关系。

三、工程师索赔管理的原则

要使索赔得到公平合理的解决，工程师在工作中必须注意以下原则：

（一）公平合理地处理索赔

工程师作为施工合同的管理核心，必须公平行事。以没有偏见的方式解释和履行合同，独立地作出判断，行使自己的权力。由于施工合同双方的利益和立场存在不一致，常常会出现矛盾，甚至冲突，这时工程师起着缓冲、协调作用。他的处理索赔原则有如下几个方面：

（1）从工程整体效益、工程总目标的角度出发作出判断或采取行动。使合同风险分配，干扰事件责任分担，索赔的处理和解决不损害工程整体效益和不违背工程总目标。在这个基本点上，双方常常是一致的，例如使工程顺利进行，尽早使工程竣工，投入生产，保证工程质量，按合同施工等。

（2）按照合同约定行事。合同是施工过程中的最高行为准则。作为工程师更应该按合同办事，准确理解、正确执行合同。在索赔的解决和处理过程中应贯穿合同精神。

（3）从事实出发，实事求是。按照合同的实际实施过程、干扰事件的实情、承包人的实际损失和所提供的证据作出判断。

（二）及时作出决定和处理索赔

在工程施工中，工程师必须及时地（有的合同规定具体的时间，或"在合理的时间内"）行使权力，作出决定，下达通知、指令，表示认可等。这有如下重要作用：

（1）可以减少承包人的索赔几率。因为如果工程师不能迅速及时地行事，造成承包人的损失，必须给予工期或费用的补偿。

（2）防止干扰事件影响的扩大。若不及时行事会造成承包人停工处理指令，或承包人继续施工，造成更大范围的影响和损失。

（3）在收到承包人的索赔意向通知后应迅速作出反应，认真研究、密切注意干扰事件的发展。一方面可以及时采取措施降低损失；另一方面可以掌握干扰事件发生和发展的过程，掌握第一手资料，为分析、评价承包人的索赔做准备。所以工程师也应鼓励并要求承包人及时向他通报情况，并及时提出索赔要求。

（4）不及时地解决索赔问题将会加深双方的不理解、不一致和矛盾。如果不能及时解决索赔问题，会导致承包人资金周转困难，积极性受到影响，施工进度放慢，对工程师和发包人缺乏信任感；而发包人会抱怨承包人拖延工期，不积极履约。

（5）不及时行事会造成索赔解决的困难。单个索赔集中起来，索赔额积累起来，不仅给分析、评价带来困难，而且会带来新的问题，使问题和处理过程复杂化。

（三）尽可能通过协商达成一致

工程师在处理和解决索赔问题时，应及时地与发包人和承包人沟通，保持经常性的联系。在做出决定，特别是做出调整价格、决定工期和费用补偿决定前，应充分地与合同双方协商，最好达成一致，取得共识。这是避免索赔争议的最有效的办法。工程师应充分认识到，如果他的协调不成功使索赔争议升级，对合同双方都是损失，将会严重影响工程项目的整体效益。在工程中，工程师切不可凭借他的地位和权力武断行事，滥用权力，特别对承包人不能随便以合同处罚相威胁或盛气凌人。

（四）诚实信用

工程师有很大的工程管理权力，对工程的整体效益有关键性的作用。发包人出于信任，将工程管理的任务交给工程师；承包人希望工程师公平行事。

四、工程师对索赔的审查

（一）审查索赔证据

工程师对索赔报告审查时，首先判断承包人的索赔要求是否有理、有据。所谓有理，是指索赔要求与合同条款或有关法规是否一致，受到的损失应属于非承包人责任原因所造成。有据，是指提供的证据证明索赔要求成立。承包人可以提供的证据包括下列证明材料：

（1）合同文件中的条款约定。

（2）经工程师认可的施工进度计划。

（3）合同履行过程中的来往函件。

（4）施工现场记录。

（5）施工会议记录。

（6）工程照片。

（7）工程师发布的各种书面指令。

（8）中期支付工程进度款的单证。

（9）检查和试验记录。

（10）汇率变化表。

（11）各类财务凭证。

（12）其他有关资料。

（二）审查工期顺延要求

（1）对索赔报告中要求顺延的工期，在审核中应注意以下几点：

1) 划清施工进度拖延的责任。因承包人的原因造成施工进度滞后，属于不可原谅的延期；只有承包人不应承担任何责任的延误，才是可原谅的延期。有时工期延期的原因中可能包含有双方责任，此时工程师应进行详细分析，分清责任比例，只有可原谅的延期部分才能批准顺延合同工期。可原谅延期，又可细分为可原谅并给予补偿费用的延期和可原谅但不给与补偿费用的延期；后者是指非承包人责任的影响并未导致施工成本的额外支出，大多属于发包人应承担风险责任事件的影响，如异常恶劣的气候条件造成的停工等。

2) 被延误的工作应是处于施工进度计划关键线路上的施工内容。只有位于关键线路上工作内容的滞后，才会影响到竣工日期。但有时也应注意，既要看被延误的工作是否在批准进度计划的关键路线上，又要详细分析这一延误对后续工作的可能影响。因为若对非关键路线工作的影响时间较长，超过了该工作可用于自由支配的时间，也会导致进度计划中非关键路线转化为关键路线，其滞后将导致总工期的拖延。此时，应充分考虑该工作的自由时间，给予相应的工期顺延，并要求承包人修改施工进度计划。

3) 无权要求承包人缩短合同工期。工程师有审核、批准承包人顺延工期的权力，但他不可以扣减合同工期。也就是说，工程师有权指示承包人删减掉某些合同内规定的工作内容，但不能要求他相应缩短合同工期。如果要求提前竣工的话，这项工作属于合同的变更。

（2）审查工期索赔计算。工期索赔的计算主要有网络图分析和比例计算法两种。

1) 网络分析法是利用进度计划的网络图，分析其关键线路。如果延误的工作为关键工作，则总延误的时间为批准顺延的工期；如果延误的工作为非关键工作，当该工作由于延误超过时差限制而成为关键工作时，可以批准延误时间与时差的差值；若该工作延误后仍为非关键工作，则不存在工期索赔问题。

2) 比例计算法的公式

对于已知部分工程的延期的时间：

$$T_s = \frac{c_g}{C} \times t_g$$

式中　　T_s——工期索赔值，天；

　　　　c_g——受干扰部分工程的合同价，元；

　　　　t_g——受干扰部分工期拖延时间，天。

对于已知额外增加工程量的价格：

$$T_s = \frac{c_z}{C} \times T$$

式中　　c_z——额外增加的工程量价格，元。

　　　　T——额外增加工程量的施工数，天。

比例计算法简单方便，但有时不尽符合实际情况，比例计算法不适用于变更施工顺序、加速施工、删减工程量等事件的索赔。

（三）审查费用索赔要求

费用索赔的原因，可能是与工期索赔相同的内容，即属于可原谅并应予以费用补偿的索赔，也可能是与工期索赔无关的理由。工程师在审核索赔的过程中，除了划清合同责任以外，还应注意索赔计算的取费合理性和计算的正确性。

1. 承包人可索赔的费用

费用内容一般可以包括以下几个方面：

（1）人工费。包括增加工作内容的人工费、停工损失费和工作效率降低的损失费等累计，但不能简单地用计日工费计算。

（2）设备费。可采用机械台班费、机械折旧费、设备租赁费等几种形式。

（3）材料费。

（4）保函手续费。工程延期时，保函手续费相应增加，反之，取消部分工程且发包人与承包人达成提前竣工协议时，承包人的保函金额相应折减，则计入合同价内的保函手续费也应扣减。

（5）贷款利息。

（6）保险费。

（7）利润。

（8）管理费。此项又可分为现场管理费和公司管理费两部分，由于二者的计算方法不一样，所以在审核过程中应区别对待。

2. 审核索赔取费的合理性

费用索赔涉及的款项较多、内容庞杂。承包人都是从维护自身利益的角度解释合同条款，进而申请索赔额。工程师应公平地审核索赔报告申请，挑出不合理的取费项目或费率。

FIDIC《施工合同条件》中，按照引起承包人损失事件原因的不同，对承包人索赔可能给予合理补偿工期、费用和利润的情况，分别作出了相应的规定。可以合理补偿承包人索赔的条款见表 7-2。

表 7-2　　　　　　　　　　可以合理补偿承包人索赔的条款

序号	条款号	主 要 内 容	可补偿内容		
			工期	费用	利润
1	1.9	延误发放图纸	√	√	√
2	2.1	延误移交施工现场	√	√	√
3	4.7	承包人依据工程师提供的错误数据导致放线错误	√	√	√
4	4.12	不可预见的外界条件	√	√	
5	4.24	施工中遇到文物和古迹	√	√	
6	7.4	非承包人原因检验导致施工的延误	√	√	√
7	8.4（a）	变更导致竣工时间的延长	√		
8	（c）	异常不利的气候条件	√		
9	（d）	由于传染病或其他政府行为导致工期的延误	√		
10	（e）	业主或其他承包人的干扰	√		
11	8.5	公共当局引起的延误	√		

续表

序号	条款号	主　要　内　容	可补偿内容		
			工期	费用	利润
12	10.2	业主提前占用工程		√	√
13	10.3	对竣工检验的干扰	√	√	√
14	13.7	后续法规的调整	√	√	
15	18.1	业主办理的保险未能从保险公司获得补偿部分		√	
16	19.4	不可抗力事件造成的损害	√	√	

3. 审核索赔计算的正确性

（1）所采用的费率是否合理、适度。主要注意的问题包括：

1）工程量表中的单价是综合单价，不仅含有直接费，还包括间接费、风险费、辅助施工机械费、公司管理费和利润等项目的摊销成本。在索赔计算中不应有重复取费。

2）停工损失中，不应以计日工费计算。不应计算闲置人员在此期间的奖金、福利等报酬，通常采取人工单价乘以折算系数计算，停驶的机械费补偿，应按机械折旧费或设备租赁费计算，不应包括运转操作费用。

（2）正确区分停工损失与因工程师临时改变工作内容或作业方法的功效降低损失的区别。凡可改作其他工作的，不应按停工损失计算，但可以适当补偿降效损失。

五、工程师对索赔的反驳

首先要说明的是，这里所讲的反驳索赔仅仅指的是反驳承包人不合理索赔或者索赔中的不合理部分，而绝对不是把承包人当作对立面，偏袒发包人，设法不给与或尽量少给予承包人补偿。反驳索赔的措施是指工程师针对一些可能发生索赔的领域，为了今后有充分证据反驳承包人的不合理要求而采取的监督管理措施。反驳索赔措施实际上是包括在工程师的日常监理工作中的。能否有力地反驳索赔，是衡量工程师工作成效的重要尺度。

对承包人的施工活动进行日常现场检查是监理工程师执行监理工作的基础，监督现场施工按合同要求进行。检查人员应具有一定的实践经验、认真的工作态度和良好的合作精神。人员素质的高低很大程度上将决定监理工程师监理工作的成效。检查人员应该善于发现问题，随时独立保持有关情况记录，绝对不能简单照抄承包人的记录。必要时应对某些施工情况摄取工程照片；每天下班前还必须把一天的施工情况和自己的观察结果简明扼要地写成"工程监理日志"，其中特别要指出承包人在哪些方面没有达到合同或计划要求。这种日志应该逐级加以汇总分析，最后由工程师或其他授权代表把承包人施工中存在的问题连同处理建议书面通知承包人，为今后反驳索赔提供依据。

合同中通常都会规定承包人应该在多长时间内或什么时间以前向工程师提交什么资料供工程师批准、同意或参考。工程师最好是事先编制一份"承包人应提交的资料清单"，其内容包括资料名称、合同依据、时间要求、格式要求及工程师处理时间要求等，以便随时核对。如果到时承包人没有提交或提交资料的格式等不符合要求，则应该及时记录在案，并通知承包人。承包人的这种问题，可能是今后用来说明某项索赔或索赔中的某部分应由承包人自己负责的重要依据。

工程师要了解承包人施工材料和设备到货情况，包括材料质量、数量和存储方式以及设备种类、型号和数量。如果承包人的到货情况不符合合同要求或双方同意的计划要求，工程师应该及时记录在案，并通知承包人。这些也可能是今后反驳索赔的重要依据。

与承包人一样，对工程师来说，做好资料档案管理工作也非常重要。如果自己的资料档案不全，索赔处理终究会处于被动，只能是人云亦云。即便是明知某些要求不合理，也无法予以反驳。工程师必须保存好与工程有关的全部文件资料，特别是应该有自己独立采集的工程监理资料。

工程师通常可以对承包人的索赔提出质疑的情况有：

（1）索赔事项不属于发包人或工程师的责任，而是与承包人有关的其他第三方的责任。

（2）发包人和承包人共同负有责任、承包人必须划分和证明双方责任大小。

（3）事实依据不足。

（4）合同依据不足。

（5）承包人未遵守意向通知要求。

（6）承包人以前已经放弃（明示或暗示）了索赔要求。

（7）承包人没有采取适当措施避免或减少损失。

（8）承包人必须提供进一步的证据。

（9）损失计算夸大等。

六、工程师对索赔的预防和减少

索赔虽然不可能完全避免，但通过努力可以减少发生。

（一）正确理解合同规定

合同是规定当事人双方权利义务关系的文件。正确理解合同规定，是双方协调一致地合理、完全履行合同的前提条件。由于施工合同通常比较复杂，因而"理解合同规定"就有一定的困难。双方站在各自立场上对合同规定的理解往往不可能完全一致，总会或多或少地存在某些分歧。这种分歧经常是产生索赔的重要原因之一，所以发包人、工程师和承包人都应该认真研究合同文件，以便尽可能在诚信的基础上正确、一致地理解合同的规定，减少索赔的发生。

（二）做好日常监理工作，随时与承包人保持协调

做好日常监理工作是减少索赔的重要手段。工程师应善于预见、发现和解决问题，能够在某些问题对工程产生额外成本或其他不良影响以前，把它们纠正过来，就可以避免发生与此有关的索赔。对此现场检查作为工程师监理工作的第一个环节，应该发挥应有的作用。对工程质量、完工工作量等，工程师应该尽可能在日常工作中与承包人随时保持协调，每天或每周对当天或本周的情况进行会签、取得一致意见，而不要等到需要付款时再一次处理。这样就比较容易取得一致意见，可以避免不必要的分歧。

（三）尽量为承包人提供力所能及的帮助

承包人在施工过程中肯定会遇到各种各样的困难。虽然从合同上讲，工程师没有义务向其提供帮助，但从共同努力建设好工程这一点来讲，还是应该尽可能地提供一些帮助。

这样，不仅可以免遭或少遭损失，从而避免或减少索赔。而且承包人对某些似是而非、模棱两可的索赔机会，还可能基于友好考虑而主动放弃。

（四）建立和维护工程师处理合同事务的威信

工程师自身必须有公正的立场、良好的合作精神和处理问题的能力，这是建立和维护其威信的基础；发包人应该积极支持工程师独立、公平地处理合同事务，不予无理干涉；承包人应该充分尊重工程师，主动接受工程师的协调和监督，与工程师保持良好的关系。如果承包人认为工程师明显偏袒发包人或处理问题能力较差甚至是非不分，他就会更多地提出索赔，而不管是否有足够的依据，以求"以量取胜"或"蒙混过关"。如果工程师处理合同事务立场公正，有丰富的经验知识、有较高的威信，就会促使承包人在提出索赔前认真做好准备工作，只提出那些有充足依据的索赔，"以质取胜"，从而减少提出索赔的数量。发包人、工程师和承包人应该从一开始就努力建立和维持相互关系的良性循环，这对合同顺利实施是非常重要的。

思 考 题

1. 如何理解施工索赔的概念？
2. 施工索赔有哪些分类？
3. 索赔程序有哪些步骤？
4. 工程师处理索赔应遵循哪些原则？
5. 工程师审查索赔应注意哪些问题？
6. 工程师如何预防和减少索赔？

第八章　FIDIC 合同条件下的施工管理

第一节　施工合同条件的管理

一、施工合同条件简介

FIDIC（国际咨询工程师联合会）在 1999 年出版了《施工合同条件》范本。新范本在维持《土木工程施工合同条件》（1988 年第四版）基本原则的基础上，对合同结构和条款内容作了较大修订。新的版本有以下几方面的重大改动：

（1）合同的适用条件更为广泛。FIDIC 在《土木工程施工合同条件》基础上编制的《施工合同条件》不仅适用于建筑工程施工，也可以用于安装工程施工。

（2）通用条件条款结构改变。通用条件条款的标题分别为：一般规定；业主；工程师；承包商；指定分包商；职员和劳工；永久设备、材料和工艺；开工、延误和暂停；竣工检验；业主的接收；缺陷责任；测量和估价；变更和调整；合同价格和支付；业主提出终止；承包商提出暂停和终止；风险和责任；保险；不可抗力；索赔、争端和仲裁 20 条 247 款。比《土木工程施工合同条件》的条目数少，但条款数多，克服了合同履行过程中发生的某一事件往往涉及排列序号不在一起的很多条款，使得编写合同、履行管理都感到很繁琐的缺点，尽可能将相关内容归列在同一主题下。

（3）对业主、承包商双方的权利和义务作了更严格明确的规定。

（4）对工程师的职权规定得更为明确。通用条款内明确规定，工程师应履行施工合同中赋予他的职责，行使合同中明确规定的或必然隐含的赋予他的权力。如果要求工程师在行使施工合同中某些规定权力之前需先获得业主的批准，则应在业主与承包商签订合同的专用条件的相应条款内注明。合同履行过程中业主或承包商的各类要求均应提交工程师，由其作出"决定"；除非按照解决合同争议的条款将该事件提交争端裁决委员会或仲裁机构解决外，对工程师作出的每一项决定各方均应遵守。业主与承包商协商达成一致以前，不得对工程师的权力加以进一步限制。通用条件的相关条款同时规定，每当工程师需要对某一事项作出商定或决定时，应首先与合同双方协商并尽力达成一致，如果不能达成一致，则应按照合同规定并适当考虑所有有关情况后再作出公正的决定。

（5）补充了部分新内容。随着工程项目管理的规范化发展，增加了一些《土木工程施工合同条件》没有包括的内容，如业主的资金安排、业主的索赔、承包商要求的变更、质量管理体系、知识产权、争端裁决委员会等，使条款涵盖的范围更为全面、合理。

（6）通用条件的条款更具备操作性。通用条件条款数目的增加不仅表现为涵盖内容的面宽，而且条款约定更为细致和便于操作。如将预付款支付与扣还、调价公式等编入了通用条件的条款。

《施工合同条件》具有全面、完整的通用条件的条款规定和专用条件部分条款的编制说明及范例，使用时可结合项目的特点编写。本章以下各节内容仅就与第六章有区别之处的部分作简单介绍。

二、施工合同中的部分重要概念

（一）合同文件

通用条件的条款规定，构成对业主和承包商有约束力的合同文件包括以下几方面的内容。

（1）合同协议书。业主发出中标函的 28 天内，接到承包商提交的有效履约保证后，双方签署的法律性标准化格式文件。为了避免履行合同过程中产生争议，专用条件指南中最好注明接受的合同价格、基准日期和开工日期。

（2）中标函。业主签署的对投标书的正式接受函，可能包含作为备忘录记载的合同签订前谈判时可能达成一致并共同签署的补遗文件。

（3）投标函。承包商填写并签字的法律性投标函和投标函附录，包括报价和对招标文件及合同条款的确认文件。

（4）合同专用条件。

（5）合同通用条件。

（6）规范。指承包商履行合同义务期间应遵循的准则，也是工程师进行合同管理的依据，即合同管理中通常所称的技术条款。除了工程各主要部位施工应达到的技术标准和规范以外，还可以包括以下方面的内容：

1）对承包商文件的要求。

2）应由业主获得的许可。

3）对基础、结构、工程设备、通行手段的阶段性占有。

4）承包商的设计。

5）放线的基准点、基准线和参考标高。

6）合同涉及的第三方。

7）环境限制。

8）电、水、气和其他现场供应的设施。

9）业主的设备和免费提供的材料。

10）指定分包商。

11）合同内规定承包商应为业主提供的人员和设施。

12）承包商负责采购材料和设备需提供的样本。

13）制造和施工过程中的检验。

14）竣工检验。

15）暂列金额等。

（7）图纸。

（8）资料表以及其他构成合同一部分的文件，如：

1）资料表——由承包商填写并随投标函一起提交的文件，包括工程量表、数据、列表及费率/单价表等。

2) 构成合同一部分的其他文件——在合同协议书或中标函中列明范围的文件（包括合同履行过程中构成对双方有约束力的文件）。

（二）合同担保

1. 承包商提供的担保

合同条款中规定，承包商签订合同时应提供履约担保，接受预付款前应提供预付款担保。在范本中给出了担保书的格式，分为企业法人提供的保证书和金融机构提供的保函两类格式。保函均为不需承包商确认违约的无条件担保形式。

（1）履约担保的保证期限。履约保函应担保承包商圆满完成施工和保修的义务，而非到工程师颁发工程接收证书为止。但工程接收证书的颁发是对承包商按合同约定完满完成施工义务的证明，承包商还应承担的义务仅为保修义务。因此，范本中推荐的履约保函格式内说明，如果双方有约定的话，允许颁发整个工程的接收证书后，将履约保函的担保金额减少一定的百分比。

（2）业主凭保函索赔。由于无条件保函对承包商的风险较大，因此通用条件中明确规定了4种情况下业主可以凭履约保函索赔，其他情况则按合同约定的违约责任条款对待。这些情况包括：

1）专用条款内约定的缺陷通知期满后仍未能解除承包商的保修义务时，承包商应延长履约保函有效期而未延长。

2）按照业主索赔或争议、仲裁等决定，承包商未向业主支付相应款项。

3）缺陷通知期内承包商接到业主修补缺陷通知后42天内未派人修补。

4）由于承包商的严重违约行为业主终止合同。

2. 业主提供的担保

大型工程建设资金的融资可能包括从某些国际援助机构、开发银行等筹集的款项，这些机构往往要求业主应保证履行给承包商付款的义务，因此在专用条件范例中，增加了业主应向承包商提交"支付保函"的可选择使用的条款，并附有保函格式。业主提供的支付保函担保金额可以按总价或分项合同价的某一百分比计算，担保期限至缺陷通知期满后6个月，并且为无条件担保，使合同双方的担保义务对等。

通用条件的条款中未明确规定业主必须向承包商提供支付保函，具体工程的合同内是否包括此条款，取决于业主主动选用或融资机构的强制性规定。

（三）合同履行中涉及的几个期限的概念

1. 合同工期

合同工期在合同条件中用"竣工时间"的概念，指所签合同内注明的完成全部工程的时间，加上合同履行过程中因非承包商应负责原因导致变更和索赔事件发生后，经工程师批准顺延工期之和。如有分部移交工程，也需在专用条件的条款内明确约定。合同内约定的工期指承包商在投标书附录中承诺的竣工时间。合同工期的时间界限作为衡量承包商是否按合同约定期限履行施工义务的标准。

2. 施工期

从工程师按合同约定发布的"开工令"中指明的应开工之日起，至工程接收证书注明的竣工日止的日历天数为承包商的施工期。用施工期与合同工期比较，判定承包商的施工是提前竣工，还是延误竣工。

3. 缺陷通知期

缺陷通知期即国内施工文本所指的工程保修期，自工程接收证书中写明的竣工日开始，至工程师颁发履约证书为止的日历天数。尽管工程移交前进行了竣工检验，但只是证明承包商的施工工艺达到了合同规定的标准，设置缺陷通知期的目的是为了考验工程在动态运行条件下是否达到了合同中技术规范的要求。因此，从开工之日起至颁发履约证书日止，承包商要对工程的施工质量负责。合同工程的缺陷通知期及分阶段移交工程的缺陷通知期，应在专用条件内具体约定。次要部位工程通常为半年；主要工程及设备大多为一年；个别重要设备也可以约定为一年半。

4. 合同有效期

自合同签字日起至承包商提交给业主的"结清单"生效日止，施工承包合同对业主和承包商均具有法律约束力。颁发履约证书只是表示承包商的施工义务终止，合同约定的权利义务并未完全结束，还剩有管理和结算等手续。结清单生效指业主已按工程师签发的最终支付证书中的金额付款，并退还承包商的履约保函。结清单一经生效，承包商在合同内享有的索赔权利也自行终止。

（四）合同价格

通用条件中分别定义了"接受的合同款额"和"合同价格"的概念。"接受的合同款额"指业主在"中标函"中对实施、完成和修复工程缺陷所接受的金额，来源于承包商的投标报价并对其确认。"合同价格"则指按照合同各条款的约定，承包商完成建造和保修任务后，对所有合格工程有权获得的全部工程款。最终结算的合同价可能与中标函中注明的接受的合同款额不一定相等，究其原因，涉及以下几方面因素的影响：

1. 合同类型特点

《施工合同条件》适用于大型复杂工程采用单价合同的承包方式。为了缩短建设周期，通常在初步设计完成后就开始施工招标，在不影响施工进度的前提下陆续发放施工图，因此，承包商据以报价的工程量清单中，各项工作内容项下的工程量一般为概算工程量。合同履行过程中，承包商实际完成的工程量可能多于或少于清单中的估计量。单价合同的支付原则是，按承包商实际完成工程量乘以清单中相应工作内容的单价，结算该部分工作的工程款。

2. 可调价合同

大型复杂工程的施工期较长，通用条件中包括合同工期内因物价变化对施工成本产生影响后计算调价费用的条款，每次支付工程进度款时均要考虑约定可调价范围内项目当地市场价格的涨落变化。而这笔调价款没有包含在中标价格内，仅在合同条款中约定了调价原则和调价费用的计算方法。

3. 发生应由业主承担责任的事件

合同履行过程中，可能因业主的行为或他应承担风险责任的事件发生后，导致承包商增加施工成本，合同相应条款都规定应对承包商受到的实际损害给予补偿。

4. 承包商的质量责任

合同履行过程中，如果承包商没有完全地或正确地履行合同义务，业主可凭工程师出具的证明，从承包商应得工程款内扣减该部分给业主带来损失的款额。

（1）不合格材料和工程的重复检验费用由承包商承担。工程师对承包商采购的材料和施工的工程通过检验后发现质量未达到合同规定的标准，承包商应自费改正并在相同条件下进行重复试验，重复检验所发生的额外费用由承包商承担。

（2）承包商没有改正忽视质量的错误行为。当承包商不能在工程师限定的时间内将不合格的材料或设备移出施工现场，以及在限定时间内没有或无力修复缺陷工程，业主可以雇佣其他人来完成，该项费用应从承包商处扣回。

（3）折价接收部分有缺陷工程。某项处于非关键部位的工程施工质量未达到合同规定的标准，如果业主和工程师经过适当考虑后，确信该部分的质量缺陷不会影响总体工程的运行安全，为了保证工程按期发挥效益，可以与承包商协商后折价接收。

5. 承包商延误工期或提前竣工

（1）因承包商责任的延误竣工。签订合同时双方需约定日拖期赔偿额和最高赔偿限额。如果因承包商应负责原因竣工时间迟于合同工期，将按日拖期赔偿额乘以延误天数计算拖期违约赔偿金，但以约定的最高赔偿限额为赔偿业主延迟发挥工程效益的最高款额。专用条款中的日拖期赔偿额视合同金额的大小，可在 0.03%～0.2% 合同价的范围内约定具体数额或百分比，最高赔偿限额一般不超过合同价的 10%。

如果合同内规定有分阶段移交的工程，在整个合同工程竣工日期以前，工程师已对部分分阶段移交的工程颁发了工程接收证书且证书中注明的该部分工程竣工日期未超过约定的分阶段竣工时间，则全部工程剩余部分的日拖期违约赔偿额应相应折减。折减的原则是，以拖延竣工部分的合同金额除以整个合同工程的总金额所得比例乘以日拖期赔偿额，但不影响约定的最高赔偿限额。即误期赔偿总金额＝折减的误期损害赔偿金/天×延误天数（≤最高赔偿限额）

（2）提前竣工。承包商通过自己的努力使工程提前竣工是否应得到奖励，在施工合同条件中列入可选择条款一类。业主要看提前竣工的工程或区段是否能让其得到提前使用的收益，而决定该条款的取舍。如果招标工作内容仅为整体工程中的部分工程且这部分工程的提前不能单独发挥效益，则没有必要鼓励承包商提前竣工，可以不设奖励条款。若选用奖励条款，则需在专用条件中具体约定奖金的计算办法。

当合同内约定有部分分项工程的竣工时间和奖励办法时，为了使业主能够在完成全部工程之前占有并启用工程的某些部分提前发挥效益，约定的分项工程完工日期应固定不变。也就是说，即使该部分工程施工过程中出现非承包商应负责的情况导致工程师批准顺延合同工期，也不能对计算奖励的应竣工时间予以调整（除非合同中另有规定）。

6. 包含在合同价格之内的暂列金额

某些项目的工程量清单中包括有"暂列金额"款项，尽管这笔款额计入在合同价格内，但其使用却归工程师控制。暂列金额实际上是一笔业主方的备用金，用于招标时对尚未确定或不可预见项目的储备金额。施工过程中工程师有权依据工程进展的实际需要经业主同意后，用于施工或提供物资、设备，以及技术服务等内容的开支，也可以作为供意外用途的开支。他有权全部使用、部分使用或完全不用。

工程师可以发布指示，要求承包商或其他人完成暂列金额项内开支的工作，因此，只有当承包商按工程师的指示完成暂列金额项内开支的工作任务后，才能从其中获得相应支付。由于暂列金额是用于招标文件规定承包商必须完成的承包工作之外的费用，承包商报价时不将承包范围内发生的间接费、利润、税金等摊入其中，所以他未获得暂列金额内的支付并不损害其利益。承包商接受工程师的指示完成暂列金额项内支付的工作时，应按工程师的要求提供有关凭证，包括报价单、发票、收据等结算支付的证明材料。

（五）指定分包商

1. 指定分包商的概念

指定分包商是由业主（或工程师）指定、选定，完成某项特定工作内容并与承包商签订分包合同的特殊分包商。合同条款规定，业主有权将部分工程项目的施工任务或涉及提供材料、设备、服务等工作内容发包给指定分包商实施。

合同内规定有承担施工任务的指定分包商，大多因业主在招标阶段划分合同包时，考虑到某部分施工的工作内容有较强的专业技术要求，一般承包单位不具备相应的能力，但如果以一个单独的合同对待又限于现场的施工条件或合同管理的复杂性，工程师无法合理地进行协调管理，为避免各独立合同之间的干扰，则只能将这部分工作发包给指定分包商实施。由于指定分包商是与承包商签订分包合同，因而在合同关系和管理关系方面与一般分包商处于同等地位，对其施工过程中的监督、协调工作纳入承包商的管理之中。指定分包工作内容可能包括部分工程的施工；供应工程所需的货物、材料、设备；设计；提供技术服务等。

2. 指定分包商的特点

虽然指定分包商与一般分包商处于相同的合同地位，但两者并不完全一致，主要差异体现在以下几个方面：

（1）选择分包单位的权利不同。承担指定分包工作任务的单位由业主或工程师选定，而一般分包商则由承包商选择。

（2）分包合同的工作内容不同。指定分包工作属于承包商无力完成，不属于合同约定应由承包商必须完成范围之内的工作，即承包商投标报价时没有摊入间接费、管理费、利润、税金的工作，因此不损害承包商的合法权益。而一般分包商的工作则为承包商承包工作范围的一部分。

（3）工程款的支付开支项目不同。为了不损害承包商的利益，给指定分包商的付款应从暂列金额内开支。而对一般分包商的付款，则从工程量清单中相应工作内容项内支付。由于业主选定的指定分包商要与承包商签订分包合同，并需指派专职人员负责施工过程中的监督、协调、管理工作，因此也应在分包合同内具体约定双方的权利和义务，明确收取分包管理费的标准和方法。如果施工中需要指定分包商，在招标文件中应给予较详细说明，承包商在投标书中填写收取分包合同价的某一百分比作为协调管理费。该费用包括现场管理费、公司管理费和利润。

（4）业主对分包商利益的保护不同。尽管指定分包商与承包商签订分包合同后，按照权利义务关系他直接对承包商负责，但由于指定分包商终究是业主选定的，而且其工程款的支付从暂列金额内开支，因此，在合同条件内列有保护指定分包商的条款。通用条件规定，承包商在每个月末报送工程进度款支付报表时，工程师有权要求他出示以前已按指定分包合同给指定分包商付款的证明。如果承包商没有合法理由而扣押了指定分包商上个月应得工程款的话，业主有权按工程师出具的证明从本月应得款内扣除这笔金额直接付给指定分包商。对于一般分包商则无此类规定，业主和工程师不介入一般分包合同履行的监督。

（5）承包商对分包商违约行为承担责任的范围不同。除非由于承包商向指定分包商发布了错误的指示要承担责任外，对指定分包商的任何违约行为给业主或第三者造成损害而导致索赔或诉讼，承包商不承担责任。如果一般分包商有违约行为，业主将其视为承包商的违约行为，按照主合同的规定追究承包商的责任。

3. 指定分包商的选择

特殊专项工作的实施要求指定分包商拥有某方面的专业技术或专门的施工设备、独特的施工方法。业主和工程师往往根据所积累的资料、信息，也可能依据以前与之交往的经验，对其信誉、技术能力、财务能力等比较了解，通过议标方式选择。若没有理想的合作者，也可以就这部分承包商不善于实施的工作内容，采用招标方式选择指定分包商。

某项工作将由指定分包商负责实施是招标文件规定，并已由承包商在投标时认可，因此他不能反对该项工作由指定分包商完成，并负责协调管理工作。但业主必须保护承包商合法利益不受侵害是选择指定分包商的基本原则，因此当承包商有合法理由时，有权拒绝某一单位作为指定分包商。为了保证工程施工的顺利进行，业主选择指定分包商应首先征求承包商的意见，不能强行要求承包商接受，他有理由反对，或是拒绝与承包商签订保障承包商利益不受损害的分包合同的指定分包商。

（六）解决合同争议的方式

任何合同争议均交由仲裁或诉讼解决，一方面往往会导致合同关系的破裂，另一方面解决起来费时、费钱且对双方的信誉有不利影响。为了解决工程师的决定可能处理得不公正的情况，通用条件中增加了"争端裁决委员会"处理合同争议的程序。

1. 解决合同争议的程序

（1）提交工程师决定。FIDIC 编制施工合同条件的基本出发点之一，是合同履行过程中建立以工程师为核心的项目管理模式，因此不论是承包商的索赔还是业主的索赔均应首先提交给工程师。任何一方要求工程师作出决定时，他应与双方协商尽力达成一致。如果未能达成一致，则应按照合同规定并适当考虑有关情况后作出公平的决定。

（2）提交争端裁决委员会决定。双方起因于合同的任何争端，包括对工程师签发的证书、作出的决定、指示、意见或估价不同意接受时，可将争议提交合同争端裁决委员会，并将副本送交对方和工程师。裁决委员会在收到提交的争议文件后 84 天内作出合理的裁决。作出裁决后的 28 天内，任何一方未提出不满意裁决的通知，此裁决即为最终的决定。

（3）双方协商。任何一方对裁决委员会的裁决不满意，或裁决委员会在 84 天内未能作出裁决，在此期限后的 28 天内应将争议提交仲裁。仲裁机构在收到申请后的 56 天才开始审理，这一时间要求双方尽力以友好的方式解决合同争议。

（4）仲裁。如果双方仍未能通过协商解决争议，则只能由合同约定的仲裁机构最终解决。

2. 争端裁决委员会

（1）争端裁决委员会的组成。签订合同时，业主与承包商通过协商组成裁决委员会。裁决委员会可选定为 1 名或 3 名成员，一般由 3 名成员组成，合同每一方应提名 1 位成员，由对方批准。双方应与这两名成员共同并商定第三位成员，第三人作为主席。

（2）争端裁决委员会的性质。属于非强制性但具有法律效力的行为，相当于我国法律中解决合同争议的调解，但其性质则属于个人委托。成员应满足以下要求：

1）对承包合同的履行有经验。

2）在合同的解释方面有经验。

3）能流利地使用合同中规定的交流语言。

（3）工作。由于裁决委员会的主要任务是解决合同争议，因此不同于工程师需要常驻工地。

1）平时工作。裁决委员会的成员对工程的实施定期进行考察现场，了解施工进度和实际潜在的问题。一般在关键施工作业期间到现场考察，但两次考察的间隔时间不少于140 天，离开现场前，应向业主和承包商提交考察报告。

2）解决合同争议的工作。接到任何一方申请后，在工地或其他选定的地点处理争议的有关问题。

（4）报酬。付给委员的酬金分为月聘请费和日酬金两部分，由业主与承包商平均负担。裁决委员会到现场考察和处理合同争议的时间按日酬金计算，相当于咨询费。

（5）成员的义务。保证公正处理合同争议是其最基本义务，虽然当事人双方各提名 1位成员，但他不能代表任何一方的单方利益，因此合同规定：

1）在业主与承包商双方同意的任何时候，他们可以共同将事宜提交给争端裁决委员会，请他们提出意见。没有另一方的同意，任一方不得就任何事宜向争端裁决委员会征求建议。

2）裁决委员会或其中的任何成员不应从业主、承包商或工程师处单方获得任何经济利益或其他利益。

3）不得在业主、承包商或工程师处担任咨询顾问或其他职务。

4）合同争议提交仲裁时，不能被任命为仲裁人，只能作为证人向仲裁提供争端证据。

3. 争端裁决程序

（1）接到业主或承包商任何一方的请求后，裁决委员会确定会议的时间和地点。解决争议的地点可以在工地或其他地点进行。

（2）裁决委员会成员审阅各方提交的材料。

（3）召开听证会，充分听取各方的陈述，审阅证明材料。

（4）调解合同争议并作出决定。

三、风险责任的划分

合同履行过程中可能发生的某些风险是有经验的承包商在准备投标时无法合理预见的，就业主利益而言，不应要求承包商在其报价中计入这些不可合理预见风险的损害补偿费，以取得有竞争性的合理报价。通用条件内以投标截止日期前第 28 天定义为"基准日"作为业主与承包商划分合同风险的时间点。在此日期后发生的作为一个有经验承包商在投标阶段不可能合理预见的风险事件，按承包商受到的实际影响给予补偿；若业主获得好处，也应取得相应的利益。某一不利于承包商的风险损害是否应给予补偿，工程师不是简单看承包商的报价内包括或未包括对此事件的费用，而是以作为有经验的承包商在投标阶段能否合理预见作为判定准则。

（一）业主应承担的风险义务

1. 合同条件规定的业主风险

（1）战争、敌对行动、入侵、外敌行动。

（2）工程所在国内发生的叛乱、革命、暴动或军事政变、篡夺政权或内战（在我国实施的工程均不采用此条款）。

（3）不属于承包商施工原因造成的爆炸、核废料辐射或放射性污染等。

（4）超音速或亚音速飞行物产生的压力波。

（5）暴乱、骚乱或混乱，但不包括承包商及分包商的雇员因执行合同而引起的行为。

（6）因业主在合同规定以外，使用或占用永久工程的某一区段或某一部分而造成的损失或损害。

（7）业主提供的设计不当造成的损失。

（8）一个有经验承包商通常无法预测和防范的任何自然力作用。

前5种风险都是业主或承包商无法预测、防范和控制而保险公司又不承保的事件，损害后果又很严重，业主应对承包商受到的实际损失（不包括利润损失）给予补偿。

2. 不可预见的物质条件

（1）不可预见物质条件的范围。承包商施工过程中遇到不利于施工的外界自然条件、人为干扰、招标文件和图纸均未说明的外界障碍物、污染物的影响、招标文件未提供或与提供资料不一致的地表以下的地质和水文条件，但不包括气候条件。

（2）承包商及时发出通知。遇到上述情况后，承包商递交给工程师的通知中应具体描述该外界条件，并说明原因为什么承包商认为是不可预见的。发生这类情况后承包商应继续实施工程，采用在此外界条件下合适的以及合理的措施，并且应该遵守工程师给予的任何指示。

（3）工程师与承包商进行协商并作出决定。判定原则是：

1）承包商在多大程度上对该外界条件不可预见。事件的原因可能属于业主风险或有经验的承包商应该合理预见，也可能双方都应负有一定责任，工程师应合理划分责任或责任限度。

2）不属于承包商责任的事件影响程度，评定损害或损失的额度。

3）与业主和承包商协商或决定补偿之前，还应审查是否在工程类似部分（如有时）上出现过其他外界条件比承包商在提交投标书时合理预见的物质条件更为有利的情况。如果在一定程度上承包商遇到过此类更为有利的条件，工程师还应确定补偿时对因此有利条件而应支付费用的扣除与承包商作出商定或决定，并且加入合同价格和支付证书中（作为扣除）。

4）但由于工程类似部分遇到的所有外界有利条件而作出对已支付工程款的调整结果不应导致合同价格的减少，即如果承包商不依据"不可预见的物质条件"提出索赔时，不考虑类似情况下有利条件承包商所得到的好处，另外对有利部分的扣减不应超过对不利补偿的金额。

3. 其他不能合理预见的风险

（1）汇率变化对外币支付部分的影响。当合同内约定给承包商的全部或部分付款为某种外币，或约定整个合同期内始终以基准日承包商报价所依据的投标汇率为不变汇率按约定百分比支付某种外币时，汇率的实际变化对支付外币的计算不产生影响。若合同内规定按支付日当天中央银行公布的汇率为标准，则支付时需随汇率的市场浮动进行换算。由于合同期内汇率的浮动变化是双方签约时无法预计的情况，不论采用何种方式，业主均应承担汇率实际变化对工程总造价影响的风险，可能对其有利，也可能不利。

（2）法令、政策变化对工程成本的影响。如果基准日后由于法律、法令和政策变化引起承包商实际投入成本的增加，应由业主给予补偿。若导致施工成本的减少，也由业主获得其中的好处，如施工期内国家或地方对税收的调整等。

（二）承包商应承担的风险义务

在施工现场不属于保险范围内的，由于承包商的施工、管理等失误或违约行为，导致工程、业主人员的伤害及财产损失，应承担责任。依据合同通用条款的规定，承包商对业主的全部责任不应超过专用条款约定的赔偿最高限额，若未约定，则不应超过中标的合同金额。但对于因欺骗、有意违约或轻率的不当行为造成的损失，赔偿的责任限度不受限额的限制。

四、施工阶段的合同管理

（一）施工进度管理

1. 施工计划

（1）承包商编制施工进度计划。承包商应在合同约定的日期或接到中标函后的 42 天内（合同未作约定）开工，工程师则应至少提前 7 天通知承包商开工日期。承包商收到开工通知后的 28 天内，按工程师要求的格式和详细程度提交施工进度计划，说明为完成施工任务而打算采用的施工方法、施工组织方案、进度计划安排，以及按季度列出根据合同预计应支付给承包商费用的资金估算表。

合同履行过程中，一个准确的施工计划对合同涉及的有关各方都有重要的作用，不仅要求承包商按计划施工，而且工程师也应按计划做好保证施工顺利进行的协调管理工作，同时也是判定业主是否延误移交施工现场、迟发图纸以及其他应提供的材料、设备，成为影响施工应承担责任的依据。

（2）进度计划的内容。一般应包括：

1）实施工程的进度计划。视承包工程的任务范围不同，可能还涉及到设计进度（如果包括部分工程的施工图设计的话）；材料采购计划；永久工程设备的制造、运到现场、施工、安装、调试和检验各个阶段的预期时间（永久工程设备包括在承包范围内）。

2）每个指定分包商施工各阶段的安排。

3）合同中规定的重要检查、检验的次序和时间。

4）保证计划实施的说明文件：①承包商在各施工阶段准备采用的方法和主要阶段的总体描述；②各主要阶段承包商准备投入的人员和设备数量的计划等。

（3）进度计划的确认。承包商有权按照他认为最合理的方法进行施工组织，工程师不应干预。工程师对承包商提交的施工计划的审查主要涉及以下几个方面：

1）计划实施工程的总工期和重要阶段的里程碑工期是否与合同的约定一致。

2）承包商各阶段准备投入的机械和人力资源计划能否保证计划的实现。

3）承包商拟采用的施工方案与同时实施的其他合同是否有冲突或干扰等。

如果出现上述情况，工程师可以要求承包商修改计划方案。由于编制计划和按计划施工是承包商的基本义务之一，因此承包商将计划提交的 21 天内，工程师未提出需修改计划的通知，即认为该计划已被工程师认可。

2. 工程师对施工进度的监督

（1）月进度报告。为了便于工程师对合同的履行进行有效的监督和管理，协调各合同之间的配合，承包商每个月都应向工程师提交进度报告，说明前一阶段的进度情况和施工中存在的问题，以及下一阶段的实施计划和准备采取的相应措施。报告的内容包括：

1）设计（如有时）、承包商的文件、采购、制造、货物运达现场、施工、安装和调试的每一阶段，以及指定分包商实施工程的这些阶段进展情况的图表与详细说明。

2）表明制造（如有时）和现场进展状况的照片。

3）与每项主要永久设备和材料制造有关的制造商名称、制造地点、进度百分比，以及开始制造、承包商的检查、检验、运输和到达现场的实际或预期日期。

4）说明承包商在现场的施工人员和各类施工设备数量。

5）若干份质量保证文件、材料的检验结果及证书。

6）安全统计。包括涉及环境和公共关系方面的任何危险事件与活动的详情。

7）实际进度与计划进度的对比，包括可能影响按照合同完工的任何事件和情况的详情，以及为消除延误而正在（或准备）采取的措施等。

（2）施工进度计划的修订。当工程师发现实际进度与计划进度严重偏离时，不论实际进度是超前还是滞后于计划进度，为了使进度计划有实际指导意义，随时有权指示承包商编制改进的施工进度计划，并再次提交工程师认可后执行，新进度计划将代替原来的计划。也允许在合同内明确规定，每隔一段时间（一般为 3 个月）承包商都要对施工计划进行一次修改，并经过工程师认可。按照合同条件的规定，工程师在管理中应注意两点：一是，不论因何方应承担责任的原因导致实际进度与计划进度不符，承包商都无权对修改进度计划的工作要求额外支付；二是，工程师对修改后进度计划的批准，并不意味着承包商可以摆脱合同规定应承担的责任。例如，承包商因自身管理失误使得实际进度严重滞后于计划进度，按实际施工能力修改后的进度计划，竣工日期将迟于合同规定的日期。工程师考虑此计划已包括了承包商所有可挖掘的潜力，只能按此计划执行，批准后，承包商仍要承担合同规定的延期违约赔偿责任。

3. 顺延合同工期

通用条件的条款中规定可以给承包商合理延长合同工期的条件通常可能包括以下几种情况：

（1）延误发放图纸。

（2）延误移交施工现场。

（3）承包商依据工程师提供的错误数据导致放线错误。

（4）不可预见的外界条件。

（5）施工中遇到文物和古迹而对施工进度的干扰。

（6）非承包商原因检验导致施工的延误。

（7）发生变更或合同中实际工程量与计划工程量出现实质性变化。

（8）施工中遇到有经验的承包商不能合理预见的异常不利气候条件。

（9）由于传染病或政府行为导致工期的延误。

（10）施工中受到业主或其他承包商的干扰。

（11）施工涉及有关公共部门原因引起的延误。

（12）业主提前占用工程导致对后续施工的延误。

（13）非承包商原因使竣工检验不能按计划正常进行。

（14）后续法规调整引起的延误。

（15）发生不可抗力事件的影响。

（二）施工质量管理

1. 承包商的质量体系

通用条件规定，承包商应按照合同的要求建立一套质量管理体系，以保证施工符合合同要求。在每一工作阶段开始实施之前，承包商应将所有工作程序的细节和执行文件提交工程师，供其参考。工程师有权审查质量体系的任何方面，包括月进度报告中包含的质量文件，对不完善之处可以提出改进要求。由于保证工程的质量是承包商的基本义务，其应当遵守工程师认可的质量体系施工，但并不能解除依据合同应承担的任何职责、义务和责任。

2. 现场资料

承包商的投标书表明他在投标阶段对招标文件中提供的图纸、资料和数据进行过认真审查和核对，并通过现场考察和质疑，已取得了对工程可能产生影响的有关风险、意外事故及其他情况的全部必要资料。承包商对施工中涉及的以下相关事宜的资料应有充分的了解：

（1）现场的现状和性质，包括资料提供的地表以下条件。

（2）水文和气候条件。

（3）为实施和完成工程及修复工程缺陷约定的工作范围和性质。

（4）工程所在地的法律、法规和雇佣劳务的习惯作法。

（5）承包商要求的通行道路、食宿、设施、人员、电力、交通、供水及其他服务。

业主同样有义务向承包商提供基准日后得到的所有相关资料和数据。

不论是招标阶段提供的资料还是后续提供的资料，业主应对资料和数据的真实性和正确性负责，但对承包商依据资料的理解、解释或推论导致的错误不承担责任。

3. 质量的检查和检验

为了保证工程的质量，工程师除了按合同规定进行正常的检验外，还可以在认为必要时依据变更程序，指示承包商变更规定检验的位置或细节，进行附加检验或试验等。由于额外检查和试验是基准日前承包商无法合理预见的情况，涉及到的费用和工期变化，视检验结果是否合格划分责任归属。

4. 对承包商设备的控制

工程质量的好坏和施工进度的快慢，很大程度上取决于投入施工的机械设备、临时工程在数量和型号上的满足程度。而且承包商在投标书中报送的设备计划，是业主决标时考虑的主要因素之一。因此通用条款规定了以下几点：

（1）承包商自有的施工设备。承包商自有的施工机械、设备、临时工程和材料，一经运抵施工现场后就被视为专门为本合同工程施工之用。除了运送承包商人员和物资的运输车辆以外，其他施工机具和设备虽然承包商拥有所有权和使用权，但未经过工程师的批准，不能将其中的任何一部分运出施工现场。作出上述规定的目的是为了保证本工程的施工，但并非绝对不允许在施工期内承包商将自有设备运出工地。某些使用台班数较少的施工机械在现场闲置期间，如果承包商的其他合同工程需要使用时，可以向工程师申请暂时运出。当工程师依据施工计划考虑该部分机械暂时不用而同意运出时，应同时指示何时必须运回以保证本工程的施工之用，要求承包商遵照执行。对于后期施工不再使用的设备，竣工前经过工程师批准后，承包商可以提前撤出工地。

（2）承包商租赁的施工设备。承包商从其他人处租赁施工设备时，应在租赁协议中规定在协议有效期内发生承包商违约解除合同时，设备所有人应以相同的条件将该施工设备转租给发包人或发包人邀请承包本合同的其他承包商。

（3）要求承包工程增加或更换施工设备。若工程师发现承包商使用的施工设备影响了工程进度或施工质量时，有权要求承包商增加或更换施工设备，由此增加的费用和工期延误责任由承包商承担。

5. 环境保护

承包商的施工应遵守环境保护的有关法律和法规的规定，采取一切合理措施保护现场内外的环境，限制因施工作业引起的污染、噪声或其他对公众人身和财产造成的损害和妨碍。施工产生的散发物、地面排水和排污不能超过环保规定的数值。

（三）工程变更管理

工程变更，是指施工过程中出现了与签订合同时的预计条件不一致的情况，而需要改变原定施工承包范围内的某些工作内容。工程变更不同于合同变更，前者对合同条件内约定的业主和承包商的权利义务没有实质性改动，只是对施工方法、内容作局部性改动，属于正常的合同管理，按照合同的约定由工程师发布变更指令即可；而后者则属于对原合同需进行实质性改动，应由业主和承包商通过协商达成一致后，以补充协议的方式变更。土建工程受自然条件等外界的影响较大，工程情况比较复杂，且在招标阶段依据初步设计图纸招标，因此在施工合同履行过程中不可避免地会发生变更。

1. 工程变更的范围

由于工程变更属于合同履行过程中的正常管理工作，工程师可以根据施工进展的实际情况，在认为必要时就以下几个方面发布变更指令：

（1）对合同中任何工作工程量的改变。由于招标文件中的工程量清单中所列的工程量是依据初步设计概算的量值，是为承包商编制投标书时合理进行施工组织设计及报价之用，因此实施过程中会出现实际工程量与计划值不符的情况。为了便于合同管理，当事人双方应在专用条款内约定工程量变化较大可以调整单价的百分比（视工程具体情况，可在15％～25％范围内确定）。

（2）任何工作质量或其他特性的变更。

（3）工程任何部分标高、位置和尺寸的改变。第（2）和（3）属于重大的设计变更。

（4）删减任何合同约定的工作内容。省略的工作应是不再需要的工程，不允许用变更指令的方式将承包范围内的工作变更给其他承包商实施。

（5）进行永久工程所必需的任何附加工作、永久设备、材料供应或其他服务，包括任何联合竣工检验、钻孔和其他检验以及勘察工作。这种变更指令应是增加与合同工作范围性质一致的新增工作内容，而且不应以变更指令的形式要求承包商使用超过目前正在使用或计划使用的施工设备范围去完成新增工程。除非承包商同意此项工作按变更对待，一般应将新增工程按一个单独的合同来对待。

（6）改变原定的施工顺序或时间安排。此类属于合同工期的变更，既可能是基于增加工程量、增加工作内容等情况，也可能源于工程师为了协调几个承包商施工的干扰而发布的变更指示。

2. 变更程序

颁发工程接收证书前的任何时间，工程师可以通过发布变更指示或以要求承包商递交建议书的任何一种方式提出变更。

（1）指示变更。工程师在业主授权范围内根据施工现场的实际情况，在确属需要时有权发布变更指示。指示的内容应包括详细的变更内容、变更工程量、变更项目的施工技术要求和有关部门文件图纸，以及变更处理的原则。

（2）要求承包商递交建议书后再确定的变更。其程序为：

1）工程师将计划变更事项通知承包商，并要求他递交实施变更的建议书。

2）承包商应尽快予以答复。一种情况可能是通知工程师由于受到某些非自身原因的限制而无法执行此项变更，如无法得到变更所需的物资等，工程师应根据实际情况和工程的需要再次发出取消、确认或修改变更指示的通知。另一种情况是承包商依据工程师的指示递交实施此项变更的说明，内容包括：

a. 将要实施的工作的说明书以及该工作实施的进度计划；

b. 承包商依据合同规定对进度计划和竣工时间作出任何必要修改的建议，提出工期顺延要求；

c. 承包商对变更估价的建议，提出变更费用要求。

3）工程师作出是否变更的决定，尽快通知承包商说明批准与否或提出意见。

4）承包商在等待答复期间，不应延误任何工作。

5）工程师发出每一项实施变更的指示，应要求承包商记录支出的费用。

6）承包商提出的变更建议书，只是作为工程师决定是否实施变更的参考。除了工程师作出指示或批准以总价方式支付的情况外，每一项变更应依据计量工程量进行估价和支付。

3. 变更估价

（1）变更估价的原则。承包商按照工程师的变更指示实施变更工作后，往往会涉及对变更工程的估价问题。变更工程的价格或费率，往往是双方协商时的焦点。计算变更工程应采用的费率或价格，可分为三种情况：

1）变更工作在工程量表中有同种工作内容的单价，应以该费率计算变更工程费用。实施变更工作未导致工程施工组织和施工方法发生实质性变动，不应调整该项目的单价。

2）工程量表中虽然列有同类工作的单价或价格，但对具体变更工作而言已不适用，则应在原单价和价格的基础上制定合理的新单价或价格。

3）变更工作的内容在工程量表中没有同类工作的费率和价格，应按照与合同单价水平相一致的原则，确定新的费率或价格。任何一方不能以工程量表中没有此项价格为借口，将变更工作的单价定得过高或过低。

（2）可以调整合同工作单价的原则。具备以下条件时，允许对某一项工作规定的费率或价格加以调整：

1）此项工作实际测量的工程量比工程量表或其他报表中规定的工程量的变动大于10%。

2）工程量的变更与对该项工作规定的具体费率的乘积超过了接受的合同款额的0.01%。

3）由此工程量的变更直接造成的该项工作每单位工程量费用的变动超过1%。

（3）删减原定工作后对承包商的补偿。工程师发布删减工作的变更指示后承包商不再实施部分工作，合同价格中包括的直接费部分没有受到损害，但摊销在该部分的间接费、税金和利润则实际不能合理回收。因此承包商可以就其损失向工程师发出通知并提供具体的证明资料，工程师与合同双方协商后确定一笔补偿金额加入到合同价内。

4．承包商申请的变更

承包商根据工程施工的具体情况，可以向工程师提出对合同内任何一个项目或工作的详细变更请求报告。未经工程师批准承包商不得擅自变更，若工程师同意，则按工程师发布的变更指示的程序执行。

（1）承包商提出变更建议。承包商可以随时向工程师提交一份书面建议。承包商认为如果采纳其建议将可能：

1）加速完工。

2）降低业主实施、维护或运行工程的费用。

3）对业主而言能提高竣工工程的效率或价值。

4）为业主带来其他利益。

（2）承包商应自费编制此类建议书。

（3）如果由工程师批准的承包商建议包括一项对部分永久工程的设计的改变，通用条件的条款规定，如果双方没有其他协议，承包商应设计该部分工程。如果他不具备设计资质，也可以委托有资质单位进行分包。变更的设计工作应按合同中承包商负责设计的规定执行，包括：

1）承包商应按照合同中说明的程序向工程师提交该部分工程的承包商的文件。

2）承包商的文件必须符合规范和图纸的要求。

3）承包商应对该部分工程负责，并且该部分工程完工后应适合于合同中规定的工程的预期目的。

4）在开始竣工检验之前，承包商应按照规范规定向工程师提交竣工文件以及操作和维修手册。

（4）接受变更建议的估价。

1）如果此改变造成该部分工程的合同价值减少，工程师应与承包商商定或决定一笔费用，并将之加入合同价格。这笔费用应是以下金额差额的 50％：

a. 合同价的减少——由此改变造成的合同价值的减少，不包括依据后续法规变化作出的调整和因物价浮动调价所作的调整；

b. 变更对使用功能的影响——考虑到质量、预期寿命或运行效率的降低，对业主而言已变更工作价值上的减少（如有时）。

2）如果降低工程功能的价值 b 大于减少合同价格 a 对业主的好处，则没有该笔奖励费用。

（四）工程进度款的支付管理

1. 预付款

预付款又称动员预付款，是业主为了帮助承包商解决施工前期开展工作时的资金短缺，从未来的工程款中提前支付的一笔款项。合同工程是否有预付款，以及预付款的金额多少、支付（分期支付的次数及时间）和扣还方式等均要在专用条款内约定。通用条件内针对预付款金额不少于合同价 22％的情况规定了管理程序。

（1）动员预付款的支付。预付款的数额由承包商在投标书内确认。承包商需首先将银行出具的履约保函和预付款保函交给业主并通知工程师，工程师在 21 天内签发"预付款支付证书"，业主按合同约定的数额和外币比例支付预付款。预付款保函金额始终保持与预付款等额，即随着承包商对预付款的偿还逐渐递减保函金额。

（2）动员预付款的扣还。预付款在分期支付工程进度款的支付中按百分比扣减的方式偿还。

1）起扣。自承包商获得工程进度款累计总额达到合同总价（减去暂列金额）10％那个月起扣。

2）每次支付时的扣减额度。本月证书中承包商应获得的合同款额（不包括预付款及保留金的扣减）中扣除 25％作为预付款的偿还，直至还清全部预付款。即：

每次扣还金额＝（本次支付证书中承包商应获得的款额－本次应扣的保留金）×25％

2. 用于永久工程的设备和材料款预付

由于合同条件是针对包工包料承包的单价合同编制的，因此规定由承包商自筹资金采购工程材料和设备，只有当材料和设备用于永久工程后，才能将这部分费用计入到工程进度款内结算支付。通用条件的条款规定，为了帮助承包商解决订购大宗主要材料和设备所占用资金的周转，订购物资经工程师确认合格后，按发票价值 80％作为材料预付的款额，包括在当月应支付的工程进度款内。双方也可以在专用条款内修正这个百分比，目前施工合同的约定通常在 60％～90％范围内。

（1）承包商申请支付材料预付款。专用条款中规定的工程材料的采购满足以下条件后，承包商向工程师提交预付材料款的支付清单：

1）材料的质量和储存条件符合技术条款的要求。

2）材料已到达工地并经承包商和工程师共同验点入库。

3）承包商按要求提交了订货单、收据价格证明文件（包括运至现场的费用）。

（2）工程师核查提交的证明材料。预付款金额为经工程师审核后实际材料价乘以合同约定的百分比，包括在月进度付款签证中。

（3）预付材料款的扣还。材料不宜大宗采购后在工地储存时间过久，避免材料变质或锈蚀，应尽快用于工程。通用条款规定，当已预付款项的材料或设备用于永久工程，构成永久工程合同价格的一部分后，在计量工程量的承包商应得款内扣除预付的款项，扣除金额与预付金额的计算方法相同。专用条款内也可以约定其他扣除方式，如每次预付的材料款在付款后的约定月内（最长不超过 6 个月），每个月平均扣回。

3. 业主的资金安排

为了保障承包商按时获得工程款的支付，通用条件内规定，如果合同内没有约定支付表，当承包商提出要求时，业主应提供资金安排计划。

（1）承包商根据施工计划向业主提供不具约束力的各阶段资金需求计划：

1）接到工程开工通知的 28 天内，承包商应向工程师提交每一个总价承包项目的价格分解建议表。

2）第一份资金需求估价单应在开工日期后 42 天之内提交。

3）根据施工的实际进展，承包商应按季度提交修正的估价单，直到工程的接收证书已经颁发为止。

（2）业主应按照承包商的实施计划做好资金安排。通用条件规定：

1）接到承包商的请求后，应在 28 天内提供合理的证据，表明他已作出了资金安排，并将一直坚持实施这种安排。此安排能够使业主按照合同规定支付合同价格（按照当时的估算值）的款额。

2）如果业主欲对其资金安排做出任何实质性变更，应向承包商发出通知并提供详细资料。

（3）业主未能按照资金安排计划和支付的规定执行，承包商可提前 21 天以上通知业主，将要暂停工作或降低工作速度。

4. 保留金

保留金是按合同约定从承包商应得的工程进度款中相应扣减的一笔金额保留在业主手中，作为约束承包商严格履行合同义务的措施之一。当承包商有一般违约行为使业主受到损失时，可从该项金额内直接扣除损害赔偿费。例如，承包商未能在工程师规定的时间内修复缺陷工程部位，业主雇用其他人完成后，这笔费用可从保留金内扣除。

（1）保留金的约定。承包商在投标书附录中按招标文件提供的信息和要求确认了每次扣留保留金的百分比和保留金限额。每次月进度款支付时扣留的百分比一般为 5%～10%，累计扣留的最高限额为合同价的 2.5%～5%。

（2）每次中期支付时扣除的保留金。从首次支付工程进度款开始，用该月承包商完成合格工程应得款加上因后续法规政策变化的调整和市场价格浮动变化的调价款为基数，乘以合同约定保留金的百分比作为本次支付时应扣留的保留金。逐月累计扣到合同约定的保留金最高限额为止。

（3）保留金的返还。扣留承包商的保留金分两次返还。

1）颁发工程接收证书后的返还。

a. 颁发了整个工程的接收证书时，将保留金的前一半支付给承包商。

b. 如果颁发的接收证书只是限于一个区段或工程的一部分，则

$$f = 0.4B \times \frac{c}{C}$$ (8－1)

式中　f——返还金额，元；

　　　　B——保留金总额，元；

　　　　c——移交工程区段或部分的合同价值，元；

　　　　C——最终合同价值的估算值，元。

2）保修期满颁发履约证书后将剩余保留金返还：

①整个合同的缺陷通知期满，返还剩余的保留金。

②如果颁发的履约证书只限于一个区段，则在这个区段的缺陷通知期满后，并不全部返还该部分剩余的保留金，返还部分计算公式同式（8－1）。

合同内以履约保函和保留金两种手段作为约束承包商忠实履行合同义务的措施，当承包商严重违约而使合同不能继续顺利履行时，业主可以凭履约保函向银行获取损害赔偿；而因承包商的一般违约行为令业主蒙受损失时，通常利用保留金补偿损失。履约保函和保留金的约束期均是承包商负有施工义务的责任期限（包括施工期和保修期）。

（4）保留金保函代换保留金。当保留金已累计扣留到保留金限额的 60％时，为了使承包商有较充裕的流动资金用于工程施工，可以允许承包商提交保留金保函代换保留金。业主返还保留金限额的 50％，剩余部分待颁发履约证书后再返还。保函金额在颁发接收证书后不递减。

5. 物价浮动对合同价格的调整

对于施工期较长的合同，为了合理分担市场价格浮动变化对施工成本影响的风险，在合同内要约定调价的方法。通用条款内规定为公式法调价。

（1）调价公式。

$$P_n = a + b \times \frac{L_n}{L_0} + c \times \frac{M_n}{M_0} + d \times \frac{E_n}{E_0} + \cdots$$ (8－2)

式中　　P_n——第"n"期内所完成工作以相应货币所估算的合同价值所采用的调整倍数，这个期间通常是 1 个月，除非投标函附录中另有规定；

　　　　a——在数据调整表中规定的一个系数，代表合同支付中不调整的部分；

　　b、c、d——数据调整表中规定的系数，代表与实施工程有关的每项费用因素的估算比例，如劳务、设备和材料；

L_n、E_n、M_n——第 n 期间时使用的现行费用指数或参照价格，以该期间（具体的支付证书的相关期限）最后一日之前第 49 天当天对于相关表中的费用因素适用的费用指数或参照价格确定；

L_0、E_0、M_0——基本费用参数或参照价格。

如果承包商未能在竣工时间内完成工程，则应利用上述系数或价格，对价格作出调整，取其中对业主有利者。

（2）可调整的内容和基价。承包商在投标书内填写，并在签订合同前谈判中确定，见表 8-1。

表 8-1 专用条款内可调价项目和系数的约定表

系数指数范围	来源国家：指数对应货币	指数来源：名称/定义	在说明日期的价值	
			价值	日期
$A=0.10$ 固定费				
$B=$				
$C=$				
……				

（3）延误竣工。

1）非承包商责任的延误。工程竣工前每一次支付时，调价公式继续有效。

2）承包商责任的延误。在后续支付时，分别计算应竣工日和实际支付日的调价款，经过对比后按照对业主有利的原则执行。

6. 基准日后法规变化引起的价格调整

在投标截至日期前的第 28 天以后，国家的法律、行政法规或国务院有关部门的规章，以及工程所在地的省、自治区、直辖市的地方法规或规章发生变更，导致施工所需的工程费用发生增减变化，工程师与当事人双方协商后可以调整合同金额。如果导致变化的费用包括在调价公式中，则不再予以考虑。较多的情况发生于工程建设承包商需交纳的税费变化，这是当事人双方在签订合同时不可能合理预见的情况，因此可以调整相应的费用。

7. 工程进度款的支付程序

（1）工程量计量。工程量清单中所列的工程量仅是对工程的估算量，不能作为承包商完成合同规定施工义务的结算依据。每次支付工程月进度款前，均需通过测量来核实实际完成的工程量，以计量值作为支付依据。

采用单价合同的施工工作内容应以计量的数量作为支付进度款的依据，而总价合同或单价包干混合式合同中按总价承包的部分可以按图纸工程量作为支付依据，仅对变更部分予以计量。

（2）承包商提供报表。每个月的月末，承包商应按工程师规定的格式提交一式 6 份本月支付报表。内容包括提出本月已完成合格工程的应付款要求和对应扣款的确认，一般包括以下几个方面：

1）本月完成的工程量清单中工程项目及其他项目的应付金额（包括变更）。

2）法规变化引起的调整应增加和减扣的任何款额。

3）作为保留金扣减的任何款额。

4）预付款的支付（分期支付的预付款）和扣还应增加和减扣的任何款额。

5）承包商采购用于永久工程的设备和材料应预付和扣减款额。

6）根据合同或其他规定（包括索赔、争端裁决和仲裁），应付的任何其他应增加和扣减的款额。

7）对所有以前的支付证书中证明的款额的扣除或减少（对已付款支付证书的修正）。

（3）工程师签证。工程师接到报表后，对承包商完成的工程形象、项目、质量、数量以及各项价款的计算进行核查。若有疑问时，可要求承包商共同复核工程量。在收到承包商的支付报表后 28 天内，按核查结果以及总价承包分解表中核实的实际完成情况签发支付证书。工程师可以不签发证书或扣减承包商报表中部分金额的情况包括：

1）合同内约定有工程师签证的最小金额时，本月应签发的金额小于签证的最小金额，工程师不出具月进度款的支付证书。本月应付款接转下月，超过最小签证金额后一并支付。

2）承包商提供的货物或施工的工程不符合合同要求，可扣发修正或重置相应的费用，直至修整或重置工作完成后再支付。

3）承包商未能按合同规定进行工作或履行义务，并且工程师已经通知了承包商，则可以扣留该工作或义务的价值，直至工作或义务履行为止。

工程进度款支付证书属于临时支付证书，工程师有权对以前签发过的证书中发现的错、漏或重复，承包商也有权提出更改或修正，经双方复核同意后，将增加或扣减的金额纳入本次签证中。

（4）业主支付。承包商的报表经过工程师认可并签发工程进度款的支付证书后，业主应在接到证书后及时给承包商付款。业主的付款时间不应超过工程师收到承包商的月进度付款申请单后的 56 天。如果逾期支付将承担延期付款的违约责任，延期付款的利息按银行贷款利率加 3% 计算。

五、竣工验收阶段的合同管理

（一）竣工检验和移交工程

1．竣工检验

承包商完成工程并准备好竣工报告所需报送的资料后，应提前 21 天将某一确定的日期通知工程师，说明此日后已准备好进行竣工检验。工程师应指示在该日期后 14 天内的某日进行。此项规定同样适用于按合同规定分部移交的工程。

2．颁发工程接收证书

工程通过竣工检验达到了合同规定的"基本竣工"要求后，承包商在认为可以完成移交工作前 14 天以书面形式向工程师申请颁发接收证书。基本竣工是指工程已通过竣工检验，能够按照预定目的交给业主占用或使用，而非完成了合同规定的包括扫尾、清理施工现场及不影响工程使用的某些次要部位缺陷修复工作后的最终竣工，剩余工作允许承包商在缺陷通知期内继续完成。这样规定有助于准确判定承包商是否按合同规定的工期完成了施工义务，也有利于业主尽早使用或占有工程，及时发挥工程效益。

工程师接到承包商申请后的 28 天内，如果认为已满足竣工条件，即可颁发工程接收证书；若不满意，则应书面通知承包商，指出还需完成哪些工作后才达到基本竣工条件。工程接收证书中包括确认工程达到竣工的具体日期。工程接收证书颁发后，不仅表明承包商对该部分工程的施工义务已经完成，而且对工程照管的责任也转移给业主。

如果合同约定工程不同区段有不同竣工日期时，每完成一个区段均应按上述程序颁发部分工程的接收证书。

3. 特殊情况下的证书颁发程序

（1）业主提前占用工程。工程师应及时颁发工程接收证书，并确认业主占用日为竣工日。提前占用或使用表明该部分工程已达到竣工要求，对工程照管责任也相应转移给业主，但承包商对该部分工程的施工质量缺陷仍负有责任。工程师颁发接收证书后，应尽快给承包商采取必要措施完成竣工检验的机会。

（2）因非承包商原因导致不能进行规定的竣工检验。有时也会出现施工已达到竣工条件，但由于不应由承包商负责的主观或客观原因不能进行竣工检验。如果等条件具备进行竣工试验后再颁发接收证书，既会因推迟竣工时间而影响到对承包商是否按期竣工的合理判定，也会产生在这段时间内对该部分工程的使用和照管责任不明。针对此种情况，工程师应以本该进行竣工检验日签发工程接收证书，将这部分工程移交给业主照管和使用。工程虽已接收，仍应在缺陷通知期内进行补充检验。当竣工检验条件具备后，承包商应在接到工程师指示进行竣工试验通知的14天内完成检验工作。由于非承包商原因导致缺陷通知期内进行的补检，属于承包商在投标阶段不能合理预见到的情况，该项检查试验比正常检验多支出的费用应由业主承担。

（二）未能通过竣工检验

1. 重新检验

如果工程或某区段未能通过竣工检验，承包商对缺陷进行修复和改正，在相同条件下重复进行此类未通过的试验和对任何相关工作的竣工检验。

2. 重复检验仍未能通过

当整个工程或某区段未能通过按重新检验条款规定所进行的重复竣工检验时，工程师应有权选择以下任何一种处理方法：

（1）指示再进行一次重复的竣工检验。

（2）如果由于该工程缺陷致使业主基本上无法享用该工程或区段所带来的全部利益，拒收整个工程或区段（视情况而定），在此情况下，业主有权获得承包商的赔偿。包括：

1）业主为整个工程或该部分工程（视情况而定）所支付的全部费用以及融资费用。

2）拆除工程、清理现场和将永久设备和材料退还给承包商所支付的费用。

（3）颁发一份接收证书（如果业主同意的话），折价接收该部分工程。合同价格应按照可以适当弥补由于此类失误而给业主造成的减少的价值数额予以扣减。

（三）竣工结算

1. 承包商报送竣工报表

颁发工程接收证书后的84天内，承包商应按工程师规定的格式报送竣工报表。报表内容包括：

（1）到工程接收证书中指明的竣工日止，根据合同完成全部工作的最终价值。

（2）承包商认为应该支付给他的其他款项，如要求的索赔款、应退还的部分保留金等。

（3）承包商认为根据合同应支付给他的估算总额。所谓"估算总额"指这笔金额还未经过工程师审核同意。估算总额应在竣工结算报表中单独列出，以便工程师签发支付证书。

2. 竣工结算与支付

工程师接到竣工报表后，应对照竣工图进行工程量详细核算，对其他支付要求进行审查，然后再依据检查结果签署竣工结算的支付证书。此项签证工作，工程师也应在收到竣工报表后 28 天内完成。业主依据工程师的签证予以支付。

六、缺陷通知期阶段的合同管理

（一）工程缺陷责任

1. 承包商在缺陷通知期内应承担的义务

工程师在缺陷通知期内可就以下事项向承包商发布指示：

（1）将不符合合同规定的永久设备或材料从现场移走并替换。

（2）将不符合合同规定的工程拆除并重建。

（3）实施任何因保护工程安全而需进行的紧急工作。不论事件起因于事故、不可预见事件还是其他事件。

2. 承包商的补救义务

承包商应在工程师指示的合理时间内完成上述工作。若承包商未能遵守指示，业主有权雇佣其他人实施并予以付款。如果属于承包商应承担的责任原因，业主有权按照业主索赔的程序向承包商追偿。

（二）履约证书

履约证书是承包商已按合同规定完成全部施工义务的证明，因此该证书颁发后工程师就无权再指示承包商进行任何施工工作，承包商即可办理最终结算手续。缺陷通知期内工程圆满地通过运行考验，工程师应在期满后的 28 天内，向业主签发解除承包商承担工程缺陷责任的证书，并将副本送给承包商。但此时仅意味承包商与合同有关的实际义务已经完成，而合同尚未终止，剩余的双方合同义务只限于财务和管理方面的内容。业主应在证书颁发后的 14 天内，退还承包商的履约保证书。

缺陷通知期满时，如果工程师认为还存在影响工程运行或使用的较大缺陷，可以延长缺陷通知期，推迟颁发证书，但缺陷通知期的延长不应超过竣工日后的 2 年。

（三）最终结算

最终结算是指颁发履约证书后，对承包商完成全部工作价值的详细结算，以及根据合同条件对应付给承包商的其他费用进行核实，确定合同的最终价格。

颁发履约证书后的 56 天内，承包商应向工程师提交最终报表草案，以及工程师要求提交的有关资料。最终报表草案要详细说明根据合同完成的全部工程价值和承包商依据合同认为还应支付给他的任何进一步款项，如剩余的保留金及缺陷通知期内发生的索赔费用等。

工程师审核后与承包商协商，对最终报表草案进行适当的补充或修改后形成最终报表。承包商将最终报表送交工程师的同时，还需向业主提交一份"结清单"，进一步证实最终报表中的支付总额，作为同意与业主终止合同关系的书面文件。工程师在接到最终报表和结清单附件后的 28 天内签发最终支付证书，业主应在收到证书后的 56 天内支付。只有当业主按照最终支付证书的金额予以支付并退还履约保函后，结清单才生效，承包商的索赔权也即行终止。

第二节　交钥匙工程合同条件的管理

FIDIC 1999 年出版了《设计采购施工（EPC）/交钥匙工程合同条件》，适用于项目建设总承包的合同。以下仅就其与《施工合同条件》的主要区别予以介绍。

一、合同管理的主要特点

（一）合同的主要特点

1. 承包的工作范围

业主招标时发包的工作范围为建设一揽子发包，合同约定的承包工作内容包括设计、设备采购、施工、物资供应、安装、调试、保修等。如果业主将部分的设计、设备采购委托给其他承包商，则属于指定分包商的性质，仍由承包商负责协调管理。

2. 业主对项目建设的意图

作为招标文件组成部分的合同条件中，在"业主要求"条款内需明确说明项目的设计要求、功能要求等，如工程的目标、范围、设计标准、其他应达到的标准等具体内容以及风险责任的划分，承包商以这些要求作为编制方案进行投标的依据。招标阶段允许业主与承包商就技术问题和商务条件进行讨论，所有达成协议的事项作为合同的组成部分。

3. 承包方式

合同采用固定最终价格和固定竣工日期的承包方式。由于业主只是提出项目的建设意图和要求，由承包商负责设计、施工和保修并负责建设期内的设备采购和材料供应，业主对承包商的工作只进行有限的控制，而不进行干预，承包商按其选择的方案和措施进行工作，只要最终结果满足业主规定的功能标准即可。

（二）参与合同管理的有关各方

1. 合同当事人

交钥匙合同的当事人是业主和承包商，而不指任何一方的受让人（即不允许转让合同）。合同中的权利义务设定为当事人之间的关系。

2. 参与合同管理的有关方

合同中没有对工程师的专门定义，合同管理工作由业主代表和承包商代表负责，涉及合同履行管理的有关方还涉及承包商选择的分包商和业主选择的指定分包商。

（1）业主代表。业主任命的代表负责合同的履行管理，他可以行使除了因承包商严重违约而决定终止合同以外合同规定的全部权利。业主代表可以是本企业的员工，也可以雇用工程师作为业主代表。如果业主任命一位独立的工程师作为代表，鉴于工程师在工作中需要遵循职业道德的要求，则应在专用条款内予以说明，让承包商在投标阶段知晓。

（2）承包商代表。承包商任命并经业主同意而授权负责合同履行管理的负责人。职责为与业主代表共同建立合同正常履行中的管理关系，以及对承包商和分包商的设计、施工提供一切必要的监督。

（3）分包商。由于承包范围的工作内容较多，性质又有很大差异，因此分包商承担的

227

工作内容可能包括：设计、施工、设备制造、材料供应、机组调试等。通用条件内对分包作了以下两方面的规定，一是承包商不得将整个工程分包出去；二是业主接受的在专用条款中约定的分包工作，承包商应在 28 天以前将选择的分包商的有关资质、经验等详细资料以及分包商开始工作的时间通知业主，经业主认可后才可以开始分包工作。

（三）合同文件

1. 合同文件的组成

构成对业主与承包商有约束力的总承包合同文件包括合同协议书；合同专用条件；合同通用条件；业主的要求；投标书和构成合同组成部分的其他文件 5 大部分。如果各文件间出现矛盾或歧义时，以上的排列即为解释的优先次序，双方应尽可能通过协商达成一致。如果达不成协议，业主应对有关情况给予应有的考虑后作出公平的确定。

2. 业主的要求文件

标题为"业主要求"文件相当于《施工合同条件》中"规范"的作用，不仅作为承包商投标报价的基础，也是合同管理的依据，通常可以包括以下方面的详细规定：

（1）工程在功能方面的特定要求。

（2）发包的工作范围和质量标准。

（3）有关的信息。可能涉及业主已（或将要）取得的规划、建筑许可；现场的使用权和进入方法；现场可能同时工作的其他承包商；放线的基准资料和数据；现场可能提供的电、水、气和其他服务；业主可以提供的施工设备和免费提供的材料；保证设计和施工业主应提供的数据和资料等。

（4）对承包商的要求。如按照法律法规的规定承包商履行合同期间应许可、批准、纳税；环保要求；要求送审的承包商文件；为业主人员的操作培训；编制操作和维修手册的要求等。

（5）质量检验要求。如对检验样品的规定；在现场以外试验检测机构进行的检测试验；竣工试验和竣工后试验的要求等。

（四）风险责任

1. 承包商风险

此类合同的实施属于由承包商承担主要风险的固定价格合同。承包商应被认为在投标阶段已获得了对工程可能产生影响的有关风险、意外事件和其他情况的全部必要资料。通过签订合同，承包商接受承担在实施工程过程中应当预见到的所有困难和费用的全部责任。因此，合同价格对任何其未预见到的困难和费用不应考虑调整。

2. 业主风险

业主主要承担因外部社会和人为事件导致的损害，且保险公司不承保的事件，包括：

（1）战争、敌对行动、入侵、外敌行动。

（2）工程所在国内的叛乱、恐怖活动、革命、暴动、军事政变或篡夺政权、内战。

（3）承包商人员和分包商以外人员在工程所在国内发生的骚动、罢工或停工。

（4）工程所在国内的不属于承包商使用的军火、爆炸物资、电离辐射或放射性污染引起的损害。

（5）由于飞行物或装置所产生的压力波造成的损害。

3. 不可抗力及保险

（1）不可抗力。合同中定义的"不可抗力"，除了业主风险外还包括自然灾害造成的损害。

（2）保险。合同可以约定任何一方为工程、生产设备、材料和承包商文件办理保险，保险金额不低于包括拆除运走废弃物的费用以及专业费用和利润，保险期限应保持颁发履约证书前持续有效。

（3）不可抗力的后果。属于业主风险事件，应给予承包商工期顺延和费用补偿。而对于自然灾害的损害，只给予承包商工期顺延，费用损失通过保险索赔获得。

二、工程质量管理

交钥匙合同的承包工作是从工程设计开始，到完成保修责任的全部义务，因此工作内容不像单独施工合同那样明确、具体。业主仅提出功能、设计准则等基本要求，承包商完成设计后才能确定工程实施细节，进而编制施工计划并予以完成。

（一）质量保证体系

承包商应按合同要求编制质量保证体系。在每一设计和施工阶段开始前，均应将所有工作程序的执行文件提交业主代表，遵照合同约定的细节要求对质量保证措施加以说明。业主代表有权审查和检查其中的任何方面，对不满意之处可令其改正。

（二）设计的质量

1. 设计依据资料正确性的责任

（1）业主的义务。业主应提供相应的资料作为承包商设计的依据，这些资料包括在"业主要求"文件中写明的或合同履行阶段陆续提供的。业主应对以下几方面所提供数据和资料的正确性负责：

1）合同中规定业主负责的和不可变部分的数据和资料。

2）对工程或其任何部分的预期目的说明。

3）竣工工程的试验和性能标准。

4）除合同另有说明外，承包商不能核实的部分、数据和资料。

（2）承包商的义务。业主提供的资料中有很多是供承包商参考的数据和资料，如现场的气候条件等。由于承包商要负责工程的设计，应对从业主或其他方面获得的任何资料尽心竭力认真核实。业主除了上述应负责的情况外，不对所提供资料中的任何错误、不准确或遗漏负责。承包商使用来自业主或其他方面错误资料进行的设计和施工，不解除承包商的义务。

2. 承包商应保证设计质量

（1）承包商应充分理解"业主要求"中提出的项目建设意图，依据业主提供及自行勘测现场的基本资料和数据，按照设计规范要求完成设计工作。

（2）业主代表对设计文件的批准，不解除承包商的合同责任。

（3）承包商应保障业主不因其责任的侵犯专利权行为而受到损害。

3. 业主代表对设计的监督

（1）对设计人员的监督。未在合同专用条件中注明的承包商设计人员或设计分包者，承担工程任何部分的设计任务前必须征得业主代表的同意。

（2）保证设计贯彻业主的建设意图。尽管设计人员或设计分包者不直接与业主发生合同关系，但承包商应保障他们在所有合理时间内能随时参与同业主代表的讨论。

（3）对设计质量的控制。为了缩短工程的建设周期，交钥匙合同并不严格要求完成整个工程的初步设计或施工图设计后再开始施工。允许某一部分工程的施工文件编制完成，经过业主代表批准后即可开始实施。业主代表对设计的质量控制主要表现在以下几个方面：

1）批准施工文件。承包商应遵守规范的标准编制足够详细的施工文件，内容中除设计文件外，还应包括对供货商和施工人员实施工程提供的指导，以及对竣工后工程运行情况的描述。当施工文件的每一部分编制完毕提交审查时，业主代表应在合同约定的"审核期"内（不超过21天）完成批准手续。

2）监督施工文件的执行。任何施工文件获得批准前或审核期限届满前（两者较迟者），均不得开始该项工程部分的施工。施工应严格按施工文件进行。如果承包商要求对已批准文件加以修改，应及时通知业主代表，随后按审核程序再次获得批准后才可执行。

3）对竣工资料的审查。竣工检验前，承包商应提交竣工图纸、工程至竣工的全部记录资料、操作和维修手册，请业主代表审查。

（三）对施工的质量控制

施工和竣工阶段的质量控制条款与《施工合同条件》的规定基本相同，但增加了竣工检验的内容。

1. 竣工试验

包括生产设备在内的竣工试验应按如下程序进行：

（1）启动前试验。包括适当的检验和性能试验（干或冷的性能试验），以证明每项生产设备都能承受下一阶段的试验。

（2）启动试验。应包括规定的运行试验，以证明工程或分项工程能根据规定在所有可应用的操作条件下安全运行。

（3）试运行。工程或分项工程在稳定运行时，还需进行各种性能试验，证明运行可靠，符合合同要求。

2. 竣工后试验

工业项目包括大型生产设备，往往需要进行竣工后的试验。如果合同中规定了竣工后的试验，当工程达到稳定运行条件并运行一段合理时间时，还要进行各种性能试验，证明质量符合"业主要求"中规定的标准和承包商的"保证表"中规定的性能指标。大型工业项目在工程或区段竣工满负荷运行一段时间后，还要检验工程或设备的各项技术指标、参数是否达到"业主要求"中规定和承包商提供的"保证表"中承诺的可接受"最低性能标准"。

（1）业主原因延误检验。业主在设备运行期间无故拖延约定的竣工后检验致使承包商产生附加费用，应连同利润加入到合同价格内。

（2）竣工后检验不合格。

1）未能通过竣工后检验时，承包商首先向业主提交调整和修复的建议。只有业主同意并在他认为合适的时间，才可以中断工程运行，进行这类调整或修复工作，并在相同条件下重复检验工作。

2）竣工后检验未能达到规定可接受的最低性能标准，按专用条件内约定的违约金计算办法，由承包商承担该部分工程的损害赔偿费。

三、支付管理

（一）合同计价类型

交钥匙合同通常采用不可调价的总价合同，除了合同履行过程中因法律法规调整而对工程成本影响的情况以外，由于税费的变化、市场物价的浮动等都不应影响合同价格。如果具体工程的实施期限很长，也允许双方在专用条件内约定物价增长的调整方法，代换通用条件中的规定。

（二）预付款

如果业主支付承包商用于动员和设计的预付款，在专用条款内应明确约定以下内容。

（1）预付款的数额。

（2）分期付款的次数和时间安排计划。若未约定此表，则应一次支付全部预付款。

如果工程要求承包商提供多项生产设备，制造期内业主需要分阶段付款的话，由于设备尚未运到现场使业主获得所有权，因此这种支付也是一种预付的性质。除了在专用条件内约定与制造阶段衔接的付款计划外，还可以要求承包商为此类支付预先提交与预付款保函格式相同的担保。

（3）预付款分期扣还的比例。如果专用条件内未约定其他的扣还方式，则采用每次中期付款时，将本次应支付承包商的款额乘以约定的比例计算本次应扣还金额，颁发工程接收证书前全部扣清。分期扣还比例可按下式计算：

$$z = \frac{c_y}{C - b} \times 100\%$$

式中　　z——分期扣还比例，%；

　　　　c_y——预付款总额，元；

　　　　C——合同总价，元；

　　　　b——暂列金额，元。

（三）工程进度款的支付

1. 支付程序

合同内可以约定按月支付或分阶段支付任何一种方式，因此合同内包括分期支付的付款计划表。在合同约定的日期，承包商直接向业主提交期中付款申请的支付报表，业主除了审查付款内容外，还要参照付款计划表检查实际进度是否符合约定。当发现实际进度落后于计划时，可与承包商协商后按照滞后的程度确定修改此次分期付款额，并要求承包商修改付款计划表。

2. 申请工程进度款支付证书的主要内容

（1）截止到月末已实施的工程和已提出的承包商文件的估算合同价值（包括变更）。

（2）由于法律改变和市场价格浮动对成本的影响（如果合同有约定）应增减的任何款项。

（3）应扣留的保留金数额。

（4）按照预付款的约定，应进一步支付和扣减的数额。

（5）按照业主索赔、承包商索赔、争端、仲裁等条款确定的应补偿或扣减的款项。

（6）包括在以前已支付报表中可能存在的减少额。

3. 竣工结算和最终付款

这两个阶段的支付程序和内容与《施工合同条件》基本相同。

四、进度控制

（一）进度计划

1. 计划安排

承包商在开工后 28 天内提交的进度计划内容包括：

（1）计划实施工程的顺序，包括工程各主要阶段的预期时间安排。

（2）合同规定承包商负责编制的有关技术文件审核时间和期限。

（3）合同规定各项检验和试验的顺序和时间安排。

（4）上述计划的说明报告，内容包括工程各阶段实施中拟采用方法的描述和各阶段准备投入的人员及设备的计划。

业主代表在接到计划的 21 天内未提出异议，视为认可承包商的计划。

2. 进度报告

每个月末承包商均需提交进度报告，内容包括：

（1）设计、承包商文件、采购、制造、货物运到现场、施工、安装、试验、投产准备和运行等每一阶段进展情况的图表和详细说明。

（2）反映制造情况和现场进展情况的照片。

（3）工程设备的制造情况。包括制造商名称、制造地点、进度百分比，以及开始制造、承包商的检验、制造期间的主要试验、发货和运抵现场的实际或预计时间安排。

（4）本月承包商投入实施合同工程的人员和设备记录。

（5）工程材料的质量保证文件、试验结果和合格证的副本。

（6）本月按照变更和索赔程序双方发出的通知清单。

（7）安全情况。

（8）实际进度与计划进度的对比。包括可能影响竣工时间的事件详情，以及消除延误影响准备采取的措施。

3. 修改进度计划

当实际进度与计划进度有较大偏离时（不论是超前或滞后），承包商均应修改进度计划提交业主认可。

（二）合同工期的延长

虽然 EPC 合同属于固定工期的承包方式，但不应由承包商承担责任原因导致进度延误的情况仍应延长竣工时间。这些情况大致包括：

（1）不可抗力造成的延误。

（2）业主指示暂时停工造成的延误。

（3）变更导致承包商施工期限的延长。

（4）业主应承担责任的事件对施工进度的干扰。

（5）因项目所在单位行政当局原因造成的延误等。

五、变更

（一）出现变更的原因

由于 EPC 合同的承包范围较大，因此涉及变更的范围比《施工合同条件》简单。

1. 业主要求的变更

业主的变更要求通常源于改变预期功能、提高部分工程的标准和因法律法规政策调整导致。

2. 承包商提出的变更建议

实施过程中承包商提出对原实施计划的变更建议，经过业主同意后也可以变更。此类的执行要求与《施工合同条件》相同。

（二）变更条款的有关规定

通用条件中对变更明确作出了以下方面的规定：

（1）不允许业主以变更的方式删减部分工作，交给其他承包商完成。由指定承包商完成的工作从性质来看，不属于此范畴。

（2）不仅要求承包商变更工作开始前必须编制和提交变更计划书，而且实施过程中做好变更工作的各项费用记录。

（3）业主接到承包商提出的延长工期要求，应对以前所作出过的确定进行审查。确定延长竣工时间的基本原则是：合同工期可以增加，但不得减少总的延长时间。此规定的含义是，如果删减部分原定的工作，对约定的总工期或以前已批准延长的总工期不得减少。

第三节　分包合同条件的管理

FIDIC 编制的是与《施工合同条件》配套使用的分包合同文本。分包合同条件可用于承包商与其选定的分包商，或与业主选择的指定分包商签订的合同。分包合同条件的特点是，既要保持与主合同条件中分包工程部分规定的权利义务约定一致，又要区分负责实施分包工作当事人改变后两个合同之间的差异。

《土木工程施工分包合同条件》的通用条件部分共有 22 条 70 款，分为定义与解释；一般义务；分包合同文件；主合同；临时工程、承包商的设备和其他设施；现场工作和通道；开工和竣工；指示和决定；变更；变更的估价；通知和索赔；分包商的设备、临时工程和材料；保障；未完成的工作和缺陷；保险；支付；主合同的终止；分包商的违约；争端的解决；通知和指示；费用及法规的变更；货币及汇率等部分内容。

一、订立分包合同阶段的管理

（一）分包合同的特点

分包合同是承包商将主合同内对业主承担义务的部分工作交给分包商实施，双方约定相互之间的权利义务的合同。分包工程既是主合同的一部分，又是承包商与分包商签订合同的标的物，但分包商完成这部分工作的过程中仅对承包商承担责任。由于分包工程同时存在于主从两个合同内的特点，承包商又居于两个合同当事人的特殊地位，因此承包商会将主合同中对分包工程承担的风险合理地转移给分包商。

（二）分包合同的订立

承包商可以采用邀请招标或议标的方式与分包商签订分包合同。

1. 分包工程的合同价格

承包商采用邀请招标或议标方式选择分包商时，通常要求对方就分包工程进行报价，然后与其协商而形成合同。分包合同的价格应为承包商发出"中标通知书"中接受的价格。由于承包商在分包合同履行过程中负有对分包商的施工进行监督、管理、协调责任，应收取相应的分包管理费，并非将主合同中该部分工程的价格都转付给分包商，因此分包合同的价格不一定等于主合同中所约定的该部分工程价格。

2. 分包商应充分了解主合同对分包工程规定的义务

签订合同过程中，为了能让分包商合理预计分包工程施工中可能承担的风险，以及分包工程的施工能够满足主合同要求顺利进行，应使分包商充分了解在分包合同中应承担的义务。承包商除了提供分包工程范围内的合同条件、图纸、技术规范和工程量清单外，还应提供主合同的投标书附录、专用条件的副本及通用条件中任何不同于标准化范本条款规定的细节。承包商应允许分包商查阅主合同，或应分包商要求提供一份主合同副本。但以上允许查阅和提供的文件中，不包括主合同中的工程量清单及承包商的报价细节。因为在主合同中分包工程的价格是承包商合理预计风险后，在自己的施工组织方案基础上对业主进行的报价，而分包商则应根据对分包合同的理解向承包商报价。

（三）划分分包合同责任的基本原则

为了保护当事人双方的合法权益，分包合同通用条件中明确规定了双方履行合同中应遵循的基本原则。

1. 保护承包商的合法权益不受损害

（1）分包商应承担并履行与分包工程有关的主合同规定承包商的所有义务和责任，保障承包商免于承担由于分包商的违约行为，业主根据主合同要求承包商负责的损害赔偿或任何第三方的索赔。如果发生此类情况，承包商可以从应付给分包商的款项中扣除这笔金额，且不排除采用其他方法弥补所受到的损失。

（2）不论是承包商选择的分包商，还是业主选定的指定分包商，均不允许与业主有任何私下约定。

（3）为了约束分包商忠实履行合同义务，承包商可以要求分包商提供相应的履约保函。在工程师颁发缺陷责任证书后的 28 天内，将保函退还分包商。

（4）没有征得承包商同意，分包商不得将任何部分转让或分包出去。但分包合同条件也明确规定，属于提供劳务和按合同规定打分标准采购材料的分包行为，可以不经过承包商批准。

2. 保护分包商合法权益的规定

（1）任何不应由分包商承担责任事件导致竣工期限延长、施工成本的增加和修复缺陷的费用，均应由承包商给予补偿。

（2）承包商应保障分包商免于承担非分包商责任引起的索赔、诉讼或损害赔偿，保障程度应与业主按主合同保障承包商的程度相类似（但不超过此程度）。

二、分包合同的履行管理

（一）分包合同的管理关系

分包工程的施工涉及到两个合同，因此比主合同的管理复杂。

1. 业主对分包合同的管理

业主不是分包合同的当事人，对分包合同权利义务如何约定也不参与意见，与分包商没有任何合同关系。但作为工程项目的投资方和施工合同的当事人，他对分包合同的管理主要表现为对分包工程的批准。

2、工程师对分包合同的管理

工程师仅与承包商建立监理与被监理的关系，对分包商在现场的施工不承担协调管理义务。只是依据主合同对分包工作内容及分包商的资质进行审查，行使确认权或否定权；对分包商使用的材料、施工工艺、工程质量进行监督管理。为了准确地区分合同责任，工程师就分包工程施工发布的任何指示均应发给承包商。分包合同内明确规定，分包商接到工程师的指示后不能立即执行，需得到承包商同意才可实施。

3、承包商对分包合同的管理

承包商作为两个合同的当事人，不仅对业主承担整个合同工程按预期目标实现的义务，而且对分包工程的实施负有全面管理责任。承包商需委派代表对分包商的施工进行监督、管理和协调，承担如同主合同履行过程中工程师的职责。承包商的管理工作主要通过发布一系列指示来实现。接到工程师就分包工程发布的指示后，应将其要求列入自己的管理工作内容，并及时以书面确认的形式转发给分包商令其遵照执行。也可以根据现场的实际情况自主地发布有关的协调、管理指令。

（二）分包工程的支付管理

分包合同履行过程中的施工进度和质量管理的内容与施工合同管理基本一致，但支付管理由于涉及两个合同的管理，与施工合同不尽相同。无论是施工期内的阶段支付，还是竣工后的结算支付，承包商都要进行两个合同的支付管理。

1. 分包合同的支付程序

分包商在合同约定的日期，向承包商报送该阶段施工的支付报表。承包商代表经过审核后，将其列入主合同的支付报表内一并提交工程师批准。承包商应在分包合同约定的时间内支付分包工程款，逾期支付要计算拖期利息。

2. 承包商代表对支付报表的审查

接到分包商的支付报表后，承包商代表首先对照分包合同工程量清单中的工作项目、单价或价格复核取费的合理性和计算的正确性，并依据分包合同的约定扣除预付款、保留金、对分包施工支援的实际应收款项、分包管理费等后，核准该阶段应付给分包商的金额。然后，再将分包工程完成工作的项目内容及工程量，按主合同工程量清单中的取费标准计算，填入到向工程师报送的支付报表内。

3. 承包商不承担逾期付款责任的情况

如果属于工程师不认可分包商报表中的某些款项，业主拖延支付给承包商经过工程师签证后的应付款，分包商与承包商或与业主之间因涉及工程量或报表中某些支付要求发生争议三种情况，承包商代表在应付款日之前及时将扣发或缓发分包工程款的理由通知分包商，则不承担逾期付款责任。

（三）分包工程变更管理

承包商代表接到工程师依据主合同发布的涉及分包工程变更指令后，以书面确认方式通知分包商，也有权根据工程的实际进展情况自主发布有关变更指令。

承包商执行了工程师发布的变更指令，进行变更工程量计量及对变更工程进行估价时应请分包商参加，以便合理确定分包商应获得的补偿款额和工期延长时间。承包商依据分包合同单独发布的指令大多与主合同没有关系，通常属于增加或减少分包合同规定的部分工作内容，为了整个合同工程的顺利实施，改变分包商原定的施工方法、作业次序或时间等。若变更指令的起因不属于分包商的责任，承包商应给分包商相应的费用补偿和分包合同工期的顺延。如果工期不能顺延，则要考虑赶工措施费用。进行变更工程估价时，应参考分包合同工程量表中相同或类似工作的费率来核定。如果没有可参考项目或表中的价格不适用于变更工程时，应通过协商确定一个公平合理的费用加到分包合同价格内。

（四）分包合同的索赔管理

分包合同履行过程中，当分包商认为自己的合法权益受到损害，不论事件起因于业主或工程师的责任，还是承包商应承担的义务，他都只能向承包商提出索赔要求，并保持影响事件发生后的现场同期纪录。

1. 应由业主承担责任的索赔事件

分包商向承包商提出索赔要求后，承包商应首先分析事件的起因和影响，并依据两个合同判明责任。如果认为分包商的索赔要求合理，且原因属于主合同约定应由业主承担风险责任或行为责任的事件，要及时按照主合同规定的索赔程序，以承包商的名义就该事件向工程师递交索赔报告。承包商应定期将该阶段为此项索赔所采取的步骤和进展情况通报分包商。这类事件可能是：

（1）应由业主承担风险的事件，如施工中遇到了不利的外界障碍、施工图纸有错误等。

（2）业主的违约行为，如拖延支付工程款等。

（3）工程师的失职行为，如发布错误的指令、协调管理不力导致对分包工程施工的干扰等。

（4）执行工程师指令后对补偿不满意，如对变更工程的估价认为过少等。

当事件的影响仅使分包商受到损害时，承包商的行为属于代为索赔。若承包商就同一事件也受到了损害，分包商的索赔就作为承包商索赔要求的一部分。索赔获得批准顺延的工期加到分包合同工期上去，得到支付的索赔款按照公平合理的原则转交给分包商。

承包商处理这类分包商索赔时还应注意两个基本原则：一是从业主处获得批准的索赔款为承包商就该索赔对分包商承担责任的先决条件；二是分包商没有按规定的程序及时提出索赔，导致承包商不能按总包合同规定的程序提出索赔不仅不承担责任，而且为了减小事件影响使承包商为分包商采取的任何补救措施费用由分包商承担。

2. 应由承包商承担责任的事件

此类索赔产生于承包商与分包商之间，工程师不参与索赔的处理，双方通过协商解决。原因往往是由于承包商的违约行为或分包商执行承包商代表指令导致。分包商按规定程序提出索赔后，承包商代表要客观地分析事件的起因和产生的实际损害，然后依据分包合同分清责任。

思 考 题

1. 理解《施工合同条件》合同履行中涉及的几个期限的概念。
2. 《施工合同条件》指定分包商的特点有哪些？
3. 《施工合同条件》中如何解决合同争议？
4. 《施工合同条件》中如何进行风险责任划分？
5. 《施工合同条件》中工程师如何对施工进度进行监督？
6. 《施工合同条件》中工程师如何对工程变更进行管理？
7. 《施工合同条件》中工程师如何进行工程进度款的支付管理？
8. 《施工合同条件》中工程师如何进行竣工验收阶段的合同管理？

参 考 文 献

[1] 全国人大常委会法工委研究室. 中华人民共和国合同法释义. 北京：人民法院出版社，1999.

[2] 何伯森. 国际工程招标与投标. 北京：中国水利水电出版社，1994.

[3] 何红锋. 工程建设中的合同法与招标投标法. 北京：中国计划出版社，2002.

[4] 黄文杰. 建设工程招标实务. 北京：中国计划出版社，2002.

[5] 曲修山. 建设工程招标代理法律制度. 北京：中国计划出版社，2002.

[6] 中国建设监理协会. 建设工程合同管理. 北京：知识产权出版社，2006.

[7] 全国人大常委会法工委研究室. 中华人民共和国招标投标法释义. 北京：人民法院出版社，1999.

[8] 国际咨询工程师联合会与中国工程咨询协会. 施工合同条件. 北京：中国机械工业出版社，2002.

[9] 国际咨询工程师联合会与中国工程咨询协会. 设计采购施工（EPC）/交钥匙工程合同条件. 北京：中国机械工业出版社，2002.

[10] 刘英，等. 土木工程施工分包合同条件. 北京：中国建筑工业出版社，1997.

[11] 卢谦，建设工程招投标与合同管理，中国水利水电出版社，2005.